深度学习系列

TensorFlow 深度学习

（原书第 2 版）

［意］吉安卡洛·扎克尼（Giancarlo Zaccone）
［德］礼萨·卡里姆（Md.Rezaul Karim） 著

连晓峰 谭 励 等译

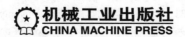

本书深入介绍了如何使用TensorFlow构建深度学习应用，从实践的角度讲解深度学习知识。本书主要内容包括深度学习入门，介绍了机器学习和深度学习的基础知识；TensorFlow的主要特性，以及TensorFlow的安装与配置，通过示例进行TensorFlow计算、数据和编程模型的学习；基于TensorFlow的前馈神经网络、卷积神经网络、优化TensorFlow自编码器以及循环神经网络。此外，本书还介绍了关于异构和分布式计算的内容，学习如何在GPU板卡和分布式系统上执行TensorFlow模型。在TensorFlow高级编程部分对TensorFlow基本库进行了概述。最后，本书介绍了基于因子分解机的推荐系统以及强化学习。

Copyright © Packt Publishing 2018

First published in the English language under the title "Deep Learning with TensorFlow - Second Edition-（9781788831109）"

Copyright in the Chinese language (simplified characters) © 2020 China Machine Press

This title is published in China by China Machine Press with license from Packt Publishing Ltd. This edition is authorized for sale in China only, excluding Hong Kong SAR, Macao SAR and Taiwan. Unauthorized export of this edition is a violation of the Copyright Act. Violation of this Law is subject to Civil and Criminal Penalties.

本书由Packt Publishing Ltd授权机械工业出版社在中华人民共和国境内（不包括香港、澳门特别行政区及台湾地区）出版与发行。未经许可的出口，视为违反著作权法，将受法律制裁。

北京市版权局著作权合同登记　图字：01-2018-3145号。

图书在版编目（CIP）数据

TensorFlow深度学习：原书第2版/（意）吉安卡洛·扎克尼，（德）礼萨·卡里姆著；连晓峰等译．—北京：机械工业出版社，2020.3

（深度学习系列）

书名原文：Deep Learning with TensorFlow,Second Edition

ISBN 978-7-111-64661-7

Ⅰ．①T… Ⅱ．①吉… ②礼… ③连… Ⅲ．①人工智能－算法 Ⅳ．①TP18

中国版本图书馆 CIP 数据核字（2020）第 022517 号

机械工业出版社（北京市百万庄大街22号　邮政编码100037）
策划编辑：刘星宁　　　　　责任编辑：刘星宁　朱　林
责任校对：王　欣　王　延　封面设计：马精明
责任印制：张　博
三河市宏达印刷有限公司印刷
2020年3月第1版第1次印刷
184mm×240mm　·22印张·502千字
0 001—3 500册
标准书号：ISBN 978-7-111-64661-7
定价：99.00元

电话服务　　　　　　　　　网络服务
客服电话：010-88361066　　机　工　官　网：www.cmpbook.com
　　　　　010-88379833　　机　工　官　博：weibo.com/cmp1952
　　　　　010-68326294　　金　　书　　网：www.golden-book.com
封底无防伪标均为盗版　　　机工教育服务网：www.cmpedu.com

译者序

深度学习包括一系列基于神经网络概念的算法，是学习样本数据的内在规律和表示层次，这些学习过程中获得的信息对诸如文字、图像和声音等数据的解释有很大的帮助。其最终目标是让机器能够像人一样具有分析学习能力，能够识别文字、图像和声音等数据。由于需要强大的计算能力和缺乏算法训练所需的大量数据，神经网络在发展初期很难得到真正应用。目前，并行使用图形处理器（GPU）来执行密集计算操作的能力为深度学习的应用扫清了障碍。学习如何使用 TensorFlow 构建深度学习应用是目前 AI（人工智能）领域十分热门的技术，也是创建 AI 应用所需的必要技能。

本书是第 2 版，在第 1 版的基础上扩展和修订了部分内容，介绍了深度学习的核心概念，并采用了最新版本的 TensorFlow。

TensorFlow 是 Google 于 2011 年发布的用于数学、机器学习和深度学习功能的开源框架。随后，TensorFlow 在学术、科研和工业领域得到了广泛应用。本书基于 TensorFlow 1.6 版本，还讨论并兼容了 TensorFlow 1.7 版本。

本书深入讲解了如何使用 TensorFlow 构建深度学习应用，从实践的角度讲解深度学习知识。

本书主要内容包括：

1）深度学习入门。介绍了机器学习和深度学习的基础知识；分析了深度学习架构。另外，还通过图表总结了所有神经网络架构，其中大多数深度学习算法都来源于这些网络。

2）TensorFlow 初探。介绍了 TensorFlow 的主要特性，以及 TensorFlow 的安装与配置。通过示例进行 TensorFlow 计算、数据和编程模型的学习。

3）基于 TensorFlow 的前馈神经网络（FFNN）。介绍了深度置信网络（DBN）和多层感知器（MLP）等不同 FFNN 结构的理论背景；讲述了如何训练和分析模型评估所需的性能指标，以及如何调节 FFNN 的超参数以获得更好的优化性能；另外，还讨论了 MLP 和 DBN 的两个应用示例。

4）基于深度学习的图像分类器的基本模块，介绍了卷积神经网络（CNN）。以 CNN 体系结构为例，通过案例讲述 LeNet、AlexNet、VGG 和 Inception 等结构；研究了迁移学习和风格学习技术。

5）优化 TensorFlow 自编码器。为优化自编码器进行数据去噪和降维提供了良好的理论依据；研究如何实现自编码器并进一步完善；最后，分析了利用自编码器进行欺诈分析的实际案例。

6）循环神经网络（RNN）。为 RNN 提供了一些理论背景；分析了一些用于图像分类、电影情感分析和 NLP 的产品垃圾邮件预测模型的示例；最后，学习了如何对时间序列数据开发预测模型。

7）异构和分布式计算。介绍了在 GPU 板卡和分布式系统上执行 TensorFlow 模型的基本知识。

8) TensorFlow 高级编程。对以下 TensorFlow 基本库进行了概述: tf.estimator、TFLearn、Pretty Tensor 和 Keras。对于每个库，都通过应用程序进行了主要功能描述。

9) 基于因子分解机的推荐系统。提供了几个关于如何开发预测分析推荐系统的示例，以及推荐系统的一些理论背景；分析了采用协同过滤和 K 均值开发电影推荐引擎的示例；最后分析了如何利用神经因子分解机来开发更精确且更鲁棒的推荐系统。

10) 强化学习。涵盖了强化学习的基本概念以及 Q-Learning 算法。此外，介绍了 OpenAI Gym 框架。最后，通过一个深度 Q-Learning 算法来解决 Cart-Pole 问题。

本书作者在数值计算、并行计算和科学可视化领域已有十多年的研究经验。对 C、C++、Java、Scala、R 和 Python 中的算法理解和数据结构有着坚实的基础。已发表多篇有关生物信息学、语义网络、大数据、机器学习以及利用 Spark、Kafka、Docker、Zeppelin、Hadoop 和 MapReduce 实现深度学习的研究论文和技术报告。还精通（深度）机器学习库，如 Spark ML、Keras、Scikit-learn、TensorFlow、DeepLearning4j、MXNet 和 H2O。本书取材合理，既讨论了许多实际技术问题，也简要介绍了一些问题的理论基础。全书条理清晰，适合作为计算机及其相关专业高年级本科生的教材或教学参考书，或作为有关研究生的基础课程教材或参考书，也适合其他热爱计算机科学技术、不具有复杂数值计算背景但又对深度学习感兴趣的开发人员、数据分析师和深度学习初学者阅读学习。本书主要是为初学者提供一个获得深度学习实践经验的快速指南。

通过本书，可掌握如何通过 TensorFlow 构建深度学习应用，通过构建若干深度学习模型以及优化过程获得实践经验，还能够在浏览器、云端和移动设备上实际运用 TensorFlow 模型。

本书第 1~6 章主要由连晓峰翻译，第 7~10 章主要由谭励翻译，最后由连晓峰校对。赵宇琦、刘栋、张淑行、王焜、董旭、王子天、田恒屹、罗广征、朱斌、张斌、洪兆瑞、吴京鸿、郭其豪、王俊杰、陈慧敏、贾伟、谢雨露等人参与了部分翻译和整理工作，为本书的顺利完成付出了辛勤劳动。

由于译者的水平有限，书中不当或错误之处恳请各位业内专家和广大读者不吝赐教。

译者

原书前言

人工智能（AI）算法在不同领域每周都会产生新的应用，并从中得到令人惊讶的结果。我们所见证的是这一领域整个发展历史上的最快发展阶段，而这些重大突破主要归功于深度学习。

深度学习包括一系列基于神经网络概念的算法，并扩展到包含在多个深层上传播的大量节点。

尽管神经网络的概念，即所谓的人工神经网络（ANN），可追溯到20世纪40年代末，但由于需要强大的计算能力和缺乏算法训练所需的大量数据，在发展初期很难得到真正应用。目前，并行使用图形处理器（GPU）来执行密集计算操作的能力为深度学习的应用扫清了障碍。

在此背景下，推出了本书，扩展和修订了第1版的部分内容，介绍了深度学习的核心概念，并采用了最新版本的TensorFlow。

TensorFlow是Google于2011年发布的用于数学、机器学习和深度学习功能的开源框架。随后，TensorFlow在学术、科研和工业领域得到了广泛应用。在本书编写时，最稳定的TensorFlow版本是1.6，这是以统一的API发布的，因此在TensorFlow发展路线图中是一个重要且稳定的版本。本书还讨论并兼容了本书撰写阶段所提供的预发行版本1.7。

TensorFlow提供了实现和研究cuttingedge架构所需的灵活性，同时允许用户关注其模型结构，而并非数学细节。

在此，将通过实际的模型构建、数据采集、转换等学习深度学习编程技术。

祝您阅读愉快！

本书读者

本书主要针对不具有复杂数值计算背景但又对深度学习感兴趣的开发人员、数据分析师和深度学习初学者。本书主要是为初学者提供一个获得深度学习实践经验的快速指南。

本书主要内容

第1章，深度学习入门。该章涵盖了后续章节将提到的所有概念；介绍了机器学习和深度学习的基础知识；分析了深度学习架构，该架构在深度（即在模式识别的多步处理过程中，数据通过的节点层数）上与常见的单隐层神经网络有所不同。另外，还通过一张总结了所有神经网络的图表来分析了这些架构，其中大多数深度学习算法都源于这些网络。该章最后分析了主要的深度学习框架。

第2章，TensorFlow初探。该章根据一个实际问题详细阐述了TensorFlow的主要特性，然后详细讨论了TensorFlow的安装与配置。接着，在开始使用TensorFlow之前，分析了计算、数据和编程模型。在该章最后部分，讨论了一个用于预测分析的线性回归模型实现示例。

第3章，基于TensorFlow的前馈神经网络。该章介绍了深度置信网络（DBN）和多层感知器（MLP）等不同前馈神经网络（FFNN）结构的理论背景。然后，讲述了如何训练和分析模型评估所需的性能指标，以及如何调节 FFNN 的超参数以获得更好的优化性能。另外，还讨论了 MLP 和 DBN 的两个应用示例，如何为银行营销数据集的预测分析构建鲁棒而精确的预测模型。

第 4 章，卷积神经网络（CNN）。该章介绍了 CNN，这是基于深度学习的图像分类器的基本模块。在此将着重考虑最重要的 CNN 架构，如 LeNet、AlexNet、VGG 和 Inception，并提供了实际案例，特别是针对 AlexNet 和 VGG。接着，研究了迁移学习和风格学习技术。在该章结束时开发了一个 CNN 通过一系列面部图像来训练网络，以对其情绪进行分类。

第 5 章，优化 TensorFlow 自编码器。该章为优化自编码器进行数据去噪和降维提供了良好的理论依据。然后，研究如何实现自编码器，逐步实现更鲁棒的自编码器，例如去噪自编码器和卷积自编码器。最后，分析了利用自编码器进行欺诈分析的实际案例。

第 6 章，循环神经网络（RNN）。该章为 RNN 提供了一些理论背景。分析了一些用于图像分类、电影情感分析和 NLP 的产品垃圾邮件预测模型实现示例。最后，学习了如何对时间序列数据开发预测模型。

第 7 章，异构和分布式计算。该章介绍了在 GPU 板卡和分布式系统上执行 TensorFlow 模型的基本知识。另外，还将通过应用示例来学习基本概念。

第 8 章，TensorFlow 高级编程。该章对以下 TensorFlow 基本库进行了概述：tf.estimator、TFLearn、Pretty Tensor 和 Keras。对于每个库，都通过应用程序进行了主要功能描述。

第 9 章，基于因子分解机的推荐系统。该章提供了几个关于如何开发预测分析推荐系统的示例，以及推荐系统的一些理论背景。然后，分析了采用协同过滤和 K 均值开发电影推荐引擎的示例。考虑到经典方法的局限性，该章分析了如何利用神经因子分解机来开发更精确且更鲁棒的推荐系统。

第 10 章，强化学习。该章涵盖了强化学习的基本概念。在此将学习目前最主流的强化学习算法之一——Q-Learning 算法。此外，还将介绍 OpenAI Gym 框架，这是一个 TensorFlow 兼容的工具包，用于开发和比较强化学习算法。最后，通过一个深度 Q-Learning 算法来解决 Cart-Pole 问题。

充分利用本书

- 假设读者已具有一种语言的基本编程水平，以及基本熟悉计算机科学技术和方法，包括计算机硬件和算法的基本认识。具有一定的初等线性代数和微积分的数学能力。
- 软　件：Python 3.5.0、Pip、pandas、numpy、TensorFlow、Matplotlib 2.1.1、IPython、Scipy 0.19.0、sklearn、seaborn、tffm 等。
- 步骤：在 Ubuntu 的终端上执行以下命令：

```
$ sudo pip3 install pandas numpy tensorflow sklearn seaborn tffm
```

不过，在具体章节中也提供了安装指南。

示例代码下载

您可以在 http://www.packtpub.com 上根据账号下载本书的示例代码。如果想要购买英文原书，可以访问 http://www.packtpub.com/support 并注册，将直接通过电子邮件发送给您。

下载代码文件步骤如下：

1）在 http://www.packtpub.com 网站上登录或注册。

2）选择 SUPPORT 选项。

3）单击 Code Downloads & Errata。

4）在 Search 框中输入书名，并按屏幕上的提示操作。

下载完成后，请用以下最新版本来解压文件夹：

- Windows 操作系统：WinRAR / 7-Zip。
- Mac 操作系统：Zipeg / iZip / UnRarX。
- Linux 操作系统：7-Zip / PeaZip。

本书的代码包还在 GitHub 网址
（https://github.com/PacktPublishing/Deep-Learning-with-TensorFlow-Second-Edition）上托管。

下载本书彩图

我们还提供了本书中图片的彩色 PDF 文件。可从 https://www.packtpub.com/sites/default/files/downloads/DeepLearningwithTensorFlowSecondEdition_ColorImages.pdf 下载该文件。

约定惯例

在本书中，采用了许多文本约定惯例。

CodeInText：表示文中的代码段、数据库表名、文件夹名、文件名、文件扩展名、路径名、虚拟 URL、用户输入和 Twitter 句柄。例如，"这意味着建议采用 tf.enable_eager_execution()"。

一段代码设置如下：

```
import tensorflow as tf # Import TensorFlow

x = tf.constant(8) # X op
y = tf.constant(9) # Y op
z = tf.multiply(x, y) # New op Z

sess = tf.Session() # Create TensorFlow session

out_z = sess.run(z) # execute Z op
sess.close() # Close TensorFlow session
print('The multiplication of x and y: %d' % out_z)# print result
```

若希望强调代码块中的特定部分，则设置相关的行或项为粗体：

```
import tensorflow as tf # Import TensorFlow

x = tf.constant(8) # X op
y = tf.constant(9) # Y op
z = tf.multiply(x, y) # New op Z

sess = tf.Session() # Create TensorFlow session

out_z = sess.run(z) # execute Z op
sess.close() # Close TensorFlow session
print('The multiplication of x and y: %d' % out_z)# print result
```

任何命令行的输入或输出都表示如下:

>>>
MSE: 27.3749

粗体:表示新项、关键词,或在屏幕上显示的单词,如菜单或对话框中的单词,会显示为如下文本格式:"现在跳转到 http://localhost:6006,并单击 GRAPH 选项。"

警告或重要信息会显示在这样的框中

提示和技巧会这样显示

作者简介

Giancarlo Zaccone 在管理科学和工业领域已有十多年的研究经验。

Giancarlo 曾在意大利国家研究委员会的 CNR 担任研究员。作为数据科学和软件工程项目的一部分，他在数值计算、并行计算和科学可视化方面积累了丰富经验。

目前，Giancarlo 是一家总部位于荷兰的公司的一名软件和系统高级工程师，主要负责测试和开发太空和国防应用软件系统。

Giancarlo 拥有那不勒斯 Federico II 大学的物理学硕士学位和罗马 La Sapienza 大学的科学计算二级研究生硕士学位。

Giancarlo 是下列图书的作者：*Python Parallel Programming Coobook*，*Getting Started with TensorFlow*，*Deep Learning with TenserFlow*。这些均由 Packt 出版社出版。

Md. Rezaul Karim 是德国 Fraunhofer FIT 的一名研究科学家。目前在德国亚琛工业大学攻读博士学位。拥有计算机科学学士学位和硕士学位，在入职 Fraunhofer FIT 之前，Rezaul 曾在爱尔兰的数据分析中心担任研究员。在此之前，还曾在三星电子担任首席工程师。另外，还在韩国京熙大学的数据库实验室担任研究助理，并在韩国的 BMTech21 公司担任研发工程师。

Rezaul 拥有 9 年多的研发经验，对 C、C++、Java、Scala、R 和 Python 中的算法理解和数据结构有着坚实的基础。Rezaul 已发表多篇有关生物信息学、语义网络、大数据、机器学习以及利用 Spark、Kafka、Docker、Zeppelin、Hadoop 和 MapReduce 实现深度学习的研究论文和技术报告。

Rezaul 还精通（深度）机器学习库，如 Spark ML、Keras、scikit-learn、TensorFlow、DeepLearning4j、MXNet 和 H2O。

此外，Rezaul 还是以下图书的作者：*Large-Scale Machine Learning with Spark, Deep Learning with TensorFlow, Scala and Spark for Big Data Analytics, Predictive Analytics with TensorFlow, Scala Machine Learning Projects*，均由 Packt 出版社出版。

评阅人简介

Motaz Saad 拥有 Lorraine 大学计算机科学博士学位。他热衷于数据及其处理。Motaz 在自然语言处理、计算语言学和数据科学机器学习方面具有十多年的专业经验。Motaz 目前在 IUG 信息技术学院担任助理教授。

Sefik Ilkin Serengil 于 2011 年获得 Galatasaray 大学计算机科学硕士学位。自 2010 年以来，Sefik 一直在一家金融科技公司担任软件开发人员。目前，作为数据科学家的他是该公司人工智能团队的成员。Sefik 的研究方向主要是机器学习和密码技术，已发表多篇有关该主题的研究论文。如今，他热衷于在论坛讨论这些学科的知识。Sefik 还创建了一些关于机器学习的在线课程。

Vihan Jain 已对开源 TensorFlow 项目做出了一些主要贡献。两年来，他一直积极推广 TensorFlow。Vihan 做过技术讲座，并在各种会议上讲授过 TensorFlow 的相关课程。其主要研究方向包括强化学习、广度和深度学习、推荐系统和机器学习基础架构。Vihan 于 2013 年毕业于印度理工学院鲁尔基分校，并获得过总统金质奖章。

目 录

译者序
原书前言
作者简介
评阅人简介

第1章 深度学习入门 // 1
  1.1 机器学习简介 // 1
    1.1.1 监督学习 // 3
    1.1.2 不平衡数据 // 4
    1.1.3 无监督学习 // 4
    1.1.4 强化学习 // 5
    1.1.5 什么是深度学习 // 6
  1.2 人工神经网络 // 7
    1.2.1 生物神经元 // 8
    1.2.2 人工神经元 // 9
  1.3 人工神经网络是如何学习的 // 10
    1.3.1 人工神经网络与反向传播算法 // 10
    1.3.2 权重优化 // 11
    1.3.3 随机梯度下降 // 11
  1.4 人工神经网络架构 // 12
    1.4.1 深度神经网络 // 12
    1.4.2 卷积神经网络 // 15
    1.4.3 自编码器 // 17
    1.4.4 循环神经网络 // 18
    1.4.5 新兴架构 // 18
  1.5 深度学习框架 // 18
  1.6 小结 // 21

第2章 TensorFlow初探 // 22
  2.1 TensorFlow概述 // 22
  2.2 TensorFlow v1.6的新特性 // 23
    2.2.1 支持优化的NVIDIA GPU // 24
    2.2.2 TensorFlow Lite简介 // 24
    2.2.3 动态图机制 // 25
    2.2.4 优化加速线性代数 // 25
  2.3 TensorFlow安装与配置 // 25
  2.4 TensorFlow计算图 // 26
  2.5 TensorFlow代码结构 // 29
    2.5.1 TensorFlow下的动态图机制 // 31
  2.6 TensorFlow数据模型 // 32
    2.6.1 张量 // 32
    2.6.2 秩与维度 // 34
    2.6.3 数据类型 // 35
    2.6.4 变量 // 38
    2.6.5 Fetches // 39
    2.6.6 Feeds和占位符 // 39
  2.7 基于TensorBoard的可视化计算 // 41
    2.7.1 TensorBoard工作原理 // 41
  2.8 线性回归与超越 // 42
    2.8.1 针对实际数据集的线性回归 // 48

2.9 小结 // 52

第3章 基于 TensorFlow 的前馈神经网络 // 54

3.1 前馈神经网络（FFNN）// 54
    3.1.1 前馈和反向传播 // 55
    3.1.2 权重和偏差 // 56
    3.1.3 激活函数 // 58

3.2 FFNN 实现 // 60
    3.2.1 MNIST 数据集分析 // 61

3.3 多层感知器（MLP）实现 // 68
    3.3.1 多层感知器训练 // 69
    3.3.2 多层感知器应用 // 70
    3.3.3 深度置信网络（DBN）// 81
    3.3.4 用于客户订阅评估的 DBN 在 TensorFlow 中的实现 // 85

3.4 超参数调节和高级 FFNN // 91
    3.4.1 FFNN 超参数调节 // 91
    3.4.2 正则化 // 94
    3.4.3 退出优化 // 96

3.5 小结 // 98

第4章 卷积神经网络（CNN）// 100

4.1 CNN 的基本概念 // 100
4.2 实际 CNN // 101
4.3 LeNet5 // 102
4.4 LeNet5 的具体实现过程 // 103
    4.4.1 AlexNet // 109
    4.4.2 迁移学习 // 110
    4.4.3 AlexNet 预训练 // 111
4.5 数据集准备 // 112
4.6 微调实现 // 112
    4.6.1 VGG // 115
    4.6.2 基于 VGG-19 的艺术风格学习 // 117
    4.6.3 输入图像 // 117
    4.6.4 内容提取器和损失 // 118
    4.6.5 风格提取器和损失 // 122
    4.6.6 合并管理器和总损失 // 122
    4.6.7 训练 // 122

4.7 Inception-v3 // 124
    4.7.1 TensorFlow 下的 Inception 模块探讨 // 124

4.8 基于 CNN 的情感识别 // 126
    4.8.1 在自身图像上的模型测试 // 135
    4.8.2 源代码 // 137

4.9 小结 // 139

第5章 优化 TensorFlow 自编码器 // 140

5.1 自编码器的工作原理 // 140
5.2 TensorFlow 下自编码器的实现 // 142
5.3 提高自编码器的鲁棒性 // 147
    5.3.1 去噪自编码器的实现 // 147
    5.3.2 卷积自编码器的实现 // 152

5.4 基于自编码器的欺诈分析 // 160
    5.4.1 数据集描述 // 160
    5.4.2 问题描述 // 161
    5.4.3 探索性数据分析 // 162
    5.4.4 训练集、验证集和测试集准备 // 165
    5.4.5 归一化 // 165
    5.4.6 自编码器作为无监督特征学习算法 // 166
    5.4.7 模型评估 // 170

5.5 小结 // 173

第 6 章 循环神经网络（RNN）// 174

6.1 RNN 的工作原理 // 174
    6.1.1 在 TensorFlow 下实现基本 RNN // 176
    6.1.2 RNN 与长时依赖性问题 // 180

6.2 RNN 与梯度消失-爆炸问题 // 182
    6.2.1 LSTM 网络 // 184
    6.2.2 GRU // 186

6.3 垃圾邮件预测的 RNN 实现 // 187
    6.3.1 数据描述和预处理 // 187

6.4 针对时间序列数据的 LSTM 预测模型开发 // 193
    6.4.1 数据集描述 // 193
    6.4.2 预处理和探索性分析 // 194
    6.4.3 LSTM 预测模型 // 196
    6.4.4 模型评估 // 199

6.5 用于情感分析的 LSTM 预测模型 // 201
    6.5.1 网络设计 // 202
    6.5.2 LSTM 模型训练 // 202
    6.5.3 通过 TensorBoard 实现可视化 // 217
    6.5.4 LSTM 模型评估 // 218

6.6 基于 LSTM 模型的人类行为识别 // 220
    6.6.1 数据集描述 // 221
    6.6.2 针对 HAR 的 LSTM 模型工作流程 // 221
    6.6.3 针对 HAR 的 LSTM 模型实现 // 222

6.7 小结 // 231

第 7 章 异构和分布式计算 // 233

7.1 GPGPU 计算 // 233
    7.1.1 GPGPU 发展历史 // 233
    7.1.2 CUDA 架构 // 234
    7.1.3 GPU 程序设计模型 // 235

7.2 TensorFlow 下的 GPU 设置 // 235
    7.2.1 TensorFlow 的更新 // 235
    7.2.2 GPU 表示 // 236
    7.2.3 GPU 的使用 // 236
    7.2.4 GPU 内存管理 // 237
    7.2.5 多 GPU 系统上的单个 GPU 分配 // 238
    7.2.6 具有软配置的 GPU 源代码 // 239
    7.2.7 多 GPU 的使用 // 239

7.3 分布式计算 // 241
    7.3.1 模型并行性 // 241
    7.3.2 数据并行性 // 242

7.4 分布式 TensorFlow 设置 // 243

7.5 小结 // 245

第 8 章 TensorFlow 高级编程 // 246

8.1 tf.estimator // 246
    8.1.1 估计器 // 246
    8.1.2 图操作 // 246
    8.1.3 资源解析 // 247
    8.1.4 花卉预测 // 247

8.2 TFLearn // 250
    8.2.1 安装 // 251
    8.2.2 泰坦尼克号生存预测器 // 251

8.3 PrettyTensor // 253
    8.3.1 链层 // 254

8.3.2 正常模式 // 254
8.3.3 顺序模式 // 254
8.3.4 分支和连接 // 254
8.3.5 数字分类器 // 254
8.4 Keras // 258
8.4.1 Keras 编程模型 // 259
8.5 小结 // 266

第 9 章 基于因子分解机的推荐系统 // 267

9.1 推荐系统 // 267
9.1.1 协同过滤方法 // 268
9.1.2 基于内容的过滤方法 // 268
9.1.3 混合推荐系统 // 269
9.1.4 基于模型的协同过滤方法 // 269
9.2 基于协同过滤方法的电影推荐系统 // 269
9.2.1 效用矩阵 // 270
9.2.2 数据集的描述 // 271
9.2.3 MovieLens 数据集的探索性分析 // 273
9.2.4 电影推荐引擎实现 // 278
9.2.5 推荐系统评估 // 294

9.3 用于推荐系统的因子分解机 // 297
9.3.1 因子分解机 // 297
9.3.2 问题定义及表示形式 // 299
9.3.3 数据集描述 // 300
9.3.4 预处理 // 302
9.4 改进的因子分解机 // 312
9.4.1 神经因子分解机 // 312
9.5 小结 // 317

第 10 章 强化学习 // 318

10.1 强化学习问题 // 318
10.2 OpenAI Gym // 319
10.2.1 OpenAI 环境 // 319
10.2.2 env 类 // 320
10.2.3 OpenAI Gym 的安装和运行 // 320
10.3 Q-Learning 算法 // 321
10.3.1 冰冻湖环境 // 321
10.4 深度 Q-Learning // 324
10.4.1 深度 Q 神经网络 // 324
10.4.2 Cart-Pole 问题 // 325
10.5 小结 // 335

第 1 章
深度学习入门

本章阐述了机器学习（ML）和深度学习（DL）的一些基本概念，这些概念将会在后续章节中用到。本章首先对机器学习进行了简要介绍。然后介绍了深度学习，这是机器学习的一个分支，是基于一组对数据进行高级抽象建模的算法。

在第 2 章学习 TensorFlow 编程之前，将会简要介绍一些常见且广泛应用的神经网络架构。在本章中，将介绍深度学习框架及其库的各种特性，如框架编程语言、多 GPU 支持以及可用性等。

简单而言，本章的主要内容包括：
- 机器学习简介；
- 人工神经网络；
- 机器学习与深度学习对比；
- 深度学习神经网络架构；
- 现有的深度学习框架。

1.1 机器学习简介

机器学习是指利用一组统计和数学算法来执行诸如概念学习、预测建模、聚类和发现有用模式等任务。最终目标是以一种自动方式来改进学习，从而不再需要与人交互，或至少尽可能降低与人交互的程度。

在此，主要参考了 Tom M.Mitchell 关于机器学习的定义（*Machine Learning*，Tom Mitchell, McGraw Hill），从计算机科学的角度解释了学习的真正含义：

"计算机程序是指在某类任务 T 和性能度量 P 的条件下从经验 E 中进行学习，在测量 P 下，其在任务 T 中的性能会随着经验 E 的增加而提高"。

根据上述定义可得出结论，即计算机程序或计算机能够执行以下操作：
- 从称为训练数据的数据和历史中学习；
- 通过经验进行改进和完善；
- 交互增强用于预测问题输出结果的模型。

几乎任何一种机器学习算法都可看作是一个优化问题，都是为了获得使得目标函数最小化的参数，如成本函数和正则化函数（在统计学中分别是对数似然和对数先验）两项的加权和。

通常，目标函数包括两部分：用于控制模型复杂度的正则化器和用于量测模型对训练数据误差的损失（后续将会详细分析）。

另一方面，正则化参数定义了最小化训练误差损失和为避免过拟合而最小化模型复杂度损失两个目标之间的平衡。如果这两项分量都是凸函数，则两者之和也是凸函数；否则是非凸函数。

在机器学习中，过拟合是指预测模型完全拟合训练样本，而对于测试样本则拟合效果很差。这通常发生在模型过于复杂且与数据非常吻合（参数过多）或没有足够数据来精确估计参数的情况下。当模型复杂度与训练集大小之比过高时，一般会产生过拟合现象。

更具体而言，在使用机器学习算法时，目标是获得返回预测误差最小的函数的超参数。在二维平面上显示时，误差损失函数通常为 U 形曲线，其中存在一个使得误差最小的点。

因此，采用凸函数优化方法，随着朝最小误差方向上的收敛（即逼近曲线的中间段，表示误差最小），可使得目标函数最小化。既然这是一个凸函数问题，那么通常更容易分析算法的渐近性，即表明随着模型观察到更多的训练数据，算法收敛速度的性能。

机器学习的难点在于让计算机学会如何自动识别复杂模板，并尽可能智能化地做出决策。整个学习过程需要如下数据集：

- 训练集：这是用于拟合机器学习算法参数的知识库。在训练阶段，将利用训练集来获得最优权重、反向传播规则以及学习过程开始之前所需设置的所有参数（超参数）。
- 验证集：这是用于调节机器学习模型参数的一组样本。例如，可以利用验证数据集来确定隐层单元的最佳个数，或用于确定反向传播算法的停止点。一些从事机器学习的研究人员也将其称为开发集。
- 测试集：这是用于评估模型对未知数据的性能（该过程称为模型推断）。在针对测试集对最终模型进行评估之后，就不再需要对模型进行调节。

学习理论主要利用了源于概率论和信息论的数学工具。在此，简要讨论以下 3 种学习模式：监督学习、无监督学习、强化学习。

图 1-1 总结了上述 3 种学习类型及其解决的主要问题。

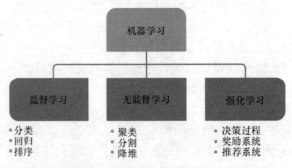

图 1-1　学习类型及其相关问题

1.1.1 监督学习

监督学习是最简单且最常见的自动学习任务。主要是基于一些预定义的样本，其中已知各个输入样本是属于哪种类别。在这种情况下，关键是泛化问题。在针对小样本分析后，系统应能生成一个对于所有可能输入均性能良好的模型。

图 1-2 给出了监督学习的典型工作流程。执行者（如机器学习研究人员、数据科学家、数据工程师或机器学习工程师）执行 ETL（提取、转换和加载）和必要的特征操作（包括特征提取和选择）以获取具有特征和标签的合适数据。

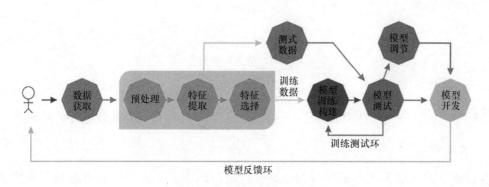

图 1-2 监督学习工作过程

接下来，执行以下操作：
- 将数据拆分为训练集、开发集和测试集；
- 使用训练集来训练机器学习模型；
- 使用验证集来验证针对过拟合问题的训练，并将其正则化；
- 评估模型在测试集（即未知数据）上的性能；
- 如果性能不令人满意，则通过优化超参数，进一步调节以获得最优模型；
- 最后，将最优模型部署到实际生产环境中。

在整个生命周期中，可能会有许多执行人员（如数据工程师、数据科学家或机器学习工程师）独立或协作执行每个步骤。

在监督式机器学习中，数据集包括已标记数据，即回归对象及其相关值。由此，标记样本集构成了训练集。大多数监督学习算法都具有一个共同特性：训练过程是通过最小化特定损失函数或成本函数来完成的，该损失函数或成本函数代表了系统产生的相对于期望输出的输出误差。

监督学习的内容包括分类和回归任务（见图 1-3）：分类是用于预测某一数据点是属于哪一类（离散值），而回归是用于预测连续值。

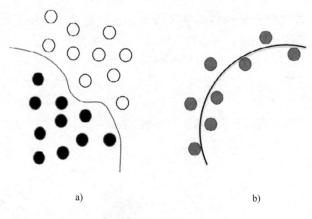

图 1-3 分类与回归

a）分类　b）回归

也就是说，分类任务是预测类属性的标签，而回归任务是对类属性进行数值预测。

1.1.2 不平衡数据

在监督学习背景下，不平衡数据是指在分类问题中，不同的类具有数量不等的实例。例如，针对一个只有两类的分类任务，平衡数据意味着每类都有 50% 的预分类样本。

若输入数据集稍不平衡（如，一类占 60%，另一类占 40%），则学习过程需要将输入数据集随机分为 3 组，其中 50% 作为训练集，20% 作为验证集，其余 30% 用作测试集。

1.1.3 无监督学习

在无监督学习中，输入数据集是在训练阶段提供给系统。与监督学习不同，输入对象并未进行类标记。这类学习更为重要，因为在人脑中，这比监督学习更常见。

对于分类问题，通常是假设已给定一个包含正确标记数据的训练集。但在实际环境下采集数据时，并不总是这么幸运。在这种情况下，学习模型中的唯一对象就是观察到的输入数据，通常假定这是未知概率分布的独立样本。

例如，假设在硬盘上的一个大文件夹中保存了大量正版 MP3 文件。那么如何在不直接访问元数据的情况下对这些歌曲进行分组呢？一种可行的方法是各种机器学习的混合技术，但聚类算法通常是解决方案的核心。

这时，如何构建一个聚类预测模型，能够自动将相似歌曲进行分组，比如"乡村""说唱"和"摇滚"等类别？这些 MP3 将会以无监督方式添加到各自的播放列表中。简言之，无监督学习算法通常用于聚类问题。

由图 1-4 可了解解决此类问题的聚类技术思想。尽管数据点并未进行标记，但仍可以进行必要的特征操作，并以下列方式对一组对象进行分组：同一组中的对象（称为一个聚类）在某种意义上比其他组（聚类）中的对象更加相似。

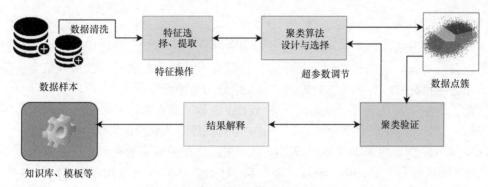

图 1-4 聚类技术：无监督学习示例

对于人类来说，这并非易事，因为一种标准方法是定义两个对象之间的相似性度量，然后搜索彼此间比其他聚类中的对象更相似的对象聚类。一旦执行完聚类后，也就完成了数据点（即 MP3 文件）的验证，并已知数据模板（即哪种类型的 MP3 文件属于哪一组）。

1.1.4 强化学习

强化学习是一种主要通过与环境交互进行系统学习的人工智能方法。通过强化学习，系统根据来自环境然后又作用于决策的反馈信息来自适应其参数。图 1-5 显示了某个人为到达目的地所做出的决策。假设在从家到单位的行车路线上，总是选择同一路线。而某一天心血来潮，决定尝试一条不同的路线，以期找到一条更短的通勤路线。寻找新路线还是坚持熟悉路线的两难困境是探索和开发方面的一个示例。

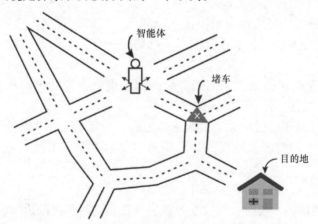

图 1-5 智能体不断尝试到达目的地

另一个常见示例是模拟国际象棋棋手的系统，该系统根据之前的运行结果来提高性能。这是一个基于强化学习的系统。

目前，关于强化学习的研究是高度跨学科的，包括专门从事遗传算法、神经网络、心理学和控制工程研究的人员。

1.1.5 什么是深度学习

在常规数据分析中所采用的简单机器学习方法已不再有效，应选用更鲁棒的机器学习方法来代替。尽管传统的机器学习技术可允许研究人员识别相关变量的组或聚类，但这些方法的准确性和有效性会随着数据集的增大及维数的增加而降低。

为此，产生了深度学习，这是近年来人工智能领域最重要的发展之一。深度学习是机器学习的一个分支，主要是基于一组在数据中进行高级抽象建模的算法。

深度学习的发展与人工智能的研究同步，尤其是神经网络的研究。这一领域主要是在20世纪80年代得到发展，很大程度上要归功于Geoff Hinton及与其合作的机器学习专家。当时，计算机技术尚不足以支持在这一领域的快速发展，因此不得不等待出现更多的可用数据以及更强大的计算能力，才能使得该领域产生重大突破。

简言之，深度学习算法是一组人工神经网络（ANN）（后面会详细讨论），这些神经网络能够更好地表示大规模数据集，以建立可广泛学习这些表示的模型。在这方面，Ian Goodfellow等人将深度学习定义如下：

"深度学习是一种特殊的机器学习，通过学习将世界表示为一个概念的嵌套层次结构，其中每一个概念都与简单概念相关，并且用欠抽象的概念来计算更抽象的表示，从而实现强大的性能和灵活性"。

举例说明。假设要开发一个预测分析模型，如动物识别系统，那么必须解决两个关键问题：

1）将图像分类为猫或狗；
2）将狗和猫的图像进行聚类。

如果用典型的机器学习方法来解决第一个问题，则必须定义面部特征（耳朵、眼睛和胡须等），并编写一种方法来识别在针对特定动物进行分类时哪些特征（通常是非线性的）更重要。

但与此同时，无法解决第二个问题，因为用于聚类图像的经典机器学习算法（如K-means）不能处理非线性特征。

在确定哪些特征对于分类或聚类最为重要之后，深度学习算法将继续推动这两个问题，并自动提取出最重要的特征。相反，若采用经典的机器学习算法，则必须手动提供这些特征。

综上所述，深度学习的工作流程如下：

- 在对猫或狗的图像聚类时，深度学习算法首先识别最相关的边缘；
- 然后，以该层次为基础，找出形状和边缘的各种组合；
- 在对复杂概念和特征进行连续分层识别之后，确定哪些特征可用于动物分类，然后在聚类之前，提取标记列并通过一个自动编码器进行无监督训练。

此时，深度学习系统就能够识别图像所表征的内容。计算机所看到的图像与人类看到的并不同，它只是知道每个像素的位置和颜色。利用深度学习技术，图像可分为多层进行分析。在较低层，如软件分析几个像素的网格，任务是检测一种颜色或各种细微差别。一旦发现某些信息，就会转移给下一层，在此验证给定的颜色是否属于一个较大的形状，如线条。

上述过程一直持续到最上层,直到能够理解图像中所显示的内容。例如,能够完成上述功能的软件现已广泛应用于人脸识别或 Google 图像搜索等系统中。在许多情况下,这些系统都是混合系统,与结合了第一代人工智能的传统 IT 解决方案一起实现。

图 1-6 给出了上述讨论的图像分类系统的工作过程。每个图像块逐步提取输入图像的特征,并继续处理上一图像块中已处理过的数据,提取图像中越来越抽象的特征,从而构建基于深度学习的系统中数据的分层表示。

更准确地说,所构建的层次如下:
- 第 1 层:系统首先识别深色像素和浅色像素;
- 第 2 层:系统识别边缘和形状;
- 第 3 层:系统学习更复杂的形状和对象;
- 第 4 层:系统学习定义人脸的对象。

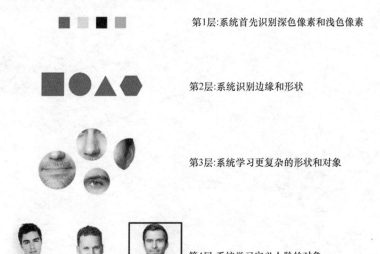

图 1-6　处理人脸分类问题的深度学习系统

在上节中,已知使用了线性机器学习算法,通常只需处理几个超参数。

但如果采用神经网络,则会变得有些复杂。在每一层中,都有着许多超参数,且成本函数也总是非凸函数。

另一个原因是隐层中所用的激活函数都是非线性的,因此成本函数为非凸函数。这将在后面的章节中详细讨论。

1.2　人工神经网络

人工神经网络充分利用了深度学习的概念,是对人类神经系统的一种抽象表征,其中包含一组神经元,通过称为轴突之间的连接而相互通信。

Warren McCulloch 和 Walter Pitts 根据神经元活动的计算模型于 1943 年提出第一个人工神经元模型。随后，John von Neumann、Marvin Minsky、Frank Rosenblatt 等人提出了另一种模型（所谓的感知器）。

1.2.1 生物神经元

从大脑结构中寻找启发。大脑中的神经元称为生物神经元（见图 1-7）。这些非同寻常的细胞主要存在于动物大脑中，由皮层组成。皮层本身也是由细胞体组成，包含了细胞核以及细胞的大部分复杂成分。神经元还包含许多称为树突的分支，以及一个称为轴突的非常长的延伸。

在轴突末端附近，轴突分裂成许多称为终树突的分支，并在这些分支的顶部具有称为突触末端（或称为简单突触）的微小结构，与其他神经元的树突相连。生物神经元接收来自其他神经元的称为信号的短电脉冲，并做出响应，发出自身信号。

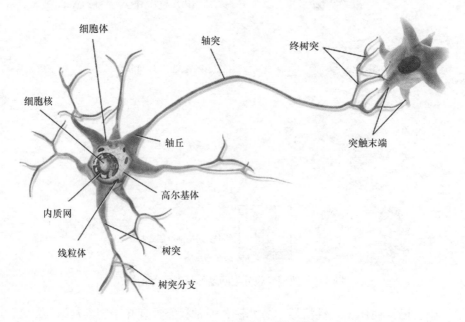

图 1-7 生物神经元的工作原理

在生物学中，神经元由以下部分组成：
- 细胞体或活体脑细胞；
- 一个或多个树突，负责接收来自其他神经元的信号；
- 轴突，反之将同一神经元产生的信号传送给其他相连的神经元。

神经元的状态在发送信号（活跃状态）和静息/接收其他神经元信号（失活状态）之间交替进行。从一个状态迁移到另一状态是由树突接收信号所表征的外界刺激引发。每个信号都具有兴奋或抑制作用，可由与外界刺激相关的权重进行概念性表示。

一个处于空闲状态的神经元会不断积累其接收到的所有信号,直到达到某一激活阈值。

1.2.2 人工神经元

基于生物神经元的概念,人工神经元的术语和概念应运而生,并被用于构建基于深度学习预测分析的智能机。这是启发人工神经网络的核心思想。与生物神经元类似,人工神经元由以下部分组成(见图1-8):

- 一个或多个输入连接,其任务是从其他神经元获得数字信号:每个连接都赋予一个权重,用于衡量发送的每个信号。
- 一个或多个输出连接,将信号传送给其他神经元。
- 一个激活函数,用于根据从与其他神经元相连的输入连接所接收到的信号和从与每个接收关联的权重以及神经元本身的激活阈值,来确定输出信号的数值。

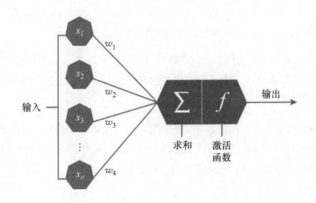

图1-8 人工神经元模型

输出,即神经元发出的信号,是通过将激活函数(也称为传递函数,见图1-9)应用于输入的加权和来计算而得的。激活函数的动态范围介于 −1~1 之间,或 0~1 之间。许多激活函数在复杂性和输出方面有所不同。在此,简要介绍3种最简单的形式。

- 阶跃函数:一旦达到阈值 x(如 $x=10$),函数将返回零,若输入之和大于或小于阈值,则返回1。
- 线性组合:这时与阈值无关,而是从默认值中减去输入的加权和。由此得到一个二进制结果,由相减所得的正($+b$)或负($-b$)输出表示。
- sigmoid:产生一条sigmoid曲线,这是一条S形曲线。通常,sigmoid函数是对数函数的一种特殊情况。

从第一个神经元原型中所用的最简单形式,逐步发展为更复杂的形式,以更好地描述神经元的功能:双曲正切函数、径向基函数、圆锥截面函数、softmax函数。

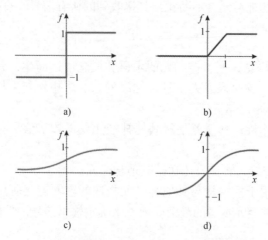

图 1-9 最常用的人工神经元模型传递函数
a）阶跃函数 b）线性函数 c）计算值介于 0 和 1 之间的 sigmoid 函数
d）计算值介于 –1 和 1 之间的 sigmoid 函数

选择适当的激活函数（也包括权重初始化）是使神经网络达到最佳性能并获得良好训练的关键。人们针对这方面的内容进行了广泛研究，研究表明如果训练阶段执行得当，将在输出质量方面误差很小。

 在神经网络领域不存在经验法则。一切都取决于已有数据以及在经过激活函数之后想要以何种形式转换数据。如果要选择一个特定的激活函数，则需研究函数功能，观察在给定值条件下结果是如何改变的。

1.3 人工神经网络是如何学习的

神经网络的学习过程可看作是权重的优化迭代过程，因此是一种监督学习。由于神经网络的性能是针对训练集（即已知样本所属类的集合）中的一组样本而言的，因此需要改变权重。

目的是最小化表征网络性能偏离期望性能程度的损失函数。然后在由对象（如图像分类问题中的图像）组成的测试集而非训练集上验证网络性能。

1.3.1 人工神经网络与反向传播算法

一种常用的监督学习算法是反向传播算法。其训练过程的基本步骤如下：
1）以随机权重初始化网络。
2）对于所有训练情况，都执行以下步骤：
- 前向传输：计算网络误差，即期望输出与实际输出之差。
- 反向传输：对于所有层，从输出层返回到输入层：
  i：以正确输入显示网络中各层的输出（误差函数）；
  ii：调节当前层中的权重以最小化误差函数。这就是反向传播的优化步骤。

当针对验证集,误差开始增大时,训练过程结束,这是因为可能表明开始过拟合,即网络倾向于以牺牲普遍性为代价来插值训练数据。

1.3.2 权重优化

由上可知,有效的权重优化算法是构建神经网络的重要工具。这一问题可利用一种称为梯度下降(GD)的数值迭代方法来解决。根据下列算法可实现上述方法:

1)随机选择模型参数的初始值;
2)根据模型的每个参数,计算误差函数的梯度 G;
3)改变模型参数,使之朝误差减少的方向变化,即沿梯度 $-G$ 的方向;
4)重复步骤 2)和 3),直到 G 的值趋于零。

误差函数 E 的梯度(G)给出了误差函数在当前值下更陡的斜率方向;为减少 E,必须在相反方向($-G$)上进行微小调整。

通过以迭代方式多次重复上述操作,可使得 E 的最小值不断减小,以达到 $G=0$ 点,这时就不再有任何优化可能,如图 1-10 所示。

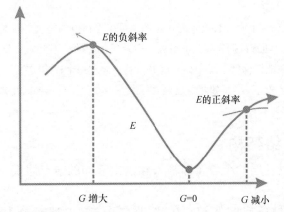

图 1-10 搜索误差函数 E 的最小值(朝函数 E 的梯度 G 方向可达到最小值)

1.3.3 随机梯度下降

在梯度下降优化中,是根据完整训练集来计算成本梯度的,因此有时也称之为批量梯度下降。在大规模数据集的情况下,采用梯度下降的计算成本很高,因为只能一步步遍历整个训练集。训练集越大,则算法更新权重越慢,以至于在全局最小成本处收敛时所需的时间越长。

最快的梯度下降方法是随机梯度下降(SGD)法,如图 1-11 所示,为此,在深度神经网络中得到广泛应用。在随机梯度下降中,仅需使用训练集中的一个训练样本来更新特定迭代中的参数。

在此,随机一词的含义是基于单个训练样本的梯度,其实是实际成本梯度的随机近似。由于其随机性,全局成本最小值的收敛路径并不像梯度下降中那样是一条直线,但如果在二维空间中将成本曲线可视化,可能会是一条曲线。

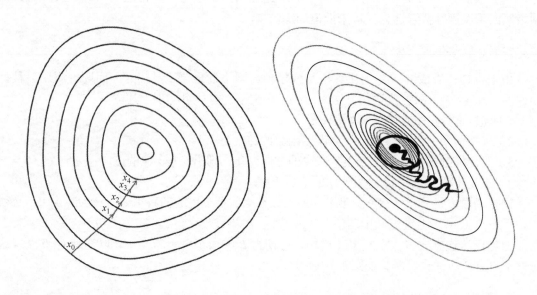

图1-11 梯度下降与随机梯度下降：梯度下降（左图）可确保权重的每次更新都是在正确方向上完成的，即成本函数最小化的方向。随着数据集规模的增大，以及每步中的计算更加复杂，在此情况下倾向于选择随机梯度下降（右图）。在随机梯度下降中，权重更新是在处理每个样本时完成的，因此，后续计算已采用了更新后的新权重。尽管如此，还是会导致在最小化误差函数时出现一些错误方向

1.4 人工神经网络架构

节点的连接方式以及层的个数（即输入和输出之间的节点层次，以及每层神经元的个数）决定了神经网络的架构。

神经网络具有各种各样的架构。在此可将深度学习架构分为4类：深度神经网络（DNN）、卷积神经网络（CNN）、循环神经网络（RNN）和层创式架构（EA）。接下来将简要介绍这些架构。本书后续章节的主题是更详细的具体分析以及相关的应用案例。

1.4.1 深度神经网络

深度神经网络是一种面向深度学习的神经网络。由于待处理数据的复杂性，常规分析过程已不再适用，为此这种神经网络是一种很好的建模工具。深度神经网络与之前讨论的神经网络非常相似，只是必须实现一个更复杂的模型（更多的神经元、隐层和连接），尽管同样遵循适用于所有机器学习问题（如监督学习）的学习规则。每层中的计算将下一层中的表示转换为稍微抽象的表示。

在此，用深度神经网络一词专门特指多层感知器（MLP）、堆叠式自编码器（SAE）以及深度置信网络（DBN）。SAE和DBN使用自编码器（AE）和RBM作为架构的组成部分（见图1-12）。其与MLP的主要区别在于训练过程分为两个阶段：无监督训练和有监督微调。

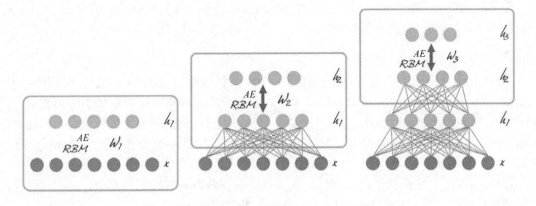

图 1-12　分别采用 AE 和 RBM 的 SAE 和 DBN

如图 1-12 所示，在无监督预训练中，各层按顺序堆叠，并按层进行训练，如使用未标记数据的 AE 或 RBM（受限玻耳兹曼机）。然后，在有监督微调中，通过重新训练标记数据，将输出分类器层堆叠，从而实现整个神经网络的优化。

本章将不再讨论 SAE（详见第 5 章），但会介绍并使用 MLP 和 DBN 这两种深度神经网络架构。接下来将要学习如何开发预测模型来处理高维数据集。

1.4.1.1　多层感知器

在多层网络中，可识别各层中的人工神经元，以使得每个神经元都与下一层中的所有神经元相连，从而确保：

- 同一层的神经元之间无连接；
- 属于非相邻层的神经元之间无连接；
- 层数和各层神经元的个数取决于待求解问题。

输入层和输出层分别定义了输入和输出，另外还有隐层，其复杂性决定了网络的不同性能（见图 1-13）。最后，神经元之间的连接用与相邻层对数量相同的矩阵表示。

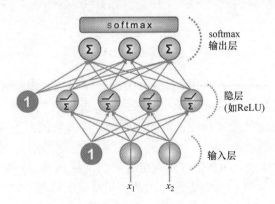

图 1-13　多层感知器架构

每个数组包括了两个相邻层中节点对之间的连接权重。前馈网络是层中无回路的网络。在第 3 章中将详细介绍前馈网络。

1.4.1.2 深度置信网络

为克服 MLP 中的过拟合问题，构建了一个深度置信网络（DBN），进行无监督预训练以获得一组合适的输入特征表示，然后对训练集进行微调以从网络中获得实际预测值。当 MLP 的权重随机初始化时，DBN 采用贪婪逐层预训练算法通过概率生成模型来初始化网络权重。模型是由一个可见层和多层随机隐变量组成，其中这些变量称为隐含单元或特征检测器。

DBN 是深度生成模型，这是可以复制所提供数据分布的神经网络模型，从而可允许从实际数据点生成"以假乱真（fake but realistic）"的数据点。

DBN 由一个可见层和多层随机隐变量组成，其中这些变量称为隐含单元或特征检测器。前两层之间是无向对称连接，形成联想记忆，而较低层从上一层接收自上而下的定向连接。DBN 的组成部分是受限玻耳兹曼机（RBM），如图 1-14 所示。

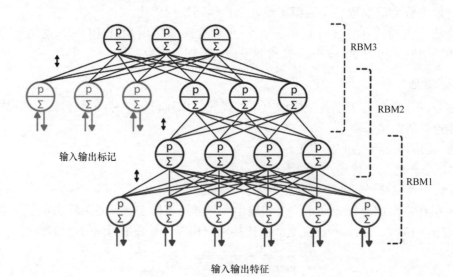

图 1-14 半监督学习的 DBN 配置

单个 RBM 包括两层。第一层由可见神经元组成，而第二层由隐含神经元组成。图 1-15 给出了一个简单 RBM 的架构。可见神经元接收输入，而隐含神经元是非线性特征检测器。每个可见神经元与所有隐含神经元相连，但同一层的神经元之间互不相连。

RBM 中包括一个可见层节点和一个隐层节点，但可见层节点之间和隐层节点之间互不相连，这就是受限一词的含义。RBM 可实现更有效的网络训练，不管是监督式还是无监督式网络。这种类型的神经网络均能够表征输入的大量特征，而隐层节点可表征多达 $2n$ 个特征。可以训练网络来响应一个问题（如，回答是或否：这是一只猫吗？），直到可以响应 $2n$ 个问题（这是一只猫吗？是暹罗猫吗？是白色的吗？）。

RBM 的架构如图 1-15 所示，其中神经元按对称二分图排列。

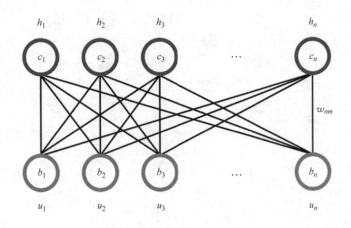

图 1-15　RBM 架构

由于不能对变量间的关系进行建模，因此隐层 RBM 无法从输入数据中提取所有特征。为此，多层 RBM 只能依次执行来提取非线性特征。在 DBN 中，首先利用输入数据对 RBM 进行训练，然后通过贪婪学习方法在隐层表征所学习的特征。第一个 RBM 所学习的特征，即第一个 RBM 的隐层，作为第二个 RBM（即 DBN 中的另一层）的输入。

同理，第二层所学习的特征又作为另一层的输入。通过这种方式，DBN 可以从输入数据中提取深度非线性特征。最后一个 RBM 的隐层表示了整个网络学习到的特征。

1.4.2　卷积神经网络

CNN（卷积神经网络）是专门为图像识别而设计的。学习过程中所用的每幅图像都被分割为紧拓扑部分，且每个部分都经过滤波器处理以搜索特定模板。在形式上，每幅图像均由一个三维像素（宽度、高度和颜色）矩阵表示，且每个子矩阵都经过滤波器集合进行卷积计算。也就是说，沿图像滑动每个滤波器计算同一滤波器与输入的内积。

上述过程可为不同滤波器生成一组特征图（激活图）。将不同的特征图叠加到图像的同一部分上，可得输出量。这种类型的层称为卷积层。图 1-16 为 CNN 架构的示意图。

尽管常规深度神经网络针对小图像（如 MNIST 和 CIFAR-10）性能良好，但对于较大图像，由于需要大量参数而必须进行分解。例如，一个 100×100 的图像具有 10000 个像素，如果第一层只有 1000 个神经元（这会严重限制传送到下一层的信息量），这意味着应有 1000 万个连接。另外，需要注意的是，这只是针对第一层。

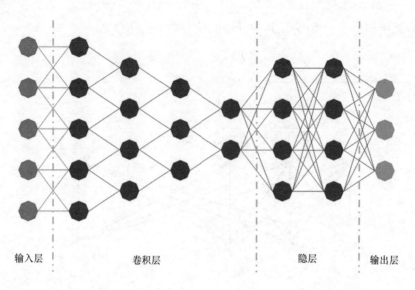

输入层　　　卷积层　　　　隐层　　　输出层

图 1-16　CNN 架构

针对上述问题，CNN 是通过部分连接的层来解决的。由于连续的各层只是部分连接，且大量重用连接权重，因此，CNN 的参数要比完全连接的深度神经网络少得多，从而加快了训练过程。这也会减少过拟合的风险，且需要的训练数据很少。此外，当 CNN 学习好一个可以检测具体特征的内核后，可以在图像任意部分检测该特征。相反，深度神经网络学习某一区域的特征后，只能在该特定区域进行检测。由于图像通常具有重复性很高的特征，因此 CNN 在图像处理任务（如分类）上的通用性要远远优于深度神经网络，且仅需较少的训练样本。

更重要的是，深度神经网络对像素如何组织一无所知；不知道相邻像素是比较相近的。CNN 架构中嵌入了这一先验知识。较低层通常识别图像中较小区域的特征，而较高层将低层识别的特征组合为较大的特征。这种处理对大多数自然图像非常有效，为此使得 CNN 比深度神经网络具有一个先天性的优势。

例如，在图 1-17 中的左侧部分给出一个常规的三层神经网络。在右侧部分，CNN 将神经元排列成三维（宽度、高度和深度），如某一层所示。CNN 的每一层都将 3D 输入量转换为经神经元激活的 3D 输出量。红色输入层保存图像，因此其宽度和高度是图像的尺度大小，深度包括 3 个值（红、绿、蓝通道）。

因此，在此分析的所有多层神经网络中都具有由多个神经元依次排列组成的层，且在将输入图像或数据输入到神经网络之前，必须将其扁平化或降到一维。但如果直接赋予一个 2 维图像会是什么情况？其实在 CNN 中，每一层都是 2 维表征的，这使得神经元更易于与相应的输入匹配。在随后的章节中将会讨论这一示例。

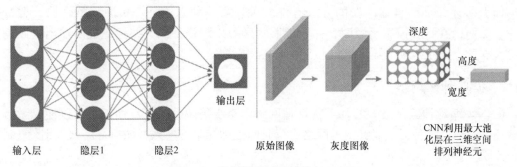

图 1-17 常规深度神经网络与 CNN

1.4.3 自编码器

自编码器是一个具有三层或更多层的网络，其中输入层和输出层具有相同个数的神经元，而中间层（隐层）的神经元个数较少。训练网络以在输出中简单重现每一段输入数据，且保持相同的活动模式。

自编码器是一种能够在没有任何监督的情况下学习输入数据有效表征的人工神经网络（即训练集未标记）。通常，远低于输入数据的维度，这使得自编码器对于降维非常有效。更重要的是，自编码器作为功能强大的特征检测器，可用于深度神经网络的无监督预训练。

主要问题在于由于隐层中单元数量较少，如果网络可以从样本中学习并泛化到可接受的程度，那么必须执行数据压缩；隐层神经元的状态为每个样本都提供了压缩的输入输出状态。自编码器的主要应用是数据去噪和数据可视化降维。

图 1-18 展示了自编码器的基本工作原理。通过两个阶段重建接收到的输入：编码阶段，对原始输入进行降维；解码阶段，根据编码（压缩）表示重建原始输入。

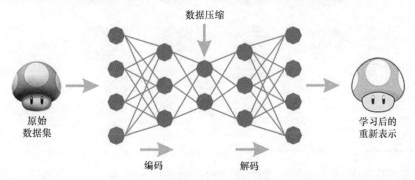

图 1-18 自编码器的编码/解码阶段

作为一种无监督神经网络，自编码器的主要特点是对称结构。自编码器主要有两个组件：将输入转换为内部表示的编码器以及将内部表示转换为输出的解码器。

也就是说，自编码器可看作是编码器和解码器的组合，分别对输入进行编码和将编码解码/重构为原始输入以作为输出。由此可见，MLP 通常具有与自动编码器相同的架构，只是输出层和输入层中的神经元个数必须相等。

如上所述，训练自编码器的方法有许多种。第一种方法是一次训练整个层，类似于MLP。然而，在计算成本函数时，并不像监督学习中那样使用一些标记过的输出，而是使用输入本身。因此，成本函数反映了实际输入和重构输入之差。

1.4.4 循环神经网络

RNN（循环神经网络）的基本特点是网络中至少需包含一个反馈连接，以使得激活可在循环中流动。这种形式能够使得网络进行时间处理和学习序列，如执行序列识别/复制或时间关联/预测。

RNN架构现有多种不同形式。一种常见的类型包括标准MLP和附加循环。这样可利用MLP强大的非线性映射功能，并具有某些形式的记忆功能。其他类型具有更统一的结构，通常是每个神经元都与其他神经元相连，且具有随机激活函数。

对于简单架构和确定性激活函数而言，可使用与前馈网络中反向传播算法类似的梯度下降过程来实现学习。

图1-19展示了RNN的一些重要类型和特性。RNN的设计目的是利用输入数据的时序信息以及诸如感知器、长短时记忆（LSTM）单元或门控循环单元（GRU）等构件之间的循环连接。后两种构件用于消除常规RNN的缺点，如梯度消失/爆炸问题和长短时依赖性。这些将在后面的章节中介绍。

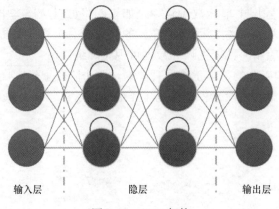

输入层　　　隐层　　　输出层

图1-19　RNN架构

1.4.5 新兴架构

目前已提出许多其他新兴的深度学习架构，如深度时空神经网络（DST-NN）、多维循环神经网络（MD-RNN）和卷积自编码器（CAE）。

然而，现在仍在研究和使用其他新兴网络，如CapsNet（一种改进的CNN，旨在消除常规CNN的缺点）、个性化因子分解机以及深度强化学习。

1.5　深度学习框架

本节主要介绍一些主流的深度学习框架。简单而言，几乎所有的库都可以利用图形处理器来加速学习过程，且这些库都是在开源许可下发布的，是大学团队的研究成果。

TensorFlow 是一个在 Python 和 C++ 环境下编写的用于机器智能的开源数学软件库，由 Google 大脑团队（Brain Team）在 2011 年开发完成。TensorFlow 可以帮助分析数据，预测有效的业务结果。一旦建立好神经网络模型，并经过必要的特征操作之后，就可以简单地利用绘图或 TensorBoard 进行交互训练。

最新版本的 TensorFlow 的主要特点是计算速度更快、灵活性和可移植性更强、易于调试、具有统一的 API、透明使用 GPU 计算、易用且可扩展。其他优点还包括得到了广泛应用和技术支持，且可以大规模实际应用。

Keras 是一个位于 TensorFlow 和 Theano 之上的深度学习库，提供了一个受 Torch 启发（是现有最好的 Python API）的直观 API。Deeplearning4j 以 Keras 作为其 Python API，并从 Keras 中导入模型，以及通过 Keras 从 Theano 和 TensorFlow 中导入模型。

Keras 是由一名 Google 软件工程师 François Chollet 所创建，可在 CPU 和 GPU 上无缝运行，允许通过用户友好性、模块化和可扩展性轻松快速地建立原型。由于其很容易构建神经网络层，因此是发展最迅速的框架之一。由此，Keras 很可能成为神经网络的标准 Python API。

Theano 可以说是应用最广泛的库，是用机器学习领域应用最广泛的语言 Python（Python 也用于 TensorFlow）编写。此外，Theano 还允许使用 GPU，这要比单个 CPU 快 24 倍。同时，Theano 也允许高效定义、优化和评估复杂的数学表达式，如多维数组。遗憾的是，Yoshua Bengio 于 2017 年 9 月 28 日宣布停止开发 Theano。这意味着 Theano 实际上已名存实亡。

Neon 是由 Nirvana 开发的一种基于 Python 的深度学习框架。其语法类似于 Theano 的高层框架（如 Keras）。目前，Neon 被认为是基于 GPU 实现的最快工具，尤其是对于 CNN。但是其基于 CPU 的实现与大多数其他库相比则相对较差。

Torch 是针对机器学习的一个庞大的生态系统，提供了包括用于深度学习和处理各种多媒体数据的大量算法和函数，尤其是在并行计算方面。Torch 为 C 语言编程提供了良好的接口，拥有庞大的用户群。另外，Torch 也是一个脚本语言 Lua 的扩展库，旨在为机器学习系统的设计和训练提供一个灵活的环境。同时，Torch 是一个适用于各种平台（Windows、Mac、Linux 和 Android）和在这些平台上直接运行的脚本的高度可移植独立框架。因此，Torch 可用于多种应用。

Caffe 是一个主要由 Berkeley 视觉和学习中心（BVLC）开发的框架，在表示、速度和模块化方面设计性能突出。其独特的架构因允许从 CPU 到 GPU 计算的便捷切换而促使其得到应用和创新。近年来快速发展了庞大的用户群。同样，Caffe 也是用 Python 编写的，但安装过程可能较长，这是因为必须编译许多支持库。

MXNet 是一个支持多种语言的深度学习框架，如 R、Python、C++ 和 Julia。如果熟悉其中任一种语言，那么就非常方便，而无需再专门学习某种语言来训练深度学习模型。MXNet 的后端是用 C++ 和 CUDA 编写的，且可以用类似于 Theano 的方式来管理内存。

由于其具有良好的可扩展性，可以在多个 GPU 和计算机下同时运行（这对于大型企业而言非常有用），因此 MXNet 也广受欢迎。这就是 Amazon 选择 MXNet 作为深度学习参考库的原因。2017 年 11 月，AWS（亚马逊网络服务）宣布推出 ONNX-MXNet，这是一个开源 Python 包，用于将开放式神经网络交换（ONNX）深度学习模型导入到 Apache MXNet。

Microsoft 认知工具包（CNTK）是一个来自微软研究院的统一深度学习工具包，易于实现跨多 GPU 和服务器上常用模型的训练和组合。CNTK 可实现 CNN 和 RNN 对于语音、图像和文本数据的高效训练。支持用于 GPU 加速的 cuDNN v5.1。另外，CNTK 还支持 Python、C++、C# 和命令行接口。

表 1-1 对上述框架进行了总结。

表 1-1 深度学习框架汇总

框架	支持的编程语言	训练素材丰富度	CNN 建模能力	RNN 建模能力	可用性	是否支持多 GPU
Theano	Python, C++	++	丰富的 CNN 教程和预构模型	丰富的 RNN 教程和预构模型	模块化结构	否
Neon	Python	+	针对 CNN 的最快工具	资源较少	模块化结构	否
Torch	Lua, Python	+	资源较少	丰富的 RNN 教程和预构模型	模块化结构	是
Caffe	C++	++	丰富的 CNN 教程和预构模型	资源较少	创建层占用时间	是
MXNet	R, Rython, Julia, Scala	++	丰富的 CNN 教程和预构模型	资源较少	模块化结构	是
CNTK	C++	+	丰富的 CNN 教程和预构模型	丰富的 RNN 教程和预构模型	模块化结构	是
TensorFlow	Python, C++	+++	丰富的 RNN 教程和预构模型	丰富的 RNN 教程和预构模型	模块化结构	是
DeepLearning4j	Java, Scala	+++	丰富的 RNN 教程和预构模型	丰富的 RNN 教程和预构模型	模块化结构	是
Keras	Python	+++	丰富的 RNN 教程和预构模型	丰富的 RNN 教程和预构模型	模块化结构	是

除了上述库之外，最近还出现了一些云端的深度学习库。其基本理念是为包括数十亿个数据点和高维数据的大数据提供深度学习能力。例如，AWS、Microsoft Azure、Google Cloud Platform 和 NVIDIA GPU Cloud（NGC）都提供了各自公共云上的机器学习和深度学习服务。

2017 年 10 月，AWS 发布了亚马逊弹性计算云（EC2）P3 实例的深度学习 AMI（亚马逊机器镜像）。这些 AMI 预装了深度学习框架，如 TensorFlow、Gluon 和 Apache MXNet，用于优化 Amazon EC2 P3 实例中的 NVIDIA Volta V100 GPU。目前，深度学习服务主要提供了 3 种类型的 AMI：Conda AMI、基本 AMI 和带源代码的 AMI。

微软认知工具包是针对 Azure 的开源深度学习服务。与 AWS 的产品类似，这是一种专注于帮助开发人员构建和部署深度学习应用程序的工具。该工具包安装在 Python 2.7 根目录环境下。Azure 还提供了模型库，其中包含了代码示例等资源，以帮助企业使用相应服务。

与此同时，NGC 也为人工智能科学家和研究人员提供了 GPU 加速器。NGC 的特点是具有容器化的深度学习框架，如由 NVIDIA 调试、测试和认证的 TensorFlow、PyTorch 和 MXNet，最终在云服务供应商提供的最新 NVIDIA GPU 上运行。当然，也有通过其各自市场提供的第三方服务。

1.6 小结

本章介绍了深度学习的相关基本主题。深度学习包括了一些允许机器学习系统在多个层次上获取数据分层表示的方法。这是通过将简单单元进行组合而实现的，每个单元从输入层开始，将其本层的表示转换为更高抽象层的表示。

近年来，这些技术在图像识别和语音识别等许多应用领域取得了前所未有的成果。而这些技术得以广泛应用的主要原因之一是 GPU 架构的快速发展，大大缩短了深度神经网络的训练时间。

现有各种不同的深度神经网络架构，每一种架构都是针对特定问题开发的。在后面章节中将详细讨论这些架构，并分析基于 TensorFlow 框架创建的应用程序示例。本章最后简要概述了最重要的一些深度学习框架。

下一章将开始具体深入深度学习，介绍 TensorFlow 软件库。其中将讨论 TensorFlow 的主要特性以及学习如何安装并设置第一个工作营销数据集。

第 2 章
TensorFlow 初探

TensorFlow 是一个由 Google 大脑团队于 2011 年开发的用于深度学习的数学软件和开源框架。不过，也可用于分析数据，以有效预测业务结果。

尽管 TensorFlow 的初衷是用于研究机器学习和深度神经网络（DNN），但该系统通用性很强，完全适用于支持向量机（SVM）、逻辑回归、决策树和随机森林等多种经典机器学习算法。

本章根据实际需求以及目前最新稳定 v1.6 版本（v1.7 是本书出版过程中的预发行版）的先进功能，重点介绍后续章节中将要用到的 TensorFlow 的主要功能和核心概念。

本章的主要内容包括：
- TensorFlow 概述；
- TensorFlow v1.6 的新特性；
- TensorFlow 安装与配置；
- TensorFlow 计算图；
- TensorFlow 代码结构；
- TensorFlow 数据模型；
- 基于 TensorBoard 的可视化计算；
- 线性回归与超越。

2.1 TensorFlow 概述

TensorFlow 是 Google 开发的一种利用代表 TensorFlow 执行模型的数据流图进行科学数值计算的开源框架。TensorFlow 中的数据流图有助于机器学习专家对数据进行更高级更深入的训练，以开发深度学习和预测分析模型。

顾名思义，TensorFlow 包括了神经网络在多维数组数据上执行的操作，即张量流。流图中的节点对应着相应的数学运算，即加法、乘法、矩阵分解等；而流图中的边对应于确保边和节点之间（即数据流和控制流）通信的张量。由此，TensorFlow 可提供一些广泛使用且可靠实现的线性模型和深度学习算法。

尽管可以在 CPU 上执行数值计算，但在 TensorFlow 下，还可以将训练过程分布在同一系统上的多个设备之间，尤其是系统中具有多个 GPU 共享计算负载的情况。

通过 TensorFlow 部署一个预测模型或通用模型非常简单。在执行必要的特征操作后，一旦构建好神经网络模型，就可以直接进行交互式训练，并利用 TensorBoard 来可视化张量图，绘制有关流图执行的量化指标，以及显示其他数据，如经过上述流程的图像。

若 TensorFlow 能够访问 GPU 设备，将通过贪婪算法自动分配多个设备上的计算量。因此，无需进行特殊配置就可以有效利用 CPU 核。不过，TensorFlow 还允许程序根据命名空间设置来指定在哪个设备上执行哪些操作。最后，在对模型评估之后，可通过提供一些测试数据来进行部署。最新版本的 TensorFlow 提供的主要功能如下：

- 计算速度更快：最新版本的 TensorFlow 计算速度极快。例如，Inception-v3 模型在 8 核 GPU 上运行速度快了 7.3 倍，而分布式 Inception-v3 模型在 64 核 GPU 上快了 58 倍。
- 灵活性：TensorFlow 不仅仅是一个深度学习库。同时几乎具备了所需的一切强大数学运算能力，这要得益于其所具有的求解难题的函数。
- 可移植性：TensorFlow 可在 Windows（仅支持 CPU）、Linux 和 Mac 计算机以及移动计算平台（即 Android）上运行。
- 易于调试：TensorFlow 提供了 TensorBoard 工具，这对分析所开发的模型非常有用。
- 统一 API：TensorFlow 提供了非常灵活的架构，使之可通过单个 API 将计算部署到桌面、服务器或移动设备上的一个或多个 CPU/GPU 上。
- GPU 透明计算：TensorFlow 目前已实现自动管理和优化所用的内存及数据。现在，还可以使用 NVIDIA 的 cuDNN 和 CUDA 工具包在机器上进行大规模且数据密集型的 GPU 计算。
- 易用性：TensorFlow 适用于所有人，不仅适用于学生、研究人员、从事深度学习的相关人员，而且还适用于行业内的专业人员。
- 大规模生产环境：近年来，TensorFlow 已发展成为一个用于大规模机器翻译的神经网络。TensorFlow v1.6 保证了 Python API 的稳定，使之更容易选择新的特征，而无需担心破坏现有代码。
- 可扩展性：TensorFlow 是一种相对较新的技术，目前仍处于继续开发完善中。在 GitHub 上提供了完整源代码。
- 良好的技术支持：现有一个由开发人员和用户组成的大型交流群，通过积极反馈和完善源代码，逐步改进 TensorFlow 产品。
- 广泛应用：许多科技巨头都采用 TensorFlow 来提高其产品智能性，如 ARM、Google、Intel、eBay、Qualcomm、SAM、Dropbox、DeepMind、Airbnb 和 Twitter。

接下来，在 TensorFlow 下开始代码编写之前，首先了解一下 TensorFlow 最新版本中的新特性。

2.2 TensorFlow v1.6 的新特性

2015 年，Google 对 TensorFlow 开源，包括所有的参考实现案例。所有源代码都在 Apache 2.0 许可下发布在 GitHub 上。自此，TensorFlow 在学术界和工业研究领域得到了广泛应用，最新发布的稳定版本 1.6 具有统一的 API。

值得注意的是，TensorFlow v1.6（及更高版本）中的 API 并不对 1.5 版本之前的代码向下兼容。这意味着 1.5 版本之前的一些程序可能无法在 TensorFlow v1.6 上正常运行。

接下来，介绍一下 TensorFlow v1.6 所具有的一些新特性。

2.2.1 支持优化的 NVIDIA GPU

从 TensorFlow v1.5 开始，预编译的执行文件是针对 CUDA 9.0 和 cuDNN 7 而编译的。然而，从 1.6 版本开始，TensorFlow 预编译的执行文件采用了 AVX 指令，这可能会破坏之前 CPU 上的 TensorFlow。不过，自 1.5 版本开始，对 NVIDIA Tegra 设备上 CUDA 提供了额外支持。

2.2.2 TensorFlow Lite 简介

TensorFlow Lite 是 TensorFlow 针对移动和嵌入式设备的轻量级解决方案。能够以较小的二进制文件和支持硬件加速的快速性能对设备上的机器学习模型实现低延迟推断。

TensorFlow Lite 采用了多种技术来实现低延迟，如优化特定移动应用程序的内核、预融合激活函数、运行小而快（定点数学）模型的量化核，并且在将来，会利用专门的机器学习硬件以获得特定设备上特定模型的最佳性能。

机器学习正在改变计算范式，并逐渐出现了在移动和嵌入式设备上的新用例。消费者也期望与设备进行自然的类人交互，这些是由音视交互模型驱动的。

因此，用户也期望不再局限于计算机，而且移动设备的计算能力也随着硬件加速而呈指数级增强，以及 Android 神经网络 API 和 iOS 的 C++API。如图 2-1 所示，预训练模型可转换为更轻量级的模型，作为 Android 或 iOS 应用程序来运行。

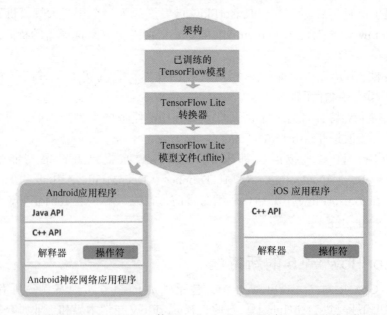

图 2-1　如何利用 TensorFlow Lite 使用 Android 和 iOS 设备上已训练模型的概念图

为此，市面上广泛存在的智能家电为设备化智能创造了新的应用可能性。同时，这也允许使用智能手机来实现实时计算机视觉和自然语言处理（NLP）。

2.2.3 动态图机制

动态图机制是为 TensorFlow 提供的一种命令式编程接口。启用动态图机制后，即可立即执行 TensorFlow 操作（在程序中定义的）。

值得注意的是，从 TensorFlow v1.7 开始，动态图机制将被移出 contrib。这意味着建议使用 tf.enable_eager_execution()。在后面章节中将分析相关示例。

2.2.4 优化加速线性代数

TensorFlow v1.5 之前的加速线性代数（XLA）不稳定，且功能有限。但 v1.6 对 XLA 提供了更多支持。主要考虑以下功能：
- 增加了对 XLA 编译器的 complex64 的支持。
- 针对 CPU 和 GPU 增加了快速傅里叶变换（FFT）的支持。
- 对 XLA 设备增加了 bfloat 的支持。
- 启用了 ClusterSpec 与 XLA 设备的同时工作。
- 在 CUDA 加速下，可在兼容的 Tegra 设备上编译 Android TF。
- 支持添加确定性执行器来生成 XLA 图。

现已修复了开源社区提出的许多错误，且在该版本下集成了大量 API 级的更改。

但到目前为止，尚未对 TensorFlow 进行任何实践，稍后将学习如何利用这些特性开发真正的深度学习应用程序。在此之前，先学习如何准备编程环境。

2.3 TensorFlow 安装与配置

TensorFlow 可安装在 Linux、macOS 和 Windows 等众多平台上。此外，还可由 TensorFlow 的最新 GitHub 源码来编译和安装 TensorFlow。如果是 Windows 计算机，还可以通过本地 pip 或 Anacondas 安装 TensorFlow。TensorFlow 在 Windows 上支持 Python 3.5.x 和 3.6.x。

除此之外，Python 3 附带了 pip3 软件包管理器，这是用于安装 TensorFlow 的程序。因此，如果使用该版本的 Python，则无需安装 pip。根据以往的经验，即使计算机已集成了 NVIDIA GPU，也应先安装和尝试支持 CPU 的版本，若未达到良好性能，则应再切换到支持 GPU 的版本。

支持 GPU 的 TensorFlow 需满足以下要求，如 64 位 Linux、Python 2.7（或 Python 3 的 3.3+）、NVIDIA CUDA® 7.5 或更高版本（Pascal GPU 需要 CUDA 8.0），以及 NVIDIA cuDNN（即 GPU 加速的深度学习）v5.1（或更高版本）。

更具体而言，当前开发的 TensorFlow 仅支持利用 NVIDIA 工具包和软件进行 GPU 计算。因此，还必须在计算机上安装以下软件，才能在预测分析应用程序中获得 GPU 的支持：
- NVIDIA 驱动；
- 计算能力 ≥ 3.0 的 CUDA；

- cuDNN。

NVIDIA CUDA 工具包包括：
- GPU 加速库，如用于 FFT 的 cuFFT；
- 用作基本线性代数库（BLAS）的 cuBLAS；
- 用作稀疏矩阵库的 cuSPARSE；
- 用作密集/稀疏直接求解器的 cuSOLVER；
- 用于随机数生成的 cuRAND 以及用于图像和视频处理基元的 NPP；
- 用作 NVIDIA 图形分析库的 nvGRAPH；
- 模板并行算法、数据结构和 CUDA 专用数学库。

鉴于有关 TensorFlow 的文档已非常丰富，只需按照相应步骤执行即可，在此就不再详细介绍 TensorFlow 的安装和配置过程。另外 TensorFlow 的版本会定期更改。

如果已安装并配置好编程环境，接下来就学习了解 TensorFlow 计算图。

2.4 TensorFlow 计算图

在执行 TensorFlow 程序时，应熟悉计算图创建和会话执行的概念。通常，前者是用于模型构建，后者是用于数据输入并获得结果。

TensorFlow 可在 C++ 引擎上完成任何处理，这意味着在 Python 中无需执行任何乘法或加法运算。此时 Python 只是作为一个封装器。TensorFlow C++ 引擎主要包括以下两部分：
- 有效的操作实现，如 CNN 中的卷积、最大池化、sigmoid；
- 转发操作模式推导。

TensorFlow lib 在编程方面是一个非常寻常的库，与传统的 Python 代码（如编写语句并执行）不同。TensorFlow 代码中包括了各种运算。在 TensorFlow 中，变量初始化都比较特殊。在 TensorFlow 下执行一个复杂操作（如训练线性回归）时，TensorFlow 在内部是通过一个数据流图来表示计算过程。该图就称为计算图，是由下列元素组成的一个有向图：
- 节点集，每个节点代表一个操作。
- 有向边集，每条边代表操作所执行的数据。

TensorFlow 中有两种类型的边：
- 常见型：节点间的数据结构，一个操作的输出，即来自某一节点，是另一个操作的输入。连接两个节点的边具有值。
- 特殊型:该类型的边不具有值，只表征两个节点（如节点 X 和 Y）间的控制依赖关系。这意味着只有节点 X 中的操作执行完，且在数据操作关系之前，才会执行节点 Y 的操作。

TensorFlow 在实现过程中定义了控制依赖项，以确定其他操作的执行顺序，这是控制内存使用峰值的一种方式。

计算图基本上类似于数据流图。图 2-2 给出了一个执行简单计算 $z = d \times c = (a + b) \times c$ 的计算图。

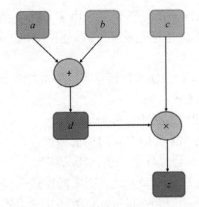

图 2-2　用于计算简单方程的一个简单执行图

图 2-2 中，圆形框表示操作，而矩形框表示计算图。如前所述，TensorFlow 计算图包括：
- tf.Operation objects：这是图中的节点。通常简称为 op。每个 op 都是简单的 TITO（张量 - 入 - 张量 - 出），一个或多个张量输入和一个或多个张量输出。
- tf.Tensor objects：这是图中的边。通常简称为张量。

张量对象在图中的各个 op 中流动。在图 2-2 中，d 也是一个 op。该 op 可以是一个"常量"op，其输出是一个包含了赋予 d 的实际值的张量。

还可以通过在 TensorFlow 中执行一个延迟程序来实现。简单来说，就是一旦在计算图构建阶段组成了一个高度组合的表达式，那么仍可在运行会话阶段对其进行评估。从技术实现上，TensorFlow 是以一种高效方式规划任务并按时执行的。

例如，在 GPU 下并行执行各自独立的代码部分如图 2-3 所示。

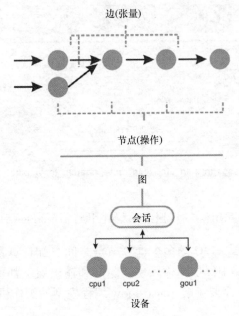

图 2-3　在 CPU 或 GPU 等设备上执行会话的 TensorFlow 图中的边和节点

创建完成计算图之后，TensorFlow 需要一个由多 CPU（或 GPU）以分布式方式执行的活动会话。一般来说，无需明确指定是使用 CPU 还是 GPU，这是因为 TensorFlow 可以自主选择使用何种处理器。

在默认情况下，会选择使用 GPU 来执行尽可能多的操作；否则，会使用 CPU。但通常即使不占用也会分配好所有的 GPU 内存。

以下是 TensorFlow 计算图的主要组成部分。
- 变量：用于存放 TensorFlow 会话之间的权重和偏差。
- 张量：在节点间传递以执行操作的一组值（又称为 op）。
- 占位符：用于在程序和 TensorFlow 计算图之间发送数据。
- 会话：一旦启动会话，TensorFlow 将自动计算图中所有操作的梯度，并用于链规则中。实际上，在执行计算图时需调用会话。

上述各个组件都将在后面章节中有详细介绍。从技术上，将要编写的程序可看作是一个客户端。然后，利用该客户端以符号形式在 C/C++ 或 Python 中创建所要执行的计算图，接着程序代码调用 TensorFlow 执行该计算图。由图 2-4 可更清晰地理解整个概念。

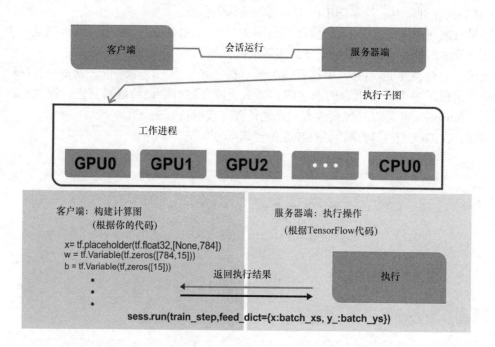

图 2-4　采用客户端 - 服务器端架构执行 TensorFlow 计算图

计算图有助于在 CPU 或 GPU 的多个计算节点之间分配计算量。这样，一个神经网络就相当于一个复合函数，其中每层（输入层、隐层和输出层）都可表示为一个函数。为深入理解张量上执行的操作，需要了解 TensorFlow 编程模型的工作机制。

2.5 TensorFlow 代码结构

TensorFlow 编程模型用于表示如何构造预测模型。导入 TensorFlow 库后，一个 TensorFlow 程序通常可分为 4 个部分：
- 计算图构建，其中涉及一些张量操作（紧接着会介绍什么是张量）；
- 创建会话；
- 运行会话：执行计算图中定义的操作；
- 数据采集和分析的计算。

上述主要代码段定义了 TensorFlow 中的编程模型。以下列两个数值相乘为例：

```python
import tensorflow as tf  # 导入TensorFlow

x = tf.constant(8) # X张量
y = tf.constant(9) # Y张量
z = tf.multiply(x, y) # 新张量 Z

sess = tf.Session() # 创建 TensorFlow会话

out_z = sess.run(z) # 执行 Z张量
sess.close() # 终止 TensorFlow会话
print('The multiplication of x and y: %d' % out_z)# 输出结果
```

上述代码段可用图 2-5 表示。

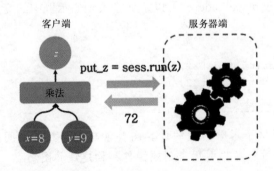

图 2-5　在客户端 - 服务器端架构上执行一个简单乘法并返回结果

为使得上述程序更高效，TensorFlow 还允许通过占位符（稍后介绍）在计算图变量中交换数据。下面的代码段执行相同操作，但效率更高。

```
import tensorflow as tf

# 构建计算图,并创建传送该图的会话
with tf.Session() as sess:
    x = tf.placeholder(tf.float32, name="x")
    y = tf.placeholder(tf.float32, name="y")
    z = tf.multiply(x,y)

# 对占位符 x和y赋值8和9,并执行计算图
z_output = sess.run(z,feed_dict={x: 8, y:9})
print(z_output)
```

对于两个数相乘并不需要TensorFlow。另外,对于这样一个简单操作,代码有点太多。上例的主要目的是阐明如何实现编码,从最简单(如本例所述)到最复杂。此外,该例还包含了本书所有其他示例中会用到的一些基本指令。

在第一行命令中利用关键字import导入TensorFlow。如前所述,这可以用tf实例化。然后,TensorFlow运算符就可用tf和所要使用的运算符名称表示。在下一行,通过tf.Session()指令来构造会话对象:

```
with tf.Session() as sess:
```

会话对象(即sess)封装了TensorFlow环境,以执行所有操作对象,并计算Tensor对象。在接下来的部分中将会看到。

该对象包含了计算图,即如前所述,包含了将要执行的计算。下列两行利用placeholder定义了变量x和y。通过placeholder,可以定义输入(如示例中的变量x)和输出变量(如变量y)。

```
x = tf.placeholder(tf.float32, name="x")
y = tf.placeholder(tf.float32, name="y")
```

占位符提供了求解问题的计算图要素与计算数据之间的接口。允许在不需要数据而是通过对数据引用来创建操作和构建计算图。

要通过占位符函数定义一个数据或张量(稍后将介绍张量的概念),需要3个参数。
- 数据类型:输入张量中元素的类型。
- 占位符的维度:输入张量的维度(可选)。如果未指定维度,可输入任何维度的一个张量。
- 名字:对于调试和代码分析非常有用,不过是可选项。

这样，就可以通过之前定义的占位符和常量这两个参数来引入计算模型。接下来，定义计算模型。

下面位于会话内部中的语句是构建 x 和 y 乘积的数据结构，并将运算结果赋值给张量 z。具体操作如下：

```
z = tf.multiply(x, y)
```

由于结果已保存在占位符 z 中，因此需通过 sess.run 语句来执行计算图。在此，将两个值合并为一个张量作为图中的一个节点。临时用张量值替代运算的输出结果：

```
z_output = sess.run(z,feed_dict={x: 8, y:9})
```

最后一条指令是输出结果：

```
print(z_output)
```

此时输出的结果是 72.0。

2.5.1 TensorFlow 下的动态图机制

如前所述，在 TensorFlow 启用了动态图机制的情况下，可立即执行 TensorFlow 操作，这是由于该操作是从 Python 中强制调用的。

启用动态图机制后，TensorFlow 函数立即执行运算操作并返回具体结果。这与在 tf.Session 中添加要执行的计算图并在计算图中创建节点的符号引用正好相反。

TensorFlow 是通过如下所示的 tf.enable_eager_execution 来提供动态图机制功能。

- tf.contrib.eager.enable_eager_execution
- tf.enable_eager_execution

tf.enable_eager_execution 具有以下签名：

```
tf.enable_eager_execution(
        config=None,
        device_policy=None
)
```

在上述签名中，config 是指 tf.ConfigProto，用于配置执行运算操作的环境，这是一个可选参数。另一方面，device_policy 也是一个可选参数，用于控制特定设备（如 GPU0）上的输入的如何处理另一不同设备（如 GPU1 或 CPU）上的输入的操作策略。

现在，调用上述代码就可在程序的生命周期内启用动态图机制。例如，在 TensorFlow 中执行一个简单乘法运算的代码如下。

31

```
import tensorflow as tf

x = tf.placeholder(tf.float32, shape=[1, 1])  # 变量x的占位符
y = tf.placeholder(tf.float32, shape=[1, 1])  # 变量y的占位符
m = tf.matmul(x, y)

with tf.Session() as sess:
    print(sess.run(m, feed_dict={x: [[2.]], y: [[4.]]}))
```

以下是上述代码的执行结果。

>>>

8.

但是,如果采用动态图机制,则整个代码更为简洁。

```
import tensorflow as tf

# 动态图机制(Tensorflow v1.7 以上):
tf.eager.enable_eager_execution()
x = [[2.]]
y = [[4.]]
m = tf.matmul(x, y)

print(m)
```

上述代码的执行结果如下:

>>>

tf.Tensor([[8.]], shape=(1, 1), dtype=float32)

是否能够理解上述代码段的执行情况?实际上在启用动态图机制之后,就会按照定义执行运算操作,在张量对象中保存具体结果值,该值可通过 numpy() 方法以 numpy.ndarray 访问。

注意,在采用 TensorFlow API 创建或执行计算图之后,就不能再启用动态图机制。因此通常建议在程序启动时而不是在一个库中调用该功能。尽管动态图机制看似很有效,但由于这是一个新特性,且还尚不完善,因此在接下来的章节中并未使用该功能。

2.6 TensorFlow 数据模型

TensorFlow 中的数据模型是用张量表征的。无需复杂的数学定义,可以认为一个张量(在 TensorFlow 中)即是一个多维数值数组。在下一节中将分析有关张量的具体内容。

2.6.1 张量

维基百科中张量的正式定义如下:

"张量是描述几何矢量、标量和其他张量之间线性关系的几何对象。这些关系主要包括点积(标量积)、叉积(矢量积)和线性映射。几何矢量通常用于物理和工程应用,而标量

本身也是张量。"

张量的数据结构包括 3 个参数：秩、维度和类型，如图 2-6 所示。

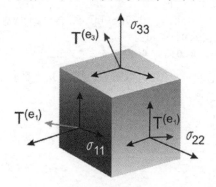

图 2-6　张量只是一个具有维度、秩和类型的几何对象，其用于保存多维数组

因此，张量可看作是矩阵的一种泛化，其中指定了具有任意多个索引的元素。张量的语法与嵌套矢量有些类似。

张量仅定义了值的类型以及在会话期间计算该值的方法。因此，不会表示或保存一个运算操作所产生的任何值。

有些人经常比较 NumPy 和 TensorFlow。实际上，TensorFlow 和 NumPy 在某种意义上非常相似，都是 N-d 数组库。

NumPy 的确可以支持 n 维数组，但不能提供创建张量函数以及自动计算导数的方法（而且也不支持 GPU）。图 2-7 给出了 NumPy 和 TensorFlow 的详细对比。

NumPy	TensorFlow
a=np.zeros((2,2));b=np.ones((2,2))	a=tf.zeros((2,2)),b=tf.ones((2,2))
np.sum(b,axis=1)	tf.reduce_sum(a,reduction_indices=[1])
a.shape	a.get_shape()
np.reshape(a,(1,4))	tf.reshape(a,(1,4))
b*5+1	b*5+1
np.dot(a,b)	tf.matmul(a,b)
a[0,0], a[:,0], a[0,:]	a[0,0],a[:,0],a[0,:]

图 2-7　NumPy 与 TensorFlow 的详细对比

接下来，在由 TensorFlow 计算图提供张量之前，了解一下创建张量的另一种方法。

```
>>> X = [[2.0, 4.0],
         [6.0, 8.0]] # X是一个列表
>>> Y = np.array([[2.0, 4.0],
                  [6.0, 6.0]], dtype=np.float32)#Y是一个Numpy数组
>>> Z = tf.constant([[2.0, 4.0],
                     [6.0, 8.0]]) # Z是一个张量
```

其中，X是一个列表，Y是一个来自NumPy库的n维数组，Z是一个TensorFlow张量对象。接着，查看其各自的类型。

```
>>> print(type(X))
>>> print(type(Y))
>>> print(type(Z))

#输出
<class 'list'>
<class 'numpy.ndarray'>
<class 'tensorflow.python.framework.ops.Tensor'>
```

好的，类型输出正确。但是，与其他类型相比，处理张量的一种更为便捷的函数是tf.convert_to_tensor()，如下所示。

```
t1 = tf.convert_to_tensor(X, dtype=tf.float32)
t2 = tf.convert_to_tensor(Z, dtype=tf.float32)
```

通过下列代码来观察其类型。

```
>>> print(type(t1))
>>> print(type(t2))

#输出
<class 'tensorflow.python.framework.ops.Tensor'>
<class 'tensorflow.python.framework.ops.Tensor'>
```

非常好！至此关于张量的介绍就结束了。接下来，讨论以秩为特征的结构。

2.6.2 秩与维度

称为秩的维数可描述每个张量。秩可标记张量的维数。因此，秩被称为张量的阶或n维。零阶张量是一个标量，一阶张量是一个矢量，而二阶张量是一个矩阵。

下面的代码定义了TensorFlow中的scalar、vector、matrix和cube_matrix。在下一个示例中，将阐述秩的基本原理。

```
import tensorflow as tf
scalar = tf.constant(100)
vector = tf.constant([1,2,3,4,5])
```

```
matrix = tf.constant([[1,2,3],[4,5,6]])

cube_matrix =
tf.constant([[[1],[2],[3]],[[4],[5],[6]],[[7],[8],[9]]])

print(scalar.get_shape())
print(vector.get_shape())
print(matrix.get_shape())
print(cube_matrix.get_shape())
```

输出结果如下：

```
>>>
()
(5,)
(2, 3)
(3, 3, 1)
>>>
```

张量的维度是指其行数和列数。接下来，将分析如何将张量的维度与秩联系起来。

```
>>scalar.get_shape()
TensorShape([])


>>vector.get_shape()
TensorShape([Dimension(5)])


>>matrix.get_shape()
TensorShape([Dimension(2), Dimension(3)])


>>cube.get_shape()
TensorShape([Dimension(3), Dimension(3), Dimension(1)])
```

2.6.3 数据类型

除了秩和维度之外，张量还有数据类型。具体的数据类型列表如表 2-1 所示。

表 2-1 数据类型

数据类型	Python 类型	描述
DT_FLOAT	tf.float32	32 位浮点型
DT_DOUBLE	tf.float64	64 位浮点型
DT_INT8	tf.int8	8 位有符号整型
DT_INT16	tf.int16	16 位有符号整型
DT_INT32	tf.int32	32 位有符号整型
DT_INT64	tf.int64	64 位有符号整型
DT_UINT8	tf.uint8	8 位无符号整型
DT_STRING	tf.string	可变长度字节数组，张量的每个元素都是字节数组

(续)

数据类型	Python 类型	描述
DT_BOOL	tf.bool	布尔型
DT_COMPLEX64	tf.complex64	两个 32 位浮点型组成的复数：实部和虚部
DT_COMPLEX128	tf.complex128	两个 64 位浮点型组成的复数：实部和虚部
DT_QINT8	tf.qint8	量化运算中使用的 8 位有符号整型
DT_QINT32	tf.qint32	量化运算中使用的 32 位有符号整型
DT_QUINT8	tf.quint8	量化运算中使用的 8 位无符号整型

表 2-1 很显而易见，因此不再赘述。TensorFlow API 用于管理与 NumPy 数组之间的数据交换。

为此，若要通过常量值构建张量，需将 NumPy 数组传送给 tf.constant() 运算符，则输出结果即是具有该值的一个张量。

```
import tensorflow as tf

import numpy as np
array_1d = np.array([1,2,3,4,5,6,7,8,9,10])
tensor_1d = tf.constant(array_1d)

with tf.Session() as sess:
    print(tensor_1d.get_shape())
    print(sess.run(tensor_1d))
```

运行上例，可得

```
>>>
 (10,)
 [ 1  2  3  4  5  6  7  8  9 10]
```

若通过变量值构建张量，需将 NumPy 数组传送给 tf.Variable 构造函数。结果是一个具有该初始值的可变张量：

```
import tensorflow as tf
import numpy as np

# 创建一个 NumPy样本数组
array_2d = np.array([(1,2,3),(4,5,6),(7,8,9)])

# 将上述数组传送给tf.Variable()
tensor_2d = tf.Variable(array_2d)

# 在活动会话下执行上述操作
with tf.Session() as sess:
    sess.run(tf.global_variables_initializer())
    print(tensor_2d.get_shape())
    print sess.run(tensor_2d)
# 最后，执行完后，关闭TensorFlow会话
sess.close()
```

在上述代码段中，tf.global_variables_initializer() 是用于初始化之前创建的所有操作。如果需要利用一个依赖于另一变量的初始值来创建变量，则使用另一变量的 initialized_value()。这样就可以确保以正确顺序初始化。

结果如下：

```
>>>
  (3, 3)
  [[1 2 3]
   [4 5 6]
   [7 8 9]]
```

为便于在交互式 Python 环境中使用，可采用 InteractiveSession 类，然后在该会话中调用 Tensor.eval() 和 Operation.run()：

```
import tensorflow as tf  # 导入TensorFlow
import numpy as np  # 导入numpy

# 创建一个交互式TensorFlow会话
interactive_session = tf.InteractiveSession()

# 构建一个一维 NumPy数组
array1 = np.array([1,2,3,4,5])  # An array

# 然后将上述数组转换为张量
tensor = tf.constant(array1)  # 转换为张量
print(tensor.eval())  # 评估张量操作

interactive_session.close()  # 关闭会话
```

> tf.InteractiveSession() 只是一个用于在 IPython 中保持默认会话开启的实用语法函数。

运行结果如下：

```
>>>
  [1 2 3 4 5]
```

在交互式设置中（如 shell 或 IPython 笔记本），这样会更容易些，因为在任何地方馈送会话对象都很麻烦。

> IPython 笔记本现称为 Jupyter 笔记本。这是一个交互式计算环境，可以在其中融合代码执行、富文本、数学、绘图和富媒体。

定义张量的另一种方法是使用 tf.convert_to_tensor 语句：

```
import tensorflow as tf
import numpy as np
tensor_3d = np.array([[[0, 1, 2], [3, 4, 5], [6, 7, 8]],
                      [[9, 10, 11], [12, 13, 14], [15, 16, 17]],
                      [[18, 19, 20], [21, 22, 23], [24, 25, 26]]])
tensor_3d = tf.convert_to_tensor(tensor_3d, dtype=tf.float64)

with tf.Session() as sess:
    print(tensor_3d.get_shape())
    print(sess.run(tensor_3d))
# 最后，执行完成后关闭 TensorFlow 会话
sess.close()
```

上述代码的输出结果如下：

```
>>>
(3, 3, 3)
[[[  0.   1.   2.]
  [  3.   4.   5.]
  [  6.   7.   8.]]
 [[  9.  10.  11.]
  [ 12.  13.  14.]
  [ 15.  16.  17.]]
 [[ 18.  19.  20.]
  [ 21.  22.  23.]
  [ 24.  25.  26.]]]
```

2.6.4 变量

变量是用于保存和更新参数的 TensorFlow 对象。变量必须先初始化，以便在随后分析代码时可以保存和恢复。使用 tf.Variable() 或 tf.get_variable() 语句可以创建变量。不过，建议使用 tf.get_variable()，因为 tf.Variable() 只是用于较低层标签对象。

在下面的示例中，要从 1~10 计数，首先导入 TensorFlow：

```
import tensorflow as tf
```

创建一个初始化为标量值 0 的变量：

```
value = tf.get_variable("value", shape=[], dtype=tf.int32,
initializer=None, regularizer=None, trainable=True,
collections=None)
```

assign() 和 add() 运算符只是计算图中的节点，因此在运行会话之前，不会进行赋值：

```
one = tf.constant(1)
update_value = tf.assign_add(value, one)
initialize_var = tf.global_variables_initializer()
```

实例化计算图:

```
with tf.Session() as sess:
    sess.run(initialize_var)
    print(sess.run(value))
    for _ in range(5):
        sess.run(update_value)
        print(sess.run(value))
# 关闭会话
```

切记,张量对象只是运算结果的符号句柄,实际上并不保存运算输出结果。

```
>>>
0
1
2
3
4
5
```

2.6.5 Fetches

要获取运算结果,可通过对会话对象调用 run() 并传递到张量来执行计算图。除了获取单个张量节点之外,还可以获取多个张量。

下面调用 run() 同时获取求和张量和乘法张量。

```
import tensorflow as tf
constant_A = tf.constant([100.0])
constant_B = tf.constant([300.0])
constant_C = tf.constant([3.0])

sum_ = tf.add(constant_A,constant_B)
mul_ = tf.multiply(constant_A,constant_C)

with tf.Session() as sess:
    result = sess.run([sum_,mul_])# _ 是指执行完舍弃
    print(result)
```

输出结果如下:

```
>>>
[array(400.],dtype=float32),array([ 300.],dtype=float32)]
```

需要注意的是,所有需执行的运算(即为求得张量值)都只运行一次(不是每个请求的张量都运行一次)。

2.6.6 Feeds 和占位符

在 TensorFlow 程序中获取数据有 4 种方法。

- 数据集 API：可允许根据简单可重用的分布式文件系统构建复杂的输入管道并执行复杂运算。如果要处理大量具有不同数据格式的数据，建议使用数据集 API。数据集 API 在 TensorFlow 下引入了两个新的抽象来创建一个可馈送的数据集：tf.contrib.data.Dataset（通过创建数据源或执行转换操作）和 tf.contrib.data.Iterator。
- 馈送：允许将数据注入计算图中的任一张量。
- 从文件读取：允许采用 Python 的内置机制建立一个输入管道，实现在计算图开始处从数据文件中读取数据。
- 预加载数据：对于一个较小的数据集，可使用 TensorFlow 计算图中的常量或变量来保存所有数据。

本节将分析一个馈送机制的示例。在后续章节中会介绍一些其他方法。TensorFlow 提供了一种馈送机制以允许将数据注入计算图中的任一张量。该机制可通过 feed_dict 参数为启动计算的 run() 或 eval() 调用函数提供输入数据。

采用 feed_dict 参数的馈送机制并不是一种将数据输入到 TensorFlow 计算图的最有效方式，其只能用于较小数据集的小规模实验。另外，还可用于调试。

同时，还可利用馈送数据（即变量和常量）来替换任一张量。最佳方法是通过 tf.placeholder() 使用 TensorFlow 的占位符节点。占位符仅作为馈送目标而存在。空占位符未初始化，因此不包含任何数据。

因此，如果在没有馈送的条件下执行，将会总是产生错误，为此，不要忘记执行数据馈送。下面的示例表明了如何馈入数据以构建一个 2×3 的随机矩阵。

```
import tensorflow as tf
import numpy as np

a = 3
b = 2
x = tf.placeholder(tf.float32,shape=(a,b))
y = tf.add(x,x)

data = np.random.rand(a,b)
sess = tf.Session()
print(sess.run(y,feed_dict={x:data}))

sess.close()# 关闭会话
```

输出结果如下：

```
>>>
[[ 1.78602004  1.64606333]
 [ 1.03966308  0.99269408]
 [ 0.98822606  1.50157797]]
>>>
```

2.7 基于 TensorBoard 的可视化计算

TensorFlow 在称为 TensorBoard 的可视化工具中包含了可用于调试和优化程序的函数。通过 TensorBoard，可图形化观察与计算图中任何部分相关的参数和具体细节的各种类型的统计信息。

此外，在基于复杂深度神经网络进行预测建模时，计算图可能会非常复杂且容易混淆。为便于理解、调试和优化 TensorFlow 程序，可利用 TensorBoard 来可视化 TensorFlow 计算图，绘制有关计算图执行的定量指标，并显示其他数据，如经过运算的图像。

因此，TensorBoard 可看作是一个用于分析和调试预测模型的框架。TensorBoard 通过所谓的摘要来查看模型参数：一旦执行 TensorFlow 代码，即可调用 TensorBoard 在一个 GUI 中查看摘要。

2.7.1 TensorBoard 工作原理

TensorFlow 是通过计算图来执行应用程序的。在计算图中，节点表示一种运算操作，而边是运算操作之间的数据。

TensorBoard 的主要思想是将摘要与计算图中的节点（操作）相关联。在代码运行时，摘要操作将节点的数据序列化并输出到一个文件中。随后，TensorBoard 将对摘要操作进行可视化。

简单来说，TensorBoard 是一组用于检查和理解 TensorFlow 运行及计算图的 Web 应用程序。TensorBoard 的工作流程如下：

1）构建计算图 / 代码；
2）将摘要操作附加到待检查的节点上；
3）像往常一样启动执行计算图；
4）执行摘要操作；
5）执行完成后，运行 TensorBoard 以可视化摘要输出结果。

对于步骤 2）（即在运行 TensorBoard 之前），确保已通过创建一个摘要编写器在日志目录中生成了摘要数据：

sess.graph 包含了计算图定义；启用计算图可视化工具

```
file_writer = tf.summary.FileWriter('/path/to/logs',
sess.graph)
```

此时，在终端中输入 $ which tensorboard，则会显示已通过 pip 安装：

root@ubuntu:~$ which tensorboard
/usr/local/bin/tensorboard

需要指定一个日志文件夹。若在运行计算图的目录中，则可在终端中启动，如下所示：

tensorboard --logdir path/to/logs

若已完全配置好 TensorBoard，则可通过下列命令来访问：

```
# 注意，在=前后无空格
$ tensorboard -logdir=<trace_file_name>
```

现在，只需键入 http://localhost:6006/，即可从浏览器访问本地服务器 6006，如图 2-8 所示。

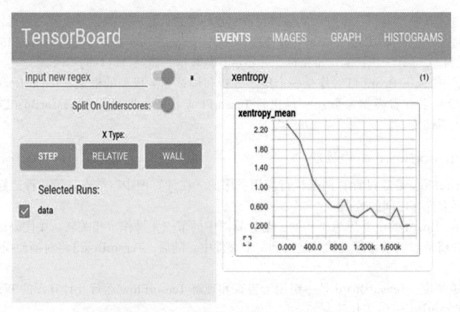

图 2-8　在浏览器上使用 TensorBoard

 可在 Google Chrome 浏览器或 Firefox 浏览器中使用 TensorBoard。其他浏览器或许也能正常工作，但可能会存在错误或性能问题。

上述内容是不是有些太多呢？别担心，在最后一节中，将结合前面介绍的所有概念来构建一个单输入神经元模型，并利用 TensorBoard 进行分析。

2.8　线性回归与超越

本节将更为详细地阐述 TensorFlow 和 TensorBoard 的主要原理，并尝试执行一些基本操作。在此要实现的模型是用于模拟线性回归的。

在统计学和机器学习中，线性回归是一种常用于量测变量之间关系的技术，这是一种简单而有效的预测建模算法。

线性回归可对因变量 y_i、自变量[一] x_i 和随机项 b 之间的关系进行建模。具体如下所示：

$$y = W * x + b$$

利用 TensorFlow 解决典型线性回归问题的流程如下，更新参数以最小化给定的成本函

[一] 原文是中间变量。——译者注

数(见图2-9):

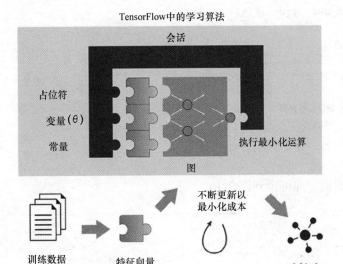

图2-9 TensorFlow中使用线性回归的学习算法

现在,按照图2-9,通过将上面的方程概念化来重现线性回归。为此,需编写一个简单的Python程序在2维空间中创建数据。然后利用TensorFlow来寻找最佳拟合数据点的线(见图2-10):

```
# 导入库(Numpy, matplotlib)

import numpy as np
import matplotlib.pyplot as plot

# 根据具有正态随机分布的函数y=0.1 * x + 0.4z
(即 y = W * x + b) 创建 1000 个数据点:

num_points = 1000
vectors_set = []

# 创建一些随机数据点
for i in range(num_points):
    W = 0.1 # W
    b = 0.4 # b
    x1 = np.random.normal(0.0, 1.0)#输入:均值,标准差
    nd = np.random.normal(0.0, 0.05)#输入:均值,标准差
    y1 = W * x1 + b

    # 添加一些符合正态分布的扰动,即nd
    y1 = y1 + nd
```

```
# 增加并创建一个组合向量集：
    vectors_set.append([x1, y1])

# 跨轴分离数据点：
x_data = [v[0] for v in vectors_set]
y_data = [v[1] for v in vectors_set]

# 在2维空间中绘制显示数据点
plot.plot(x_data, y_data, 'ro', label='Original data')
plot.legend()
plot.show()
```

如果无编译错误，即可得到图 2-10。

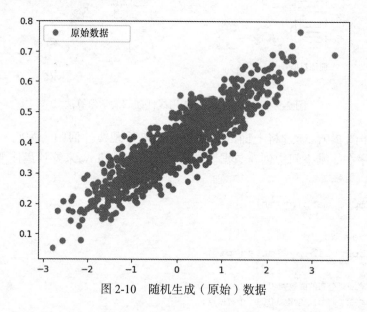

图 2-10　随机生成（原始）数据

好的，到目前为止，只是创建了一些数据点，而并没有可通过 TensorFlow 执行的相关模型。因此，下一步是构建一个可由输入数据点（即 x_data）获得估计输出值 y 的线性回归模型。在此情况下，只有两个相关参数 W 和 b。

此时，目标是创建一个可根据输入数据 x_data 并通过调整为 y_data 来获得这两个参数值的图。因此，该目标函数为

$$y\_data = W * x\_data + b$$

已知在创建 2 维空间中的数据点时，已定义 $W=0.1$ 和 $b=0.4$。TensorFlow 必须优化这两个值，使得 W 趋于 0.1，b 趋于 0.4。

求解这类优化问题的标准方法是迭代运行每个数据点的值，并调节 W 和 b 的值，以便在每次迭代中得到更准确的解。为观察最终的值是否有所改进，需要定义一个成本函数来衡量这条线性能的好坏。

在本例中，成本函数是均方误差，这有助于根据实际数据点与每次迭代中估计数据点之间的距离函数来求得误差平均值。首先导入 TensorFlow 库：

```
import tensorflow as tf
W = tf.Variable(tf.zeros([1]))
b = tf.Variable(tf.zeros([1]))
y = W * x_data + b
```

在上述代码段中，采用不同策略生成一个随机点，并将其保存在变量 W 中。在此，定义一个损失函数 loss = mean [（y - y_data）^{2}]，将会返回一个标量值，其中包含了实际数据与模型预测值之间的距离平均值。按照 TensorFlow 的约定，损失函数可表示为

```
loss = tf.reduce_mean(tf.square(y - y_data))
```

上述代码实际是计算均方误差（MSE）。在此可采用一些常用的优化算法，如 GD（梯度下降）算法，但这里并不进行详细讨论。在求解最小值方面，GD 是一种可处理一组已知给定参数集的算法。

该算法是从一组初始参数值开始，不断通过采用称为学习率的一个参数进行迭代，直到逼近一组值以使得函数最小化。这种迭代最小化是通过在梯度函数的负方向上执行而实现的。

```
optimizer = tf.train.GradientDescentOptimizer(0.6)
train = optimizer.minimize(loss)
```

在运行该优化函数之前，需要初始化所有变量。在此，采用传统的 TensorFlow 技术，如下所示。

```
init = tf.global_variables_initializer()
sess = tf.Session()
sess.run(init)
```

由于已创建了一个 TensorFlow 会话，这时就可以执行迭代过程以寻找 W 和 b 的最优值。

```
for i in range(6):
  sess.run(train)
  print(i, sess.run(W), sess.run(b), sess.run(loss))
```

可得输出结果如下。

```
>>>
0 [ 0.18418592] [ 0.47198644] 0.0152888
1 [ 0.08373772] [ 0.38146532] 0.00311204
2 [ 0.10470386] [ 0.39876288] 0.00262051
3 [ 0.10031486] [ 0.39547175] 0.00260051
4 [ 0.10123629] [ 0.39609471] 0.00259969
5 [ 0.1010423] [ 0.39597753] 0.00259966
6 [ 0.10108326] [ 0.3959994] 0.00259966
7 [ 0.10107458] [ 0.39599535] 0.00259966
```

由上可知，算法从初始值 W=0.18418592 和 b=0.47198644 开始执行时，损失相当大。然后，算法通过最小化成本函数不断迭代调节上述值。在第 8 次迭代中，所有值都逼近期望值。

现在，如何对其进行绘制呢？需要在 for 循环结构中添加一个绘制代码行，如下所示。

```
for i in range(6):
    sess.run(train)
    print(i, sess.run(W), sess.run(b), sess.run(loss))
    plot.plot(x_data, y_data, 'ro', label='Original data')
    plot.plot(x_data, sess.run(W)*x_data + sess.run(b))
    plot.xlabel('X')
    plot.xlim(-2, 2)
    plot.ylim(0.1, 0.6)
    plot.ylabel('Y')
    plot.legend()
    plot.show()
```

上述代码块可生成图 2-11（合并在一起）。

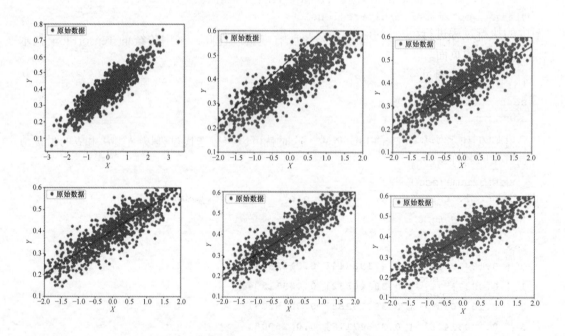

图 2-11　第 6 次迭代后优化损失函数的线性回归

现在，进行第 16 次迭代。

```
>>>
0  [ 0.23306453]  [ 0.47967502]  0.0259004
1  [ 0.08183448]  [ 0.38200468]  0.00311023
2  [ 0.10253634]  [ 0.40177572]  0.00254209
3  [ 0.09969243]  [ 0.39778906]  0.0025257
4  [ 0.10008509]  [ 0.39859086]  0.00252516
5  [ 0.10003048]  [ 0.39842987]  0.00252514
6  [ 0.10003816]  [ 0.39846218]  0.00252514
7  [ 0.10003706]  [ 0.39845571]  0.00252514
8  [ 0.10003722]  [ 0.39845699]  0.00252514
9  [ 0.10003719]  [ 0.39845672]  0.00252514
10 [ 0.1000372]   [ 0.39845678]  0.00252514
11 [ 0.1000372]   [ 0.39845678]  0.00252514
12 [ 0.1000372]   [ 0.39845678]  0.00252514
13 [ 0.1000372]   [ 0.39845678]  0.00252514
14 [ 0.1000372]   [ 0.39845678]  0.00252514
15 [ 0.1000372]   [ 0.39845678]  0.00252514
```

结果更佳，且更接近优化值。现在，如何通过 TensorFlow 进一步改进可视化分析，以对图中的执行过程进行可视化？TensorBoard 提供了一个用于调试图并检查变量、节点、边及其相应连接的页面。

另外，还需要通过变量对 TensorFlow 的可视图进行注释，如损失函数、W、b、y_data、x_data 等。然后，通过调用 tf.summary.merge_all() 函数来生成所有摘要。

这时，需要对上述代码进行一些修改。不过最好是利用 tf.name_scope() 函数对图中相关节点进行分组。为此，可采用 tf.name_scope() 来组织 TensorBoard 视图中的内容，并选取一个更恰当的名称。

```
with tf.name_scope("LinearRegression") as scope:
   W = tf.Variable(tf.zeros([1]))
   b = tf.Variable(tf.zeros([1]))
   y = W * x_data + b
```

然后，以同样方式标注损失函数，只是需要选取一个合适的名称，如 LossFunction。

```
with tf.name_scope("LossFunction") as scope:
  loss = tf.reduce_mean(tf.square(y - y_data))
```

接着，标注 TensorBoard 所需的损失、权重和偏差。

```
loss_summary = tf.summary.scalar("loss", loss)
w_ = tf.summary.histogram("W", W)
b_ = tf.summary.histogram("b", b)
```

一旦对图标注之后，就可以通过合并来配置摘要：

```
merged_op = tf.summary.merge_all()
```

在运行训练之前(初始化之后),利用 tf.summary.FileWriter() API 编写摘要如下:

```
writer_tensorboard = tf.summary.FileWriter('logs/', tf.get_default_graph())
```

然后,输入以下命令来启动 TensorBoard:

```
$ tensorboard -logdir=<trace_dir_name>
```

在本例中,具体如下:

```
$ tensorboard --logdir=/home/root/LR/
```

现在,进入 http://localhost:6006 页面,并单击 GRAPHS 选项卡,这时会出现图 2-12 所示页面。

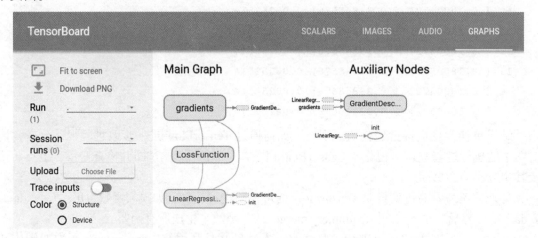

图 2-12　TensorBoard 上的主图和辅助节点

注意,Ubuntu 系统可能需要安装 python-tk 软件包。可通过在 Ubuntu 中执行以下命令来实现:
```
$ sudo apt-get install python-tk
# For Python 3.x, use the following
$ sudo apt-get install python3-tk
```

2.8.1　针对实际数据集的线性回归

在上节中,介绍了一个线性回归的示例。学习了如何以随机生成的数据集(即虚拟数据)来应用 TensorFlow。且已知回归是一种用于预测连续(非离散)输出的有监督机器学习。

然而,在虚拟数据上运行线性回归就好比只是购买了一辆新车而从未驾驶过。但这些机器学习方法终究是要应用于实际生活的!不过好在,许多数据集均可在线测试新提出的回归特性。

其中，一种数据集是 Boston 房价数据集。另外，还提供了用于 scikit-learn 的预处理数据集。

首先，导入所有必需的库，包括 TensorFlow、NumPy、Matplotlib 和 scikit-learn：

```
import matplotlib.pyplot as plt
import tensorflow as tf
import numpy as np
from numpy import genfromtxt
from sklearn.datasets import load_boston
from sklearn.model_selection import train_test_split
```

接下来，需要准备由 Boston 房价数据集中的特征和标签构成的训练数据集。从 scikit-learn 中调用 read_boston_data() 方法，并分别返回特征和标签：

```
def read_boston_data():
    boston = load_boston()
    features = np.array(boston.data)
    labels = np.array(boston.target)
    return features, labels
```

在获得特征和标签后，需要通过 normalizer() 方法对特征进行归一化处理。该方法的具体实现如下：

```
def normalizer(dataset):
    mu = np.mean(dataset,axis=0)
    sigma = np.std(dataset,axis=0)
    return(dataset - mu)/sigma
```

bias_vector() 是用于将偏差项（即所有 1）扩展为上一步骤中所准备的归一化特征。这对应于上一示例直线方程中的 b 项：

```
def bias_vector(features,labels):
    n_training_samples = features.shape[0]
    n_dim = features.shape[1]

    f = np.reshape(np.c_[np.ones(n_training_samples),features],
[n_training_samples,n_dim + 1])
    l = np.reshape(labels,[n_training_samples,1])
    return f, l
```

在此，调用这些方法，并将数据集拆分为训练集和测试集，其中，75% 用于训练，其余用于测试：

```
features,labels = read_boston_data()
normalized_features = normalizer(features)
data, label = bias_vector(normalized_features,labels)
n_dim = data.shape[1]
#  训练数据-测试数据拆分
train_x, test_x, train_y, test_y =
train_test_split(data,label,test_size = 0.25,random_state =
100)
```

接下来，利用 TensorFlow 的数据结构（如占位符、标签和权重）：

```
learning_rate = 0.01
training_epochs = 100000
log_loss = np.empty(shape=[1],dtype=float)
X = tf.placeholder(tf.float32,[None,n_dim])  #取任意行，n_dim列
Y = tf.placeholder(tf.float32,[None,1])   #取任意行，仅1个连续列
W = tf.Variable(tf.ones([n_dim,1]))  # W权重向量
```

好的！至此已准备好构建 TensorFlow 图所需的数据结构。现在开始构建线性回归，这非常简单。

```
y_ = tf.matmul(X, W)
cost_op = tf.reduce_mean(tf.square(y_ - Y))
training_step =
tf.train.GradientDescentOptimizer(learning_rate).minimize
(cost_op)
```

在上述代码段中，第　行实现了特征矩阵与用于预测的权重矩阵的乘积；第二行是计算损失，即回归的平方误差；最后，第三行执行一步梯度下降优化以使得平方误差最小。

> 优化器选择：采用优化器的主要目标是最小化估计成本，因此，必须定义一个优化器。应用最常用的优化器（如 SGD），学习速率必须比例缩放 $1/T$ 以达到收敛，其中，T 是迭代次数。Adam 或 RMSProp 通过调节步长以使得时间步与梯度同尺度来试图自动克服该局限性。另外，在上例中，采用了大多数场合下所执行的 Adam 优化器。
>
> 不过，如果必须通过梯度计算来训练一个神经网络，则最好是采用实现 RMSProp 算法的 RMSPropOptimizer 函数，因为这是一种在小批量设置中执行更快的学习方法。研究人员还推荐在训练深度 CNN 或 DNN 时采用动量优化器。
>
> 从技术上，RMSPropOptimizer 是梯度下降的一种高级形式，是将学习速率除以平方梯度平均值的指数衰减。通常，建议衰减参数设为 0.9，而学习速率的默认值为 0.001。
>
> 例如，在 TensorFlow 中，tf.train.RMSPropOptimizer() 易于使用：
>
> ```
> optimizer = tf.train.RMSPropOptimizer(0.001,
> 0.9).minimize(cost_op)
> ```

在开始训练模型之前，需要利用 initialize_all_variables() 初始化所有变量，具体如下：

```
init = tf.initialize_all_variables()
```

非常棒！现在已准备好所有部分，那么就可以进行实际训练了。首先创建 TensorFlow 会话如下：

```
sess = tf.Session()
sess.run(init_op)
for epoch in range(training_epochs):
    sess.run(training_step,feed_dict={X:train_x,Y:train_y})
    log_loss =
np.append(log_loss,sess.run(cost_op,feed_dict={X: train_x,Y:
train_y}))
```

一旦训练完成后,即可对未知数据进行预测。然而,更希望观察完整训练过程的可视化表示。为此,利用 Matplotlib 绘制作为迭代次数函数的成本:

```
plt.plot(range(len(log_loss)),log_loss)
plt.axis([0,training_epochs,0,np.max(log_loss)])
plt.show()
```

上述代码的输出结果如图 2-13 所示。

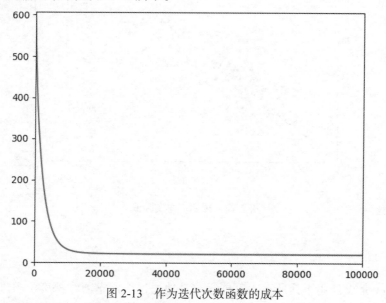

图 2-13 作为迭代次数函数的成本

针对测试数据集进行预测,并计算均方误差:

```
pred_y = sess.run(y_, feed_dict={X: test_x})
mse = tf.reduce_mean(tf.square(pred_y - test_y))
print("MSE: %.4f" % sess.run(mse))
```

上述代码的输出结果如下:

>>>
MSE: 27.3749

最后,显示最佳拟合的行:

```
fig, ax = plt.subplots()
ax.scatter(test_y, pred_y)
ax.plot([test_y.min(), test_y.max()], [test_y.min(),
test_y.max()], 'k--', lw=3)
ax.set_xlabel('Measured')
ax.set_ylabel('Predicted')
plt.show()
```

上述代码的输出结果如图 2-14 所示。

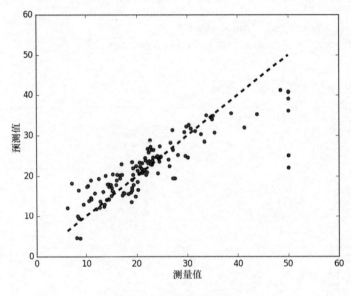

图 2-14　预测值与实际值

2.9　小结

TensorFlow 是设计用于让所有人都能很容易地通过机器学习和深度学习进行预测分析，但要熟练使用 TensorFlow 需深刻理解一些基本原理和算法。最新版的 TensorFlow 集成了大量有用的新特性，由此可解决应用上的困难，从而更易于使用。综上，本章简要介绍了 TensorFlow 的核心概念。

- 图：TensorFlow 的任何计算都可表示为一个数据流图，其中，每个图都由一组操作对象构成。目前，主要有 3 种关键的图数据结构：tf.Graph、tf.Operation 和 tf.Tensor。
- 操作：一个图节点以一个或多个张量为输入，并生成一个或多个张量作为输出。节点可由执行计算单元的操作对象表示，如加、减、乘、除或更复杂的操作。
- 张量：类似于高维数组对象。换句话说，张量可表示为数据流的边，是不同操作的输出结果。
- 会话：这类似于封装了在数据流图中执行计算的操作对象所处环境的一个实体。为此，可调用 run() 或 eval() 函数计算张量对象。

在本章的最后一节中，介绍了 TensorBoard，这是一种功能强大的分析和调试神经网络模型的工具。最后，分析了如何在一个虚拟和实际数据集上实现一个最简单的基于 TensorFlow 的线性回归模型。

下一章将讨论不同前馈神经网络（FFNN）架构的理论背景知识，如深度置信网络（DBN）和多层感知器（MLP）。

然后将介绍如何训练和分析用于评估模型的性能测度，接着是一些调节 FFNN 超参数的性能优化方法。最后，提供了基于 MLP 和 DBN 的两个示例，通过预测分析银行市场数据集介绍了如何构建非常鲁棒且准确的预测模型。

第 3 章
基于 TensorFlow 的前馈神经网络

人工神经网络是深度学习的核心。其功能多样、强大且可扩展，非常适合于处理大规模高度复杂的机器学习任务。通过将多个人工神经网络层叠可以对数十亿幅图像进行分类，提供语音识别服务，甚至允许数亿用户观看视频。这些多个层叠的神经网络称为深度神经网络（DNN）。通过深度神经网络，可以为预测分析构建可靠且精确的模型。

DNN 的架构可能有很大不同：通常组织在不同的层上。第一层接收输入信号，最后一层产生输出信号。通常，这些网络被看作是前馈神经网络（FFNN）。在本章中，将构建一个对 MNIST 数据集进行分类的 FFNN。接着，将针对一个银行营销数据集实现另外两种 FFNN，即深度置信网络（DBN）和多层感知器（MLP）来构建鲁棒且准确的预测分析模型。最后，分析如何调节最重要的 FFNN 超参数以优化性能。

综上，本章的主要内容包括：
- FFNN；
- 用于数字分类的五层 FFNN 实现；
- 用于客户订阅预测的深度 MLP 实现；
- 重新实现客户订阅预测：基于一个 DBN；
- FFNN 中的超参数调节和退出优化。

3.1 前馈神经网络（FFNN）

FFNN 是由按层排列的大量神经元组成：一个输入层，一个或多个隐层和一个输出层。层中的每个神经元都与前一层的所有神经元相连，尽管由于具有的权重不同而连接并不完全相同。这些连接权重对网络信息进行编码。数据在输入层输入并通过网络逐层传输，直到到达输出层。在此操作期间，层之间没有反馈。因此，这种类型的网络称为 FFNN（见图 3-1）。

隐层中具有足够神经元的 FFNN 能够以任意精度进行逼近，并对数据间的线性和非线性关系建模：

1）任何连续函数，具有一个隐层；
2）具有两个隐层的任何函数，甚至是不连续的。

然而，FFNN 不可能以足够精度确定先验值、所需的隐层个数，或甚至每个隐层所必须包含的神经元个数来计算非线性函数。对此无法直接给出答案，但可以尝试增加隐层中的神经元个数，直到 FFNN 开始过拟合。稍后再讨论该问题。尽管有一些经验法则，但设置隐层的个数依赖于经验和一些确定网络结构的启发式方法。

例如，如果构成神经网络架构的隐层个数或神经元个数较少，则网络就无法以足够的精度逼近未知函数。这可能是因为函数过于复杂，或是因为反向传播算法陷入局部最小值。如果神经网络是由较多的隐层组成，那么又会出现过拟合问题，即网络泛化能力变差。针对该问题的一个解决方案是通过退出来正则化（将在本章后面部分讨论）。

因此，一个复杂神经网络可以由许多神经元、隐层和连接组成，但一般来说，具有两个或以上隐层的 ANN 称为 DNN。从实现角度来看，可以通过将多个 ANN 层叠在一起来构建 DNN。

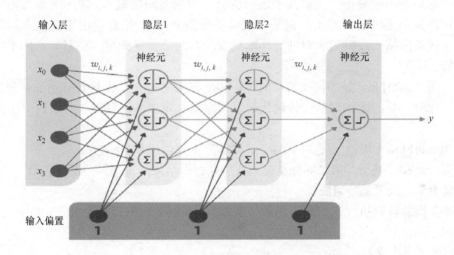

图 3-1　具有两个隐层和输入偏置的前馈神经网络

根据 DNN 中所用的层类型和相应学习方法，DNN 可以分为多层感知器、堆叠自编码器（SAE）和 DBN。所有这些是常规 FFNN，只是隐层个数和架构有所不同。在本章中，将通过实际案例主要讨论 MLP 和 DBN，SAE 将在第 5 章中介绍。下面先分析前馈和反向传播机制。

3.1.1　前馈和反向传播

反向传播算法旨在最小化实际输出和期望输出之间的误差。由于是前馈网络，因此激活能量流总是从输入单元向前推进到输出单元。成本函数的梯度是通过更改权重来反向传播的。

这种方法是递归实现的，可以应用于任意个数的隐层。在这种方法中，两个阶段之间的结合非常重要。前馈学习模型包括：前向传输、反向传输。

在前向传输中，执行一系列操作并得到一些预测或得分。因此，对于前向传输中的每个操作，需要创建一个从上到下的操作图。

另一方面，反向传输主要涉及数学运算，例如，为所有微分运算（即自动微分法）从上到下（例如，权重更新的损失函数）求导。对图中的所有运算求导，然后在链规则中使用这些值。注意，有两种类型的自动微分方法：
- 反向模式：相对于所有输入推导单个输出；
- 正向模式：相对于一个输入推导所有输出。

在此将讨论利用 TensorFlow 如何更易于计算。反向传播算法处理信息的方式是在学习迭代期间减少网络的全局误差；但是，这并不能保证达到全局最小值。隐层单元的存在和输出函数的非线性意味着误差特性非常复杂且具有许多局部最小值。

因此，反向传播算法可能会达到局部最小值，从而提供次优解。通常情况下，对于训练集，误差总是在不断减小，这提高了表示所提供数据之间的输入/输出关系的能力。由于网络是在测试集上进行学习（根据某个值衡量预测能力），因此会由于过拟合问题而逐渐增大：生成的网络（或模型）对训练样本具有较高的分类准确率，而对测试样本的分类准确率较低。

现在分析 TensorFlow 是如何执行前向传输和反向传输的。在基于 TensorFlow 开发深度学习应用程序时，只考虑编写前向传输代码。回顾第 2 章中的一些概念可以进一步阐明这一思想。

已知 TensorFlow 程序主要有以下两个组成部分：图创建和会话执行。

第一部分是构建模型，第二部分是输入数据并获得结果。每个部分都是在 C++ 引擎上执行的。该引擎由以下部分组成：
- 不同操作的有效执行，如激活函数（例如，sigmoid、ReLU、tanh、softmax 和交叉熵等）；
- 前向模式操作求导。

在 Python 中无法执行任何加法或乘法，这是因为 Python 只是一个封装器。不管怎样，在此通过介绍一个示例回到最初的讨论。假设想要执行退出操作（将在本章后面部分进一步详细讨论）来随机关闭和打开一些神经元：

```
yi =dropout(Sigmoid(Wx+b))
```

现在，对于该问题，即使不关心反向传输，TensorFlow 也会自上而下自动对所有操作求导。在启动一个会话时，TensorFlow 会自动计算图中所有微分操作的梯度，并在链规则中使用。因此，前向传输包括以下内容：

1）变量和占位符（权重 W，输入 x，偏差 b）；
2）操作（非线性操作，如 ReLU 和交叉熵损失等）。

这时，创建的是前向传输，而 TensorFlow 会自动创建一个反向传输，这使得训练过程通过在执行链规则时传输数据来运行。

3.1.2 权重和偏差

除了考虑神经元状态及其与其他神经元的连接方式之外，还应考虑突触权重，这会受网络中连接的影响。每个权重都具有由 W_{ij} 表示的数值，这是连接神经元 i 与神经元 j 的突触权重。

> **突触权重**：这是从生物学演变而来的，是指两个节点之间的连接强度或幅度；在生物学中，这对应于一个神经元对另一个神经元的放电影响大小。

根据神经元所处的位置，始终具有一个或多个连接，对应于相应的突触权重。权重和输出函数通常决定了单个神经元和网络的性能。在训练阶段应对此进行正确更改，以确保模型的正确性。

对于每个神经元 i，输入向量可定义为 $x_i=(x_1, x_2, \ldots, x_n)$，权重向量可定义为 $w_i=(w_{i1}, w_{i2}, \ldots, w_{in})$ 定义。然后在前向传播期间，隐层中的每个神经元可获得以下信号：

$$\text{net}_i = \sum_j w_{ij} x_j \tag{3-1}$$

式（3-1）表示每个隐含神经元可得到输入与相应权重的乘积之和。

在权重中，有一个称为偏差的特殊权重。该权重不与网络中的任何其他神经元相连，但看作是一个值为 1 的输入。这种形式可允许神经元建立一种参考点或阈值，并且在形式上，是执行偏差沿横坐标轴到输出函数的平移。这时，式（3-1）将变为

$$\text{net}_i = \sum_j w_{ij} x_j + b_i \tag{3-2}$$

现在一个棘手的问题是：如何初始化权重？如果将所有权重都初始化为相同的值（如 0 或 1），则每个隐含神经元将获得完全相同的信号。具体分析如下：
- 如果所有权重都初始化为 1，则每个神经元获得的信号等于输入之和；
- 如果所有权重都为 0，这比较糟糕，隐层中每个神经元获得的信号都为零。

综上，无论输入是什么，如果所有权重都相同，则隐层中的所有神经元也都是相同的。为了解决该问题，在 FNN 训练中，一种最常用的初始化技术是随机初始化。随机初始化的思想是从输入数据集的正态分布中对每个权重以很小偏差进行抽样。

小偏差可允许神经网络的解偏向于"简单"的零。但是，这有什么意义呢？问题是初始化完全可以在不影响实际初始化权重为零的情况下完成。

其次，现在大多采用 Xavier 初始化来训练神经网络。其类似于随机初始化，但往往效果更好。原因如下：假设随机初始化网络的权重，但结果发现初始值太小了。信号在通过每一层时都会不断变小，以至于太小而无法使用。另一方面，如果网络中的权重初始值太大，那么信号将在通过每一层时又不断增大，直到太大而无法使用。

采用 Xavier 初始化的好处是能够确保权重"恰到好处"，通过多层后仍能保证信号值在合理范围内。总之，可以根据输入/输出神经元的个数自动确定初始化大小。

> 感兴趣的读者可以参考以下论文了解详细信息：Xavier Glorot, Yoshua Bengio, 深入理解深度前馈神经网络的训练困难, 第13届国际人工智能与统计学会议论文集（AISTATS）2010年, Chia Laguna Resort, 撒丁岛, 意大利。JMLR 第9卷：W & CP。

或许可能想知道在训练常规 DNN（如 MLP 或 DBN）时是否可以不用随机初始化。最近，一些研究人员一直在研究随机正交矩阵初始化，在 DNN 训练方面，其性能优于任何随机初始化方法。

在初始化偏差时，由于权重中的小随机数会导致不对称性，因此通常可以将偏差初始化为 0。对于所有偏差，将其设置为较小的常数值（如 0.01）可确保所有 ReLU 单元都可以传播某些梯度。但是，这既性能不佳，又没有任何改进。因此，建议还是继续使用零。

3.1.3 激活函数

为了使得神经网络能够学习复杂的决策边界，在此在某些层中采用非线性激活函数。常用的函数包括 tanh、ReLU、softmax 及其变体。从技术上讲，每个神经元将突触权重和所连接神经元激活值的加权和作为接收到的输入信号。

为使得神经元计算其激活值，即神经元重新传输的值，必须将加权和作为激活函数的输入参数。激活函数允许接收神经元发送接收到的信号，并对其进行修改。针对上述目的，应用最广泛的一种函数就是所谓的 sigmoid 函数。这是逻辑函数的一个特例，定义如下：

$$out_i = \frac{1}{1+e^{-net_i}}$$

sigmoid 函数是一个有界可微实函数，这是针对所有实数输入值定义的，且在每点上都具有非负导数。通常，sigmoid 函数是实值、单调且可微的，具有钟形的非负一阶导数。

该函数的定义域（包括所有实数和对应域）是 [0,1]。这意味着神经元输出的任何值（根据其激活状态计算）都是 0 或 1。如图 3-2 所示，sigmoid 函数提供了神经元饱和率的一种解释：表示从未激活（= 0）到完全饱和 [即预设的最大值（= 1）]。

若需要分析新数据，则在输入层加载该数据，通过式（3-1）或式（3-2）生成输出。输出结果与来自同一层的神经元输出共同形成下一层神经元的新输入。迭代执行上述过程，直到最后一层。

另外，双曲正切（即 tanh）函数是另一种形式的激活函数。tanh 函数是将实数值压缩到 [−1,1] 区间。与 sigmoid 神经元一样，也可达到激活饱和，但不同之处是，该函数的输出是以零为中心的。因此，在实际应用中，tanh 的非线性总是优于 sigmoid 函数。另外，需注意的是，tanh 神经元是一个缩放的 sigmoid 神经元。具体而言是，下式成立：$\tanh(x)=2\sigma$

（2x）−1，如图 3-2 所示。

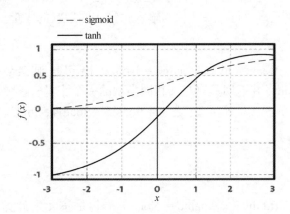

图 3-2　sigmoid 与 tanh 激活函数

通常，在 FFNN 的最后一层，采用 softmax 函数用于决策边界。这是一种很常见的情况，尤其是在解决分类问题时。否则，根本不需要使用任何激活函数来解决回归问题。

从数学角度来看，softmax 函数是逻辑函数的一种泛化，将任意实数值的 K 维向量"压缩"成一个总计为 1，取值范围在 [0,1] 中的 K 维实数值向量 $\sigma(z)$：

$$\sigma: \mathbb{R}^K \to [0,1]^K$$

这时，softmax 函数可表示如下：

$$\sigma(z)_j = \frac{e^{z_j}}{\sum_{k=1}^{K} e^{z_k}} \quad j=1,\cdots,Kt$$

在上述等式中，K 表示神经网络的总的输出个数。从概率论上讲，softmax 函数的输出可用于表示一个分类分布，即在 K 个不同的可能结果上的概率分布。实际上，这是对分类概率分布的梯度对数归一化。

然而，softmax 函数可用于各种分类方法，例如多项式逻辑回归（也称为 softmax 回归）、多类线性判别分析、朴素贝叶斯分类器和人工神经网络。

接下来，学习如何在 TensorFlow 中使用一些常用的激活函数。为了在神经网络中提供不同类型的非线性，TensorFlow 提供不同的激活操作。其中包括平滑非线性，如 sigmoid、 tanh、elu、softplus 和 softsign。

另外，可以使用的一些连续但应用不广泛的可微函数是 ReLU、relu6、crelu 和 relu_x。所有激活操作均按组成元素执行，并产生与输入张量相同形状的张量。

3.1.3.1　采用 sigmoid

在 TensorFlow 中，tf.sigmoid（x，name = None）语句是根据 $y = 1/(1+\exp(-x))$ 按分量计算 x 的 sigmoid，并返回具有与 x 相同类型的一个张量。参数说明如下：

- x：张量。必须是以下类型之一：float32、float64、int32、complex64、int64 或 qint32。
- name：操作名称（可选）。

3.1.3.2　采用 tanh

在 TensorFlow 中，tf.tanh（x，name = None）语句是按元素计算 x 的双曲正切，并返回具有与 x 相同类型的一个张量。参数说明如下：

- x：张量或稀疏张量，类型为 float、double、int32、complex64、int64 或 qint32。
- name：操作名称（可选）。

3.1.3.3　采用 ReLU

在 TensorFlow 中，tf.nn.relu（features，name = None）语句是通过 max（features，0）计算线性修正值，并返回与 features 具有相同类型的一个张量。参数说明如下：

- features：张量。必须是以下类型之一：float32、float64、int32、int64、uint8、int16、int8、uint16 或 half。
- name：操作名称（可选）。

3.1.3.4　采用 softmax

在 TensorFlow 中，tf.nn.softmax（logits，axis = None，name = None）语句是计算 softmax 激活值，并返回与 logits 具有相同类型和形状的一个张量。参数说明如下：

- logits：非空张量。必须是以下类型之一：half、float32 或 float64。
- axis：执行 softmax 的维度。默认值为 −1，表示最后一个维度。
- name：操作的名称（可选）。

softmax 函数等效于 softmax = tf.exp（logits）/ tf.reduce_sum（tf.exp（logits），axis）。

3.2　FFNN 实现

手写体数字的自动识别是一个重要问题，出现在许多实际应用中。本节将通过实现一个 FFNN 来解决该问题。

为了训练和测试已构建的模型，在此将使用一个最主流的手写体数字数据集 MNIST。MNIST 数据集包含 60000 个样本的训练集和 10000 个样本的测试集。保存在样本文件中的数据样本如图 3-3 所示。

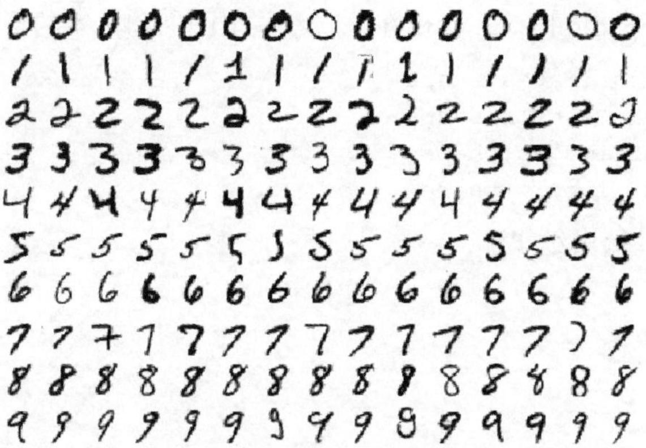

图 3-3 从 MNIST 数据库中提取的数据样本

原始图像初始都是黑白的。之后，在将其标准化为 20×20 像素的大小时，为避免由于调整大小所造成的抗混叠滤波效应，而引入了中间亮度值。随后，将图像集中在像素质心，即 28×28 像素的区域中，以改善学习过程。整个数据库存储在 4 个文件中：

- train-images-idx3-ubyte.gz：训练集图像（9912422 字节）；
- train-labels-idx1-ubyte.gz：训练集标签（28881 字节）；
- t10k-images-idx3-ubyte.gz：测试集图像（1648877 字节）；
- t10k-labels-idx1-ubyte.gz：测试集标签（4542 字节）。

每个数据库都包括两个文件：第一个文件中保存着图像，而第二个文件中保存了相应的标签。

3.2.1 MNIST 数据集分析

现在分析一个如何访问 MNIST 数据以及如何显示所选图像的简单示例。为此，只需执行 Explore_MNIST.py 脚本文件即可。首先，必须导入 numpy，这是因为必须进行一些图像处理操作：

```
import numpy as np
```

Matplotlib 中的 pyplot 函数可用于绘制图像：

```
import matplotlib.pyplot as plt
```

在此使用 tensorflow.examples.tutorials.mnist 中的 input_data 类，以允许下载 MNIST 数据库并构建数据集：

```
import tensorflow as tf
from tensorflow.examples.tutorials.mnist import input_data
```

然后通过 read_data_sets 方法加载数据集：

```
import os
dataPath = "temp/"
if not os.path.exists(dataPath):
    os.makedirs(dataPath)
input = input_data.read_data_sets(dataPath, one_hot=True)
```

图像将保存在 temp /dirctory 下。现在，观察一下图像和标签的形状：

```
print(input.train.images.shape)
print(input.train.labels.shape)
print(input.test.images.shape)
print(input.test.labels.shape)
```

以下是上述代码的输出结果：

```
>>>
(55000, 784)
(55000, 10)
(10000, 784)
(10000, 10)
```

利用 Python 库中的 matplotlib，可以可视化一个数字：

```
image_0 =  input.train.images[0]
image_0 = np.resize(image_0,(28,28))
label_0 =  input.train.labels[0]
print(label_0)
```

上述代码的结果如下：

```
>>>
[ 0.  0.  0.  0.  0.  0.  0.  1.  0.  0.]
```

数字 1 在数组中的第 8 个位置。这意味着该图像显示的数字是 7。最后，需验证该数字是否确实是 7。这时可使用导入的 plt 函数来绘制 image_0 张量：

```
plt.imshow(image_0, cmap='Greys_r')
plt.show()
```

图 3-4 为从 MNIST 数据集中提取图像的示例。

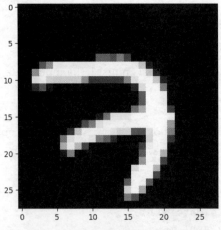

图 3-4　从 MNIST 数据集中提取的图像

3.2.1.1　softmax 分类器

在上节中，介绍了如何访问和操作 MNIST 数据集。本节将分析如何使用之前的数据集来解决 TensorFlow 下的手写体数字分类问题。在此将运用所学的概念来构建更多的神经网络模型，以评估和比较不同方法的分类结果。

要实现的第一个前馈网络架构如图 3-5 所示。

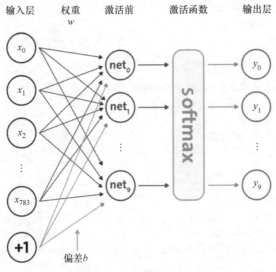

图 3-5　softmax 神经网络架构

在此要构建的一个 5 层网络是：第 1~4 层是 sigmoid 激活函数，第 5 层是 softmax 激活函数。注意，该网络定义为激活值是一组正值，且之和等于 1。这意味着第 j 个输出值是 j 属于对应于网络输入的类的概率。接下来，学习如何构建该神经网络模型。

为了确定网络的适当大小（是指一层中的神经元或单元个数），即隐层个数和每层中的神经元个数，通常是根据一般的经验标准、个人经验或合理的测试。这些都是需要调优的一些超参数。在本章的后面部分将给出一些优化超参数的示例。

表 3-1 总结了已实现的神经网络架构，给出了每层神经元的个数，以及相应的激活函数。

表 3-1　神经网络架构表

层	神经元个数	激活函数
第 1 层	$L = 200$	sigmoid
第 2 层	$M = 100$	sigmoid
第 3 层	$N = 60$	sigmoid
第 4 层	$O = 30$	sigmoid
第 5 层	10	softmax

前 4 层的激活函数是 sigmoid 函数。最后 1 层的激活函数总是 softmax 函数，这是因为网络的输出应表示输入数字的概率。通常，中间层的数量和大小会极大地影响网络性能。

- 积极作用是这些层体现了网络的泛化能力，并检测输入的特殊特征；
- 负面作用是如果网络冗余，则会加重学习阶段的负担。

为此，只需执行 five_layers_sigmoid.py 脚本。构建该神经网络的第一步是导入下列库：

```
import tensorflow as tf
from tensorflow.examples.tutorials.mnist import input_data
import math
from tensorflow.python.framework import ops
import random
import os
```

接下来，设置以下配置参数：

```
Logs_path='log_sigmoid/'  # 日志文件路径
batch_size=100  # 执行训练时的批大小
Learning_rate=0.003  # 学习速率
display_epoch = 1  # 训练周期
display_epoch = 1
```

然后，下载图像和标签，并准备数据集：

```
dataPath = "temp/"
if not os.path.exists(dataPath):
    os.makedirs(dataPath)
mnist = input_data.read_data_sets(dataPath, one_hot=True)  # 要下载的MNIST
```

从输入层开始，将分析如何构建神经网络架构。现在，输入层是形状为 $[1 \times 784]$ 的一个张量，即 $[1, 28 \times 28]$，表示要分类的图像：

```
X = tf.placeholder(tf.float32, [None, 784], name='InputData')# 图像形状
28*28=784
XX = tf.reshape(X, [-1, 784])  # 重塑输入
Y_ = tf.placeholder(tf.float32, [None, 10], name='LabelData')# 0~9的数字
=> 10种类别
```

第1层接收进行分类的输入图像的像素，与连接权重 W1 结合，将其添加到偏差张量 B1 的相应值上：

```
W1 = tf.Variable(tf.truncated_normal([784, L], stddev=0.1))  # 随机初始化
第1隐层的权重
B1 = tf.Variable(tf.zeros([L]))  # 第1隐层的偏差向量
```

第一层经过 sigmoid 激活函数后，将结果输出到第 2 层：

```
Y1 = tf.nn.sigmoid(tf.matmul(XX, W1) + B1) # 第1层的输出
```

第二层接收第一层的输出 Y1，与连接权重 W2 结合，将其添加到偏差张量 B2 的相应值上：

```
W2 = tf.Variable(tf.truncated_normal([L, M], stddev=0.1))
# 随机初始化第2隐层的权重
B2 = tf.Variable(tf.ones([M]))  # 第2层的偏差向量
```

第二层经过 sigmoid 激活函数后，将结果输出到第 3 层：

```
Y2 = tf.nn.sigmoid(tf.matmul(Y1, W2) + B2)  # 第2层的输出
```

第三层接收第二层的输出 Y2，与连接权重 W3 结合，将其添加到偏差张量 B3 的相应值上：

```
W3 = tf.Variable(tf.truncated_normal([M, N], stddev=0.1))
# 随机初始化第3隐层的权重
B3 = tf.Variable(tf.ones([N]))  # 第3层的偏差向量
```

第三层经过 sigmoid 激活函数后，将结果输出到第 4 层：

```
Y3 = tf.nn.sigmoid(tf.matmul(Y2, W3) + B3)  # 第3层的输出
```

第 4 层接收第 3 层的输出 Y3，与连接权重 W4 结合，将其添加到偏差张量 B4 的相应值上：

```
W4 = tf.Variable(tf.truncated_normal([N, O], stddev=0.1))
# 随机初始化第4隐层的权重
B4 = tf.Variable(tf.ones([O]))  # 第4层的偏差向量
```

然后经过 sigmoid 激活函数后，将第 4 层的输出传播到第 5 层：

```
Y4 = tf.nn.sigmoid(tf.matmul(Y3, W4) + B4)  # 第4层的输出
```

第 5 层接收来自第 4 层输入刺激 O = 30 个，经过 softmax 激活函数，转换为每个数字的分类概率：

```
W5 = tf.Variable(tf.truncated_normal([O, 10], stddev=0.1))
# 随机初始化第5隐层的权重
B5 = tf.Variable(tf.ones([10]))  # 第5层的偏差向量
Ylogits = tf.matmul(Y4, W5) + B5  # 计算逻辑回归
Y = tf.nn.softmax(Ylogits)
# 第5层的输出
```

其中，损失函数是目标值和 softmax 激活函数之间的交叉熵，可应用于模型预测：

```
cross_entropy =
tf.nn.softmax_cross_entropy_with_logits_v2(logits=Ylogits,
labels=Y)  # 最终输出是softmax交叉熵
cost_op = tf.reduce_mean(cross_entropy)*100
```

另外，还定义了 correct_prediction 和模型精度：

```
correct_prediction = tf.equal(tf.argmax(Y, 1), tf.argmax(Y_, 1))
accuracy = tf.reduce_mean(tf.cast(correct_prediction, tf.float32))
```

现在，需要利用优化器来减少训练误差。与简单的 GradientDescentOptimizer 相比，

AdamOptimizer 具有一些优势。实际上，是采用了较大的有效步长，无需任何微调，算法将收敛到该步长：

```
# 优化操作（反向传播）
train_op =
tf.train.AdamOptimizer(learning_rate).minimize(cost_op)
```

Optimizer 基类提供了计算损失梯度的方法，并将梯度应用于变量。一组子类实现了经典的优化算法，如 GradientDescent 和 Adagrad。在 TensorFlow 中训练 NN 模型时，从不实例化 Optimizer 类本身，而是实例化以下子类之一：

- tf.train.Optimizer (https://www.tensorflow.org/api_docs/python/tf/train/Optimizer)
- tf.train.GradientDescentOptimizer (https://www.tensorflow.org/api_docs/python/tf/train/GradientDescentOptimizer)
- tf.train.AdadeltaOptimizer (https://www.tensorflow.org/api_docs/python/tf/train/AdadeltaOptimizer)
- tf.train.AdagradOptimizer (https://www.tensorflow.org/api_docs/python/tf/train/AdagradOptimizer)
- tf.train.AdagradDAOptimizer (https://www.tensorflow.org/api_docs/python/tf/train/AdagradDAOptimizer)
- tf.train.MomentumOptimizer (https://www.tensorflow.org/api_docs/python/tf/train/MomentumOptimizer)
- tf.train.AdamOptimizer (https://www.tensorflow.org/api_docs/python/tf/train/AdamOptimizer)
- tf.train.FtrlOptimizer (https://www.tensorflow.org/api_docs/python/tf/train/FtrlOptimizer)
- tf.train.ProximalGradientDescentOptimizer (https://www.tensorflow.org/api_docs/python/tf/train/ProximalGradientDescentOptimizer)
- tf.train.ProximalAdagradOptimizer (https://www.tensorflow.org/api_docs/python/tf/train/ProximalAdagradOptimizer)
- tf.train.RMSPropOptimizer (https://www.tensorflow.org/api_docs/python/tf/train/RMSPropOptimizer)

然后构建一个将所有操作封装到作用域中的模型，便于可视化 TensorBoard 中的图：

```
# 创建一个summary以监控成本张量
tf.summary.scalar("cost", cost_op)
# 创建一个summary以监控精度张量
tf.summary.scalar("accuracy", accuracy)
# 将所有summary合并到一个操作中
summary_op = tf.summary.merge_all()
```

最后，开始训练：

```
with tf.Session() as sess:
        # 运行初始化
    sess.run(init_op)

    # 将日志写入TensorBoard的操作
    writer = tf.summary.FileWriter(logs_path, graph=tf.get_default_graph())

    for epoch in range(training_epochs):
        batch_count = int(mnist.train.num_examples/batch_size)
        for i in range(batch_count):
            batch_x, batch_y = mnist.train.next_batch(batch_size)
            _,summary = sess.run([train_op, summary_op], feed_dict={X: batch_x, Y_: batch_y})
            writer.add_summary(summary, epoch * batch_count + i)

        print("Epoch: ", epoch)
    print("Optimization Finished!")

    print("Accuracy: ", accuracy.eval(feed_dict={X: mnist.test.images, Y_: mnist.test.labels}))
```

摘要定义和会话运行的源代码与之前的几乎相同。可以直接评估所构建的模型。运行模型后，可得到以下输出。

运行上述代码后，针对测试集，最终的准确率约为97%：

```
Extracting temp/train-images-idx3-ubyte.gz
Extracting temp/train-labels-idx1-ubyte.gz
Extracting temp/t10k-images-idx3-ubyte.gz
Extracting temp/t10k-labels-idx1-ubyte.gz
Epoch:  0
Epoch:  1
Epoch:  2
Epoch:  3
Epoch:  4
Epoch:  5
Epoch:  6
Epoch:  7
Epoch:  8
Epoch:  9
Optimization Finished!
Accuracy:   0.9715
```

现在，只需在当前文件夹下打开终端，然后执行以下命令即可弹出 TensorBoard：

```
$> tensorboard --logdir='log_sigmoid/'  # 如果需要，提供绝对地址
```

然后在 localhost（本机）上打开浏览器。图 3-6 显示了针对训练集，作为样本数函数的成本函数的趋势，以及针对测试集的准确率。

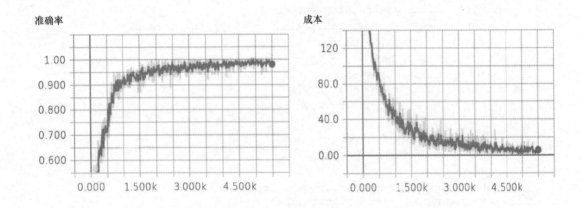

图 3-6　测试集上的准确率函数和训练集上的成本函数

成本函数随着迭代次数的增加而减少。如果不是这种趋势，则意味着出现了问题。最好的情况，这可能只是因为某些参数未正确设置而造成的。最坏的情况是所建的数据集可能存在问题，例如，信息太少或图像质量太差。如果是这种情况，则必须直接修复数据集。

到目前为止，已分析了 FFNN 的一种具体实现。但是，最好是通过真实数据集来研究更有效的 FFNN 实现。接下来，先分析 MLP 的实现过程。

3.3　多层感知器（MLP）实现

感知器由单层 LTU 组成，其中每个神经元与所有输入连接。这些连接通常通过称为输入神经元的特殊传导神经元来表示，即只输出所馈入的任何输入。此外，通常还添加一个额外的偏差特征量（$x_0 = 1$）。

这种偏差特征通常通过称为偏置神经元的特殊神经元来表示，总是输出 1。具有双输入三输出的一个感知器如图 3-7 所示。该感知器可以同时将实例分类为 3 个不同的二元类，从而可作为一个多输出分类器。

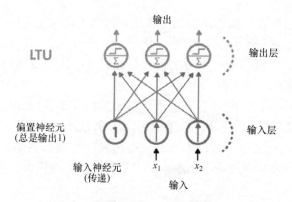

图 3-7　具有双输入三输出的感知器

由于每个输出神经元的决策边界都是线性的，因此感知器无法学习复杂模式。然而，如果训练实例是线性可分的，研究表明该算法将收敛于一个称为"感知器收敛定理"的解。

MLP 是 FFNN，这意味着只有在来自不同层的神经元之间存在着连接。更具体而言，MLP 是由一个（传递）输入层，一个或多个 LTU 层（称为隐层）和一个称为输出层的 LTU 最终层组成。除输出层之外，每一层都包含一个偏置神经元，并作为一个全连接二分图连接到下一层，如图 3-8 所示。

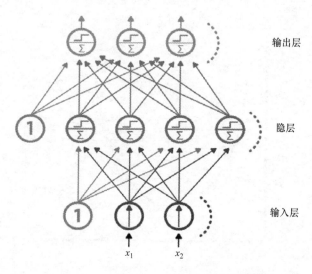

图 3-8　MLP 由一个输入层、一个隐层和一个输出层组成

3.3.1　多层感知器训练

1986 年首次利用反向传播训练算法成功地训练了 MLP。不过，现在优化后的这一算法称为梯度下降法。在训练阶段，该算法将每个训练实例馈送到网络并计算每个连续层中各个神经元的输出。

训练算法测量网络的输出误差（即期望输出和网络实际输出之差），并计算最后隐层中每个神经元对每个输出神经元误差的影响。然后，继续测量上一隐层中每个神经元对输出误差的影响，依此类推，直到算法测量输入层。通过在网络中反向传播误差梯度，可有效地测量网络中所有连接权重的误差梯度。

在技术上来讲，是通过反向传播方法来计算每层的成本函数梯度。梯度下降的思想是构建一个能够表征神经网络预测输出与实际输出之差的成本函数。

现有几种常见类型的成本函数，如平方误差函数和对数似然函数。成本函数的选择取决于许多因素。梯度下降法通过最小化成本函数来优化网络的权重。具体步骤如下：

1）初始化权重；
2）计算神经网络的预测输出，通常称为前向传播步骤；
3）计算成本/损失函数，一些常用的成本/损失函数包括对数似然函数和平方误差函数；
4）计算成本/损失函数的梯度，对于大多数 DNN 架构，最常用的方法是反向传播法；
5）根据当前权重，来更新权重，以及成本/损失函数的梯度；
6）迭代执行步骤 2）到步骤 5），直到成本函数达到某一阈值或经过一定的迭代次数。

梯度下降过程如图 3-9 所示。图中显示了一个基于网络权重的神经网络成本函数。在第一次梯度下降迭代中，将成本函数应用于一些随机初始权重。在每次迭代中，沿梯度方向更新权重，这对应于图 3-9 中的箭头。重复权重更新，直到经过一定的迭代次数或成本函数达到某一阈值。

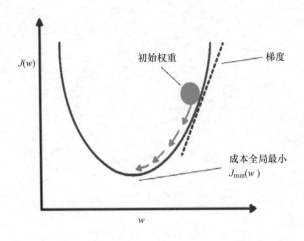

图 3-9 用于无监督学习的 ANN 实现示例

3.3.2 多层感知器应用

多层感知器（MLP）通常用于以监督方式求解分类和回归问题。尽管在图像和视频数据处理中，CNN 逐渐取代了 MLP，但低维且有数字特征的 MLP 仍可有效应用：可求解二元和多元分类问题（见图 3-10）。

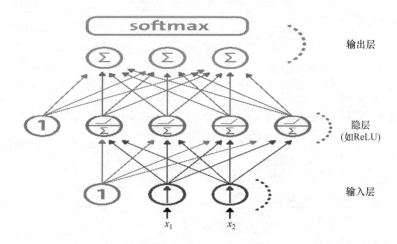

图 3-10　用于分类的 MLP（包括 ReLU 和 softmax）

然而，对于多元分类任务和训练，一般可通过利用一个共享的 softmax 函数替换各个激活函数来修改输出层。每个神经元的输出对应于属于相应类的估计概率。值得注意的是，信号只能沿一个方向从输入流向输出，因此该架构是 FFNN 的一个示例。

作为一个研究案例，在此采用银行营销数据集。这些数据与葡萄牙银行机构的营销活动直接相关。营销活动主要基于电话联系来开展。通常，需要多次地联系同一个客户，以评估是否会购买这款产品（银行定期存款）。目的是利用 MLP 来预测客户是否会认购定期存款（变量 y），即这是一个二元分类问题。

3.3.2.1　数据集分析

此处的数据源主要有两个。在 Moro 等人发表的一篇研究论文中曾利用了该数据集：一种用于预测银行电话营销是否成功的数据驱动方法，决策支持系统，Elsevier，2014 年 6 月。后来，该数据集又纳入到 UCI 机器学习资源库。

根据数据集的描述，其中包含 4 个数据集：

- bank-additional-full.csv：包括按日期排序（从 2008 年 5 月到 2010 年 11 月）的所有样本（41188 个）和 20 个输入。这些数据非常接近于 Moro 等人所分析的数据。
- bank-additional.csv：包括从 1 和 20 个输入中随机选择的 10% 的样本（4119 个）。
- bank-full.csv：包括按日期排序（输入较少的数据集版本）的所有样本和 17 个输入。
- bank.csv：包括从 bank-full.csv（输入较少的数据集版本）中随机选择的 10% 的样本和 17 个输入。

数据集中具有 21 个属性（见表 3-2）。独立变量可进一步分为与客户相关的数据（属性 1~7），与当前活动最后联系客户相关的数据（属性 8~11）。其他属性（属性 12~15）以及分类的社会 / 经济背景属性（属性 16~20）。因变量记为 y，即最后一个属性（21）。

表 3-2 数据集中的 21 个属性

ID	属性	说明
1	age	年龄（以数值表示）
2	job	职业类别的可能分类格式：行政人员、蓝领、企业家、家政服务人员、管理人员、退休人员、个体经营者、服务人员、学生、技术人员、失业人员和未知
3	marital	婚姻状况的可能分类格式：离婚（或丧偶）、已婚、单身和未知
4	education	教育程度的可能分类格式：4 年基础教育、6 年基础教育、9 年基础教育、高中学历、文盲、专业教育、大学学历和未知
5	default	默认的信贷分类格式：否、是和未知
6	housing	客户是否有住房贷款？
7	loan	个人贷款的可能分类格式：无、有和未知
8	contact	通信类型的可能分类格式：移动电话或固话
9	month	一年中最后一个联系月份的可能分类格式：一月、二月、三月、...、十一月和十二月
10	day_of_week	一周中最后一个工作日的可能分类格式：周一、周二、周三、周四和周五；最后一次联系时间（数值）（单位为秒）
11	duration	该属性极大影响输出目标（例如，如果持续时间 = 0，则 y = 否）。然而，在呼叫之前，持续时间未知；另外，在通话结束后，y 是显然已知的；因此，该输入应只包含在基准测试中，而在实际的预测模型中不应包含该属性
12	campaign	活动期间针对本客户的联系次数
13	pdays	上一次活动中最后一次联系客户之后经过的天数（数值 - 999 表示以前没有联系过客户）
14	previous	本次活动之前联系该客户的次数（数值）
15	poutcome	上一次营销活动的结果（分类：失败、无效和成功）
16	emp.var.rate	就业变化率和季度指标（数值）
17	cons.price.idx	消费者价格指数和月度指标（数值）
18	cons.conf.idx	消费者信心指数和月度指标（数值）
19	euribor3m	3 个月的欧元同业拆借利率和每日指标（数值）
20	nr.employed	员工人数和季度指标（数值）
21	y	表示客户是否订购了定期存款的二元值：是和否

3.3.2.2 预处理

由上可知，该数据集不能直接提供给 MLP 或 DBN 分类器，这是因为特征值中包含有数值和分类值。此外，由于输出的结果变量是分类值。因此，需要将分类值转换为数值，以便特征值和结果变量值都是数值类型。接下来，介绍该转换过程。预处理过程请参阅 pre-processing_b.py 文件。

首先，必须加载预处理所需的软件包和库：

```python
import pandas as pd
import numpy as np
from sklearn import preprocessing
```

然后，从上述 URL 地址下载数据文件并将其保存在合适位置，即输入。

接着，加载并解析数据集：

```python
data = pd.read_csv('input/bank-additional-full.csv', sep = ";")
```

下一步，提取变量名称：

```python
var_names = data.columns.tolist()
```

这时，根据表 3-2 中的数据集描述，提取分类变量：

```python
categs = ['job','marital','education','default','housing','loan','contact','month','day_of_week','duration','poutcome','y']
```

然后，提取定量变量：

```python
# 定量变量
quantit = [i for i in var_names if i not in categs]
```

最后，得到分类变量的伪变量：

```python
job = pd.get_dummies(data['job'])
marital = pd.get_dummies(data['marital'])
education = pd.get_dummies(data['education'])
default = pd.get_dummies(data['default'])
housing = pd.get_dummies(data['housing'])
loan = pd.get_dummies(data['loan'])
contact = pd.get_dummies(data['contact'])
month = pd.get_dummies(data['month'])
day = pd.get_dummies(data['day_of_week'])
duration = pd.get_dummies(data['duration'])
poutcome = pd.get_dummies(data['poutcome'])
```

现在，就可以映射要预测的变量：

```python
dict_map = dict()
y_map = {'yes':1,'no':0}
dict_map['y'] = y_map
data = data.replace(dict_map)
label = data['y']
df_numerical = data[quantit]
df_names = df_numerical .keys().tolist()
```

将分类变量转换为数值变量之后，下一个任务就是归一化数值变量。通过归一化，可将单个样本缩放为一个单位量。如果要用二次型（如点积或任何其他内核）来量化任一样本对的相似性，则归一化过程非常必要。这一假设是向量空间模型的基础，常用于文本分类和聚类情况。

为此，需对变量进行量化：

```
min_max_scaler = preprocessing.MinMaxScaler()
x_scaled = min_max_scaler.fit_transform(df_numerical)
df_temp = pd.DataFrame(x_scaled)
df_temp.columns = df_names
```

这时，可得（原始）数值变量的临时数据结构，接下来的任务是将所有数据结构体进行合并生成归一化数据结构。在此使用 pandas 实现：

```
normalized_df = pd.concat([df_temp,
                           job,
                           marital,
                           education,
                           default,
                           housing,
                           loan,
                           contact,
                           month,
                           day,
                           poutcome,
                           duration,
                           label], axis=1)
```

最后，需要将所构建的数据框架保存在 CSV 文件中，具体如下：

```
normalized_df.to_csv('bank_normalized.csv', index = False)
```

3.3.2.3 用于客户订阅评估的 MLP 在 TensorFlow 中的实现

对于本例，将使用在前一个示例中已归一化的银行营销数据集。在此需要执行以下几个步骤。首先，需导入 TensorFlow，以及其他必要的软件包和模块：

```
import tensorflow as tf
import pandas as pd
import numpy as np
import os
from sklearn.cross_validation import train_test_split  # 随机划分训练集/测试集
```

现在，需要加载归一化的银行营销数据集，其中所有特征和标签都是数值型的。为此，采用 pandas 库中的 read_csv() 方法：

```
FILE_PATH = 'bank_normalized.csv'          # .csv数据集的路径
raw_data = pd.read_csv(FILE_PATH)          # 打开raw .csv
print("Raw data loaded successfully...\n")
```

上述代码的输出如下：

```
>>>
Raw data loaded successfully...
```

正如上节所述，调整 DNN 的超参数并不简单。但是，这通常取决于所处理的数据集。

对于某些数据集，一种可行的解决方法是根据与数据集相关的统计信息来设置这些值，例如，训练样本数量、输入大小和分类个数。

DNN 不适用于低维的极小数据集。在这些情况下，一种更好的方法是采用线性模型。首先，设置一个指针指向标签列，计算实例个数和分类个数，并定义训练集/测试集比例，如下所示：

```
Y_LABEL = 'y'           # 待预测变量的名称
KEYS = [i for i in raw_data.keys().tolist() if i != Y_LABEL]
        # 预测器名称
N_INSTANCES = raw_data.shape[0]          # 实例个数

N_INPUT = raw_data.shape[1] - 1          # 输入大小
N_CLASSES = raw_data[Y_LABEL].unique().shape[0]  # 分类个数
TEST_SIZE = 0.25         # 测试集大小 (% of dataset)
TRAIN_SIZE = int(N_INSTANCES * (1 - TEST_SIZE))  # 训练集大小
```

现在，观察用于训练 MLP 模型的数据集的统计信息：

```
print("Variables loaded successfully...\n")
print("Number of predictors \t%s" %(N_INPUT))
print("Number of classes \t%s" %(N_CLASSES))
print("Number of instances \t%s" %(N_INSTANCES))
print("\n")
```

上述代码输出如下：

```
>>>
Variables loaded successfully...
Number of predictors      1606
Number of classes         2
Number of instances       41188
```

接下来的任务是定义其他参数，如学习速率、训练周期、批大小和权重标准差。通常，训练速率较小会有助于 DNN 学习缓慢但更为集中。值得注意的是，为此需要定义更多参数，如隐层个数和激活函数。

```
LEARNING_RATE = 0.001       # 学习速率
TRAINING_EPOCHS = 1000      # 前向传播的训练周期数
BATCH_SIZE = 100            # 训练过程中的批大小
DISPLAY_STEP = 20           # 每20步输出错误信息等
HIDDEN_SIZE = 256           # 每个隐层中的神经元个数
# 在此采用tanh作为激活函数，也可选用ReLU
ACTIVATION_FUNCTION_OUT = tf.nn.tanh
STDDEV = 0.1                # 标准差
RANDOM_STATE = 100
```

上述初始化是基于试错法而设置的。因此，根据实际用例和数据类型，可以进行相应设置，不过在本章后面部分还会提供一些指导原则。此外，对于上述代码，RANDOM_

STATE 是用于表示训练集和测试集拆分的随机状态。首先,将原始特征和标签分开:

```
data = raw_data[KEYS].get_values()        # X 数据
labels = raw_data[Y_LABEL].get_values()   # y 数据
```

这时已获取标签,然后需要进行编码:

```
labels_ = np.zeros((N_INSTANCES, N_CLASSES))
labels_[np.arange(N_INSTANCES), labels] = 1
```

最后,必须拆分训练集和测试集。如前所述,将保留75%的输入用于训练,剩下的25%用于测试集:

```
data_train, data_test, labels_train, labels_test =
train_test_split(data,labels_,test_size = TEST_SIZE,random_state =
RANDOM_STATE)
print("Data loaded and splitted successfully...\n")
```

上述代码的输出如下:

```
>>>
Data loaded and splitted successfully
```

鉴于这是一个有监督的分类问题,因此应该设置特征和标签的占位符。

如前所述,MLP 是由一个输入层,多个隐层和一个称为输出层的 LTU 最终层组成。对于本例,将4个隐层整体进行训练。因此,该分类器称为深度前馈 MLP。注意,还需要设置每层的权重(输入层除外),以及每层的偏差(输出层除外)。通常,每个隐层中包括一个偏置神经元,并且作为从一个隐层到另一个隐层的全连接二分图(前馈)完全连接到下一层。接下来,定义隐层大小:

```
n_input = N_INPUT                # 输入n个标签
n_hidden_1 = HIDDEN_SIZE         # 第一层
n_hidden_2 = HIDDEN_SIZE         # 第二层
n_hidden_3 = HIDDEN_SIZE         # 第三层
n_hidden_4 = HIDDEN_SIZE         # 第四层
n_classes = N_CLASSES            # 输出m个分类
```

鉴于这是一个有监督式的分类问题,因此应该设置特征和标签的占位符:

```
# 输入形式为None × 输入个数
X = tf.placeholder(tf.float32, [None, n_input])
```

占位符的第一个维度是 None,这意味着可以有任意多的行。第二个维度是特征个数,这意味着每行需要具有相应个数的特征列。

```
# 标签形式为None × 分类个数
y = tf.placeholder(tf.float32, [None, n_classes])
```

此外,还需要另一个占位符用于表征退出,这是通过以一定概率保持一个神经元处于激活状态来实现的(如 $p<1.0$,否则设置为零)。注意,这也是需要调整的超参数和训练时间,但不是测试时间:

```
dropout_keep_prob = tf.placeholder(tf.float32)
```

使用此处给出的缩放比例,可保证同一网络用于训练(dropout_keep_prob <1.0)和评估(dropout_keep_prob == 1.0)。现在,可以定义一个 MLP 分类器的实现方法。为此,提供输入、权重、偏差和退出概率等 4 个参数,如下所示:

```
def DeepMLPClassifier(_X, _weights, _biases, dropout_keep_prob):
    layer1 = tf.nn.dropout(tf.nn.tanh(tf.add(tf.matmul(_X,_
weights['h1']), _biases['b1'])), dropout_keep_prob)
    layer2 = tf.nn.dropout(tf.nn.tanh(tf.add(tf.matmul(layer1, _
weights['h2']), _biases['b2'])), dropout_keep_prob)
    layer3 = tf.nn.dropout(tf.nn.tanh(tf.add(tf.matmul(layer2, _
weights['h3']), _biases['b3'])), dropout_keep_prob)
    layer4 = tf.nn.dropout(tf.nn.tanh(tf.add(tf.matmul(layer3, _
weights['h4']), _biases['b4'])), dropout_keep_prob)
    out = ACTIVATION_FUNCTION_OUT(tf.add(tf.matmul(layer4, _
weights['out']), _biases['out']))
    return out
```

上述方法的返回值是激活函数的输出。该方法只是一个存根实现,未提供任何关于权重和偏差的具体信息,因此在开始训练之前,需要先定义:

```
weights = {
    'w1': tf.Variable(tf.random_normal([n_input,
n_hidden_1],stddev=STDDEV)),
    'w2': tf.Variable(tf.random_normal([n_hidden_1,
n_hidden_2],stddev=STDDEV)),
    'w3': tf.Variable(tf.random_normal([n_hidden_2, n_
hidden_3],stddev=STDDEV)),
    'w4': tf.Variable(tf.random_normal([n_hidden_3, n_
hidden_4],stddev=STDDEV)),
    'out': tf.Variable(tf.random_normal([n_hidden_4, n_
classes],stddev=STDDEV)),
}
biases = {
    'b1': tf.Variable(tf.random_normal([n_hidden_1])),
    'b2': tf.Variable(tf.random_normal([n_hidden_2])),
    'b3': tf.Variable(tf.random_normal([n_hidden_3])),
    'b4': tf.Variable(tf.random_normal([n_hidden_4])),
    'out': tf.Variable(tf.random_normal([n_classes]))
}
```

现在,就可以根据实际参数(输入层、权重、偏差和退出概率)来调用上述 MLP 实现方法,具体如下:

```
pred = DeepMLPClassifier(X, weights, biases, dropout_keep_prob)
```

至此,已构建完成 MLP 模型,接着,就应该对网络进行训练。首先,需要定义成本操作函数,然后选用 Adam 优化器,可实现缓慢学习并尽可能地减少训练损失:

```python
cost = 
tf.reduce_mean(tf.nn.softmax_cross_entropy_with_logits_v2(logits=
pred, labels=y))

# 优化操作（反向传播）
optimizer = tf.train.AdamOptimizer(learning_rate = 
LEARNING_RATE).minimize(cost_op)
```

接下来，需要定义用于计算分类准确率的其他参数：

```python
correct_prediction = tf.equal(tf.argmax(pred, 1), tf.argmax(y, 1))
accuracy = tf.reduce_mean(tf.cast(correct_prediction, tf.float32))
print("Deep MLP networks has been built successfully...")
print("Starting training...")
```

之后，需要在启动 TensorFlow 会话之前初始化所有变量和占位符：

```python
init_op = tf.global_variables_initializer()
```

现在，马上就可以开始训练了，但在此之前，还需执行最后一步，是创建 TensorFlow 会话并按如下方式启动：

```python
sess = tf.Session()
sess.run(init_op)
```

最后，开始在训练集上训练 MLP。在此将遍历所有批数据并使用批数据来计算平均训练成本。不过，最好是能够显示每个训练周期的训练成本和准确率：

```python
for epoch in range(TRAINING_EPOCHS):
    avg_cost = 0.0
    total_batch = int(data_train.shape[0] / BATCH_SIZE)
    # 遍历所有批数据
    for i in range(total_batch):
        randidx = np.random.randint(int(TRAIN_SIZE), size = 
BATCH_SIZE)
        batch_xs = data_train[randidx, :]
        batch_ys = labels_train[randidx, :]
        # 利用批数据进行拟合
        sess.run(optimizer, feed_dict={X: batch_xs, y: batch_ys, 
dropout_keep_prob: 0.9})
        # 计算平均成本
        avg_cost += sess.run(cost, feed_dict={X: batch_xs, y: 
batch_ys, dropout_keep_prob:1.})/total_batch
    # 显示训练过程
    if epoch % DISPLAY_STEP == 0:
        print("Epoch: %3d/%3d cost: %.9f" % (epoch, 
TRAINING_EPOCHS, avg_cost))
        train_acc = sess.run(accuracy, feed_dict={X: batch_xs, y: 
batch_ys, dropout_keep_prob:1.})
        print("Training accuracy: %.3f" % (train_acc))
print("Your MLP model has been trained successfully.")
```

上述代码的输出如下：

```
>>>
Starting training...
Epoch:    0/1000 cost: 0.356494816
Training accuracy: 0.920
…
Epoch: 180/1000 cost: 0.350044933
Training accuracy: 0.860
….
Epoch: 980/1000 cost: 0.358226758
Training accuracy: 0.910
```

好的，现在 MLP 模型已经训练完成！如何以图形方式查看成本和准确率呢？方法如下：

```
# 绘制随时间变化的损失
plt.subplot(221)
plt.plot(i_data, cost_list, 'k--', label='Training loss',
linewidth=1.0)
plt.title('Cross entropy loss per iteration')
plt.xlabel('Iteration')
plt.ylabel('Cross entropy loss')
plt.legend(loc='upper right')
                plt.grid(True)
```

上述代码的输出如图 3-11 所示。

>>>

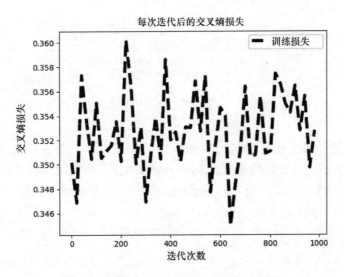

图 3-11　训练过程中每次迭代后的交叉熵损失

图 3-11 表明交叉熵损失稳定在 0.34~0.36 之间，波动很小。接下来，分析这会对训练的整体准确率有何影响：

```
# 绘制训练和测试准确率
plt.subplot(222)
plt.plot(i_data, acc_list, 'r--', label='Accuracy on the training set', linewidth=1.0)
plt.title('Accuracy on the training set')
plt.xlabel('Iteration')
plt.ylabel('Accuracy')
plt.legend(loc='upper right')
plt.grid(True)
plt.show()
```

上述代码的输出如图 3-12 所示。
>>>

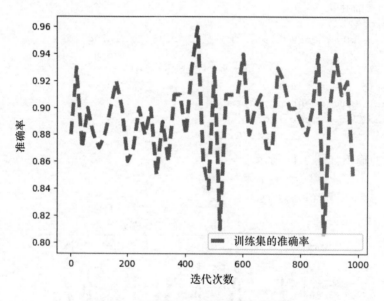

图 3-12 在训练集每次迭代时的准确率

由图 3-12 可见，训练准确率在 79% 和 96% 之间波动，但不是递增或递减。解决该问题的一种可行方法是增加更多隐层并采用不同的优化器，如本章前面讨论的梯度下降法。在此将退出概率提高到 100%，即 1.0。原因是同一网络也要用于测试集：

```
print("Evaluating MLP on the test set...")
test_acc = sess.run(accuracy, feed_dict={X: data_test, y: labels_test, dropout_keep_prob:1.})
print ("Prediction/classification accuracy: %.3f" % (test_acc))
```

上述代码的输出如下：

```
>>>
Evaluating MLP on the test set...
Prediction/classification accuracy: 0.889
Session closed!
```

由此可见，分类准确率约为89%。结果还不错！如果需要更高的分类准确率，可以采用称为深度置信网络（DBN）的另一种DNN架构，可以以有监督或无监督的方式进行训练。

这是分析DBN作为分类器应用的一种最简单方法。如果已有一个DBN分类器，那么预训练方法是以一种类似于自编码器的无监督方式完成的，这将在第5章中进行详细介绍，而分类器是以一种有监督的方式进行训练（微调），与MLP中完全一样。

3.3.3 深度置信网络（DBN）

为克服MLP中的过拟合问题，建立了一个DBN，进行无监督的预训练，以对输入提供一组合适的特征表示，然后对训练集进行微调，以通过网络进行预测。

MLP的权重是随机初始化的，而DBN是采用一种贪婪的逐层预训练算法通过概率生成模型来初始化网络权重。这些模型由一个可见层和多个随机变量层（称为隐含单元或特征检测器）组成。

DBN中的RBM层叠，形成一个无向概率图模型，类似于马尔可夫随机场（MRF）：两层分别由可见神经元和隐含神经元组成。

层叠RBM中的前两层之间具有无向对称连接，并形成一个关联记忆，而上层自上而下有向连接到下层，如图3-13所示。

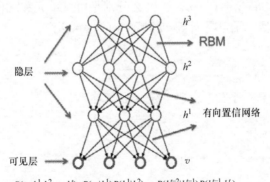

$P(v,h^1,h^2,\cdots,h^l)=P(v|h^1)P(h^1|h^2)\cdots P(h^{l-2}|h^{l-1})P(h^{l-1},h^l)$

图3-13 以RBM作为构建块的DBN的高层视图

前两层之间具有无向对称连接并形成关联记忆，而下层只接收上层自上而下的有向连接。多个RBM逐次层叠以形成DBN。

3.3.3.1 受限玻耳兹曼机（RBM）

RBM 是一种称为马尔可夫随机场的无向概率图模型。共有两层。第一层是由可见神经元组成，而第二层是由隐含神经元组成。图 3-14 给出了一个简单 RBM 的结构。可见单元接收输入，而隐含单元是非线性特征检测器。每个可见神经元都与所有隐含神经元连接，但同一层中的神经元之间没有内部连接。

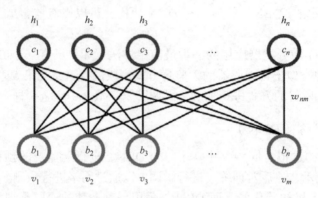

图 3-14　一个简单 RBM 的结构 ⊖

图 3-14 中的 RBM 由 m 个可见单元 $V=(v_1,\cdots,v_m)$ 和 n 个隐含单元 $H=(h_1\cdots h_n)$ 组成。可见单元接收 0~1 之间的值，而隐含单元的生成值也是介于 0~1 之间。模型的联合概率是由以下等式给出的能量函数：

$$E(v,h) = -\sum_{i=1}^{m} b_i v_i - \sum_{j=1}^{n} c_j h_j - \sum_{i=1}^{m}\sum_{j=1}^{n} v_i h_j w_{ij} j \qquad (3\text{-}3)\ominus$$

在上式中，$i = 1 \ldots m$，$j = 1 \ldots n$，b_i 和 c_j 分别是可见单元和隐含单元的偏差，而 w_{ij} 是 v_i 和 h_j 之间的权重。模型赋予可见向量 v 的概率由下式给出：

$$p(v) = \frac{1}{Z}\sum_{h} e^{-E(v,h)} \qquad (3\text{-}4)$$

在式（3-4）中，Z 是一个配分函数，定义如下：

$$Z = \sum_{v,h} e^{-E(v,h)} \qquad (3\text{-}5)$$

权重学习可由下式实现：

$$\Delta w_{ij} = \varepsilon \left(v_i h_{j_{\text{data}}} - v_i h_{j_{\text{model}}} \right) \qquad (3\text{-}6)$$

在式（3-6）中，学习速率记为 ε。通常，ε 值越小可确保训练越集中。但是，如果希望网络快速学习，需将此值设置得较大。

⊖ 原书最下为 $u_1\cdots u_n$，应为 $v_1\cdots v_m$。——译者注
⊖ 式中 w_i 应为 w_{ij}，原书有误。——译者注

由于同一层中的各单元之间无连接,因此很容易计算第一项。鉴于 $p(h|v)$ 和 $p(v|h)$ 的条件分布是因式分布的,可由下式中的逻辑函数给出:

$$p(h_j = 1|v) = g\left(c_j + \sum_i v_i w_{ij}\right) \quad (3\text{-}7)$$

$$p(v_j = 1|h) = g\left(b_i + \sum_j h_j w_{ij}\right) \quad (3\text{-}8)^{\ominus}$$

$$g(x) = \frac{1}{1+\exp(-x)} \quad (3\text{-}9)$$

因此,样本 $v_i h_j$ 是无偏的。但是,第二项的对数似然性在计算成本上是指数级的。尽管可以通过马尔可夫链蒙特卡罗(MCMC)法进行 Gibbs 抽样获得第二项的无偏样本,但该过程的计算成本也很高。相反,RBM 是采用一种称为对比散度的有效近似方法。

一般而言,MCMC 需要许多抽样步骤才能达到平稳收敛。少量执行 Gibbs 抽样步骤(通常是一次)就足以训练一个模型,这称为对比散度学习。对比散度学习首先是用训练向量初始化可见单元。

接下来是根据式(3-7)以及可见单元计算所有隐含单元,然后根据式(3-6)由隐含单元重构可见单元。最后,利用重构的可见单元来更新隐含单元。因此,代入式(3-6),最终可得以下权重学习模型:

$$\Delta w_{ij} = \varepsilon \left(v_i h_{j_{\text{data}}} - v_i h_{j_{\text{recons}}}\right) \quad (3\text{-}10)$$

简单来说,上述过程是试图减少输入数据和重构数据之间的重构误差。算法需要多次参数更新迭代才能收敛。此处的迭代称为周期。输入数据拆分为小批量数据,且在每个小批量数据之后根据参数平均值来更新参数。

最后,如前所述,RBM 最大化可见单元 $p(v)$ 的概率,该概率是由模式和整体训练数据定义。这相当于最小化模型分布与经验数据分布之间的 KL-散度。

对比散度只是对目标函数的一种粗略近似,但在实践中非常有效。尽管该方法简便易用,但重构误差实际上对学习进度的衡量较差。鉴于此,RBM 需要一些时间来达到收敛,但如果重构得当,则算法执行效果很好。

3.3.3.2　构建一个简单的 DBN

由于不能对变量之间的关系进行建模,因此单隐层的 RBM 无法从输入数据中提取所有特征。为此,只能逐层使用多层 RBM 来提取非线性特征。在 DBN 中,首先利用输入数据训练 RBM,且隐层以一种贪婪学习方法来表示学习到的特征。

第一个 RBM 学习到的特征用作第二个 RBM(作为 DBN 中的另一层)的输入,如图 3-15 所示。同理,第二层学习到的特征用作另一层的输入。

这样,DBN 就可以从输入数据中提取深度非线性特征。最后一个 RBM 的隐层表征整

$\ominus$　原书式中为 h_i,应为 h_j,原书有误。——译者注

个网络学习到的特征。对于上述所有 RBM 层的特征学习过程称为预训练。

3.3.3.3 无监督预训练

假设要处理一个复杂任务，而又没有太多标记的训练数据。这很难找到一个合适的 DNN 实现或架构来进行训练和用于预测分析。然而，如果已有大量未标记的训练数据，可以尝试逐层训练，然后利用无监督特征检测算法，从最低层开始，向上逐层训练。这就是自编码器（见图 3-15）或 RBM（见图 3-16）的工作原理。

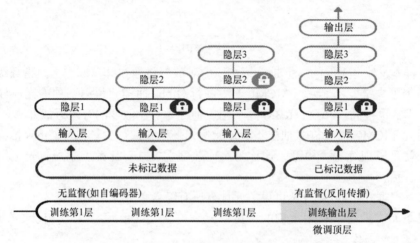

图 3-15　利用自编码器在 DBN 中进行无监督预训练

预训练是一种无监督学习过程。经预训练之后，通过在最后一个 RBM 层的顶部增加一个标记层来执行网络微调。该步骤是一个有监督学习过程。无监督预训练过程是用于确定网络权重。

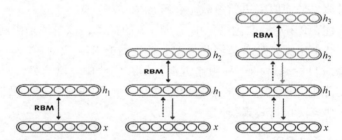

图 3-16　通过构建一个具有层叠 RBM 的简单 DBN 在 DBN 中进行无监督预训练

3.3.3.4 有监督微调

在监督学习阶段（也称为有监督微调）中，不是随机初始化网络权重，而是由在预训练步骤中计算而得的权重来进行初始化。这样，当采用有监督的梯度下降时，DBN 可以避免收敛到局部最小值。

如前所述，使用层叠 RBM，DBN 可以构造如下：

- 根据参数 W_1 训练底部 RBM（第一个 RBM）；

- 将第二层权重初始化为 $W^2 = W^{1\mathrm{T}}$，这可确保 DBN 至少与基本的 RBM 一样好。

因此，整合上述这些步骤，图 3-17 显示了一个简单 DBN 的结构，由三个 RBM 组成：

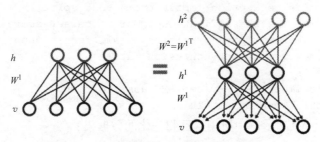

图 3-17　使用多个 RBM 构建简单的 DBN

现在，若需要调整 DBN 以获得更好的预测准确率时，应调节一些超参数，以便 DBN 可以通过分解和优化 W^2 来拟合训练数据。综上所述，产生了创建基于 DBN 的分类器或回归器的概念性工作流程。

至此，已掌握了关于如何利用多个 RBM 构建 DBN 的丰富理论知识，可以将理论应用于实践了。在下一节中，将分析如何开发一个用于预测分析的有监督 DBN 分类器。

3.3.4　用于客户订阅评估的 DBN 在 TensorFlow 中的实现

在上述银行营销数据集示例中，可知基于 MLP 的分类准确率大约为 89%。在将原始数据集提供给 MLP 之前，还需将其归一化。在本节中，将学习如何利用同一数据集实现基于 DBN 的预测模型。

在此将根据 Md.Rezaul Karim 最近出版的《Predictive Analytic with TensorFlow》一书来实现 DBN。

上述实现是基于 RBM 的一种简洁快速的 DBN 实现，并采用 NumPy 和 TensorFlow 库，以利于 GPU 计算。这是基于以下两篇论文来实现的：

- Geoffrey E. Hinton，Simon Osindero 和 Yee-Whye Teh.A fast learning algorithm for deep belief nets. Neural Computation 18.7（2006）：1527-1554。
- Asja Fischer 和 Christian Igel Training Restricted Boltzmann Machines:An Introduction. Pattern Recognition 47.1（2014）：25-39。

在此将学习如何以无监督方式训练 RBM，并以有监督方式训练网络。简而言之，需按照一些步骤执行。主分类器是 classification_demo.py。

虽然在以有监督和无监督方式训练 DBN 时不是大数据集或高维数据集，但仍然会在训练阶段中有如此大的计算量，这需要巨大的计算资源。然而，RBM 的收敛时间较长。因此，建议读者在 GPU 上进行训练，至少拥有 32GB 的 RAM 和 corei7 处理器。

首先，加载所需的模块和库：

```
import numpy as np
import pandas as pd
from sklearn.datasets import load_digits
from sklearn.model_selection import train_test_split
from sklearn.metrics.classification import accuracy_score
from sklearn.metrics import precision_recall_fscore_support
from sklearn.metrics import confusion_matrix
import itertools
from tf_models import SupervisedDBNClassification
import matplotlib.pyplot as plt
```

然后,加载上述 MLP 示例中所用的已归一化的数据集:

```
FILE_PATH = FILE_PATH = '../input/bank_normalized.csv'
raw_data = pd.read_csv(FILE_PATH)
```

在前面的代码中,使用了 pandas read_csv() 方法并创建了一个 DataFrame。现在的任务是按如下方式来提取特征和标签:

```
Y_LABEL = 'y'
KEYS = [i for i in raw_data.keys().tolist() if i != Y_LABEL]
X = raw_data[KEYS].get_values()
Y = raw_data[Y_LABEL].get_values()
class_names = list(raw_data.columns.values)
print(class_names)
```

在上述代码行中,分离出特征和标签。特征保存在 X 中,标签位于 Y 中。接下来的任务是将数据分为训练集(75%)和测试集(25%),如下所示:

```
X_train, X_test, Y_train, Y_test = train_test_split(X, Y,
test_size=0.25, random_state=100)
```

这时,就得到了训练集和测试集,可以直接进入 DBN 训练阶段。但是,首先还需要实例化 DBN。尽管是以有监督方式进行分类,但仍需要为该 DNN 架构设置超参数:

```
classifier = SupervisedDBNClassification(hidden_layers_structure=[64,
64],
                                        learning_rate_rbm=0.05,
                                        learning_rate=0.01,
                                        n_epochs_rbm=10,
                                        n_iter_backprop=100,
                                        batch_size=32,
                                        activation_function='relu',
                                        dropout_p=0.2)
```

在上述代码段中,n_epochs_rbm 是指预训练(无监督)的周期数,n_iter_backprop 是用于有监督的微调。另外,还需分别用 learning_rate_rbm 和 learning_rate 为这两个阶段定义两个独立的学习速率。

不过,将在本节后面部分介绍 SupervisedDBNClassification 类的实现。

该库提供了 sigmoid、ReLU 和 tanh 激活函数的实现。此外,还应用了 l2 正则化来避免过拟合。实际的拟合过程如下所示:

```
classifier.fit(X_train, Y_train)
```

如果一切顺利，则可在控制台上观察到以下执行：

```
[START] Pre-training step:
>> Epoch 1 finished      RBM Reconstruction error 1.681226
….
>> Epoch 3 finished      RBM Reconstruction error 4.926415
>> Epoch 5 finished      RBM Reconstruction error 7.185334
…
>> Epoch 7 finished      RBM Reconstruction error 37.734962
>> Epoch 8 finished      RBM Reconstruction error 467.182892
….
>> Epoch 10 finished     RBM Reconstruction error 938.583801
[END] Pre-training step
[START] Fine tuning step:
>> Epoch 0 finished      ANN training loss 0.316619
>> Epoch 1 finished      ANN training loss 0.311203
>> Epoch 2 finished      ANN training loss 0.308707
….
>> Epoch 98 finished     ANN training loss 0.288299
>> Epoch 99 finished     ANN training loss 0.288900
```

由于 RBM 的权重是随机初始化的，因此重构数据和原始输入之间的差异通常很大。

从技术上讲，可以将重构误差看作是重构值与输入值之差。然后，在迭代学习过程中，多次将该误差反向传播到 RBM 的权重，直到误差达到最小。

尽管，在本例中，重构数据最多可达到 938，这不算多（即数量有限），但仍可以期望获得较好的准确率。总之，经过 100 次迭代后，表明微调后每个周期的训练损失如图 3-18 所示。

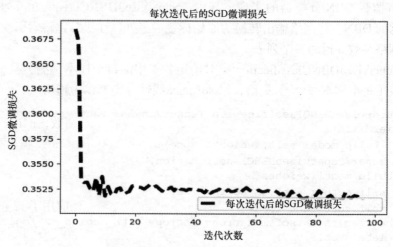

图 3-18　每次迭代后的 SGD 微调损失（仅 100 次迭代）

然而，迭代执行上述训练和微调过程，直到 1000 个周期后，训练损失都无任何显著改善，如图 3-19 所示。

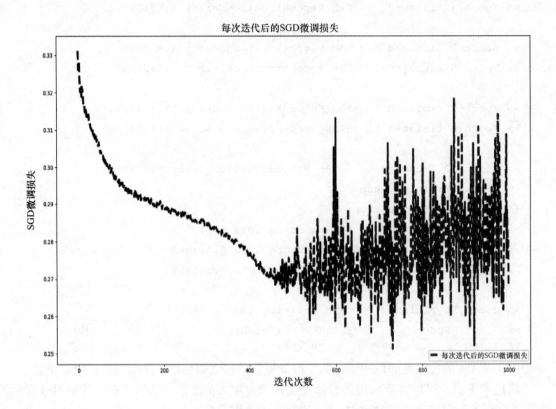

图 3-19 每次迭代后的 SGD 微调损失（1000 次迭代）

以下是有监督 DBN 分类器的实现。其中，SupervisedDBNClassification 类实现了一个用于分类问题的 DBN。将网络输出转换为原始标签。另外，在执行完将索引映射到标签后，还需要输入网络参数并返回一个列表。

然后，SupervisedDBNClassification 类对给定数据中的每个样本预测分类概率分布，并返回字典列表（每个样本一个）。最后，以 softmax 线性分类器作为输出层：

```
class SupervisedDBNClassification(TensorFlowAbstractSupervisedDBN,
ClassifierMixin):
    def _build_model(self, weights=None):
        super(SupervisedDBNClassification,
self)._build_model(weights)
        self.output = tf.nn.softmax(self.y)
        self.cost_function =
tf.reduce_mean(tf.nn.softmax_cross_entropy_with_logits_v2(logits=
self.y, labels=self.y_))
```

```python
        self.train_step = self.optimizer.minimize(self.cost_function)
    @classmethod
    def _get_param_names(cls):
        return super(SupervisedDBNClassification, cls)._get_param_names() + ['label_to_idx_map', 'idx_to_label_map']

    @classmethod
    def from_dict(cls, dct_to_load):
        label_to_idx_map = dct_to_load.pop('label_to_idx_map')
        idx_to_label_map = dct_to_load.pop('idx_to_label_map')
        instance = super(SupervisedDBNClassification, cls).from_dict(dct_to_load)
        setattr(instance, 'label_to_idx_map', label_to_idx_map)
        setattr(instance, 'idx_to_label_map', idx_to_label_map)
        return instance

    def _transform_labels_to_network_format(self, labels):
        """
        Converts network output to original labels.
        :param indexes: array-like, shape = (n_samples, )
        :return:
        """
        new_labels, label_to_idx_map, idx_to_label_map = to_categorical(labels, self.num_classes)
        self.label_to_idx_map = label_to_idx_map
        self.idx_to_label_map = idx_to_label_map
        return new_labels

    def _transform_network_format_to_labels(self, indexes):
        return list(map(lambda idx: self.idx_to_label_map[idx], indexes))

    def predict(self, X):
        probs = self.predict_proba(X)
        indexes = np.argmax(probs, axis=1)
        return self._transform_network_format_to_labels(indexes)

    def predict_proba(self, X):
        """
        Predicts probability distribution of classes for each sample in the given data.
        :param X: array-like, shape = (n_samples, n_features)
        :return:

        """
        return super(SupervisedDBNClassification,
```

```python
        self)._compute_output_units_matrix(X)

    def predict_proba_dict(self, X):
        """
        Predicts probability distribution of classes for each
sample in the given data.
        Returns a list of dictionaries, one per sample. Each dict
contains {label_1: prob_1, ..., label_j: prob_j}
        :param X: array-like, shape = (n_samples, n_features)
        :return:
        """
        if len(X.shape) == 1:  # It is a single sample
            X = np.expand_dims(X, 0)
        predicted_probs = self.predict_proba(X)
        result = []
        num_of_data, num_of_labels = predicted_probs.shape
        for i in range(num_of_data):
            # key : label
            # value : predicted probability
            dict_prob = {}
            for j in range(num_of_labels):
                dict_prob[self.idx_to_label_map[j]] = predicted_probs[i][j]
            result.append(dict_prob)
        return result
    def _determine_num_output_neurons(self, labels):
        return len(np.unique(labels))
```

正如在上例和运行部分中所述，神经网络的参数微调是一个棘手的过程。尽管现有很多不同的方法，但据本人所知，尚未有一种放之四海而皆准的方法。然而，通过上述两种方法的结合，得到了更好的分类结果。另一个重要的参数选择是学习速率。根据实际模型自适应调整学习速率是一种可行的方法，以减少训练时间，同时避免局部最小化。在此，介绍一些有助于提高预测准确率的技巧，不仅适用于本例项目，也适用于其他应用。

模型构建完成后，需要评估其性能。为了评估分类准确性，需要使用一些性能指标，如 Precision、recall 和 f1 得分等。此外，还将绘制混淆矩阵，以观察与实际标签相对应的预测标签。首先，计算预测精度如下：

```python
Y_pred = classifier.predict(X_test)
print('Accuracy: %f' % accuracy_score(Y_test, Y_pred))
```

接着，需要计算分类的 precision、recall 和 f1 score：

```python
p, r, f, s = precision_recall_fscore_support(Y_test, Y_pred,
        average='weighted')
print('Precision:', p)
print('Recall:', r)
print('F1-score:', f)
```

上述代码的输出如下：

```
>>>
Accuracy: 0.900554
Precision: 0.8824140209830381
Recall: 0.9005535592891133
F1-score: 0.8767190584424599
```

结果非常好！通过所实现的 DBN，可以解决与 MLP 相同功能的分类问题。另外，与 MLP 相比，所获得分类准确率更好。

现在，如果要解决回归问题，即待预测的标签是连续的，则需采用 SupervisedDBNRegression() 函数来实现。DBN 文件夹中的回归脚本（即 regression_demo.py）也可用于执行回归操作。

但是，最好是利用专门为回归准备的另一个数据集 y。现在需要做的就是准备数据集，以便用于基于 TensorFlow 的 DBN。因此，出于演示成本最小的目的，在此选用房价：先进回归技术数据集来预测房价。

3.4 超参数调节和高级 FFNN

神经网络的灵活性也恰恰是一个主要缺点：需要调节许多超参数。即使在一个简单的 MLP 中，也可以更改层的个数、每层神经元的数量以及每层中所用激活函数的类型。另外，还可以更改权重初始化逻辑和退出保持概率等。

除此之外，FFNN 中的一些常见问题，如梯度消失问题以及选择最合适的激活函数、学习速率和优化器，也是非常重要的。

3.4.1 FFNN 超参数调节

超参数是指在估计器中无法直接学习的参数。建议搜索超参数空间以获得最好的交叉验证得分。在构造估计器时提供的任何参数可以这种方式优化。现在，问题是：如何知道超参数的哪种组合最适合实际任务？当然，可以使用网格搜索和交叉验证来为线性机器学习模型找到正确的超参数。

但是，对于 DNN，有许多超参数需要调节。由于在大规模数据集上训练神经网络需要花费大量时间，因此只能在合理的时间内探索一小部分的超参数空间。这是一些常见的观点。

此外，当然正如上述所言，可以使用网格搜索或随机搜索，结合交叉验证，为线性机器学习模型确定合适的超参数。在本节后面部分，将详细介绍一些可能的随机网格搜索和交叉验证方法。

3.4.1.1 隐层个数

对于许多问题，可以先设置一个或两个隐层，而且使用两个隐层，在大致相同的训练时间内，且具有相同的神经元总数（见下文以了解神经元个数的概念），这种设置效果较好。现在，分析一些关于设置隐层个数的简单思想：

0 表示只能表示线性可分函数或决策；

1 表示可以近似任何包含从一个有限空间到另一个有限空间连续映射的函数；

2 表示可以任意精度，且具有合理激活函数来表示任意决策边界，并可以任何精度近似任何平滑映射。

但是，对于更复杂的问题，可以逐渐增加隐层个数，直到开始过拟合训练集。非常复杂的任务，如大规模图像分类或语音识别，通常需要具有数十层的网络，并且需要大量的训练数据。

不过，可以尝试逐渐增加神经元个数，直到网络开始过拟合。这意味着不会导致过拟合的隐含神经元个数的上限是：

$$N_h = \frac{N_s}{\alpha(N_i + N_o)}$$

式中，N_i 为输入神经元个数；N_o 为输出神经元个数；N_s 为训练数据集中的样本数；α 为任意比例因子，通常为 2~10。

注意，上式并非来自任何研究结果，而是来自个人的工作经验。但是，对于自动化程序，可以从 α 值为 2 开始，即训练数据的自由度是模型的两倍，如果训练数据的误差明显小于交叉验证数据集的误差，则最大可以设置为 10。

3.4.1.2 隐层中的神经元个数

显然，输入层和输出层中的神经元数量取决于实际任务所需的输入/输出类型。例如，如果数据集的形状为 28×28，则应具有大小为 784 的输入神经元，且输出神经元应等于待预测的分类数量。

在下一个示例中将分析如何应用 MLP 进行实际预测，其中具有 4 个包含 256 个神经元的隐层（只需调节一个超参数，而不是每层一个）。正如增加层数一样，可以尝试逐渐增加神经元个数，直到网络开始过拟合。

现有一些具体推导的经验法则，其中最常用的是："最佳的隐层大小通常是介于输入层大小和输出层大小之间。"

总之，对于大多数问题，只需根据下列两条规则设置隐层大小，就可能获得良好的性能（即使不执行第二个优化步骤）：

- 隐层个数为 1；
- 隐层中的神经元数量是输入层和输出层中神经元个数的平均值。

然而，正如增加隐层个数一样，可以尝试逐渐增加神经元的数量，直到网络开始过拟合。

3.4.1.3 权重和偏差初始化

正如下一个示例中所述，初始化隐层的权重和偏差是一个重要的超参数，需要值得注意：

- 不要全部初始化为零：一个貌似合理的想法可能是将所有初始权重都设置为零，但实际上没有任何作用。这是因为如果网络中的每个神经元计算得到的输出相同，且若其权重初始化为同一值，则神经元之间将不存在不对称的数据来源。

- 较小的随机数：也可以将神经元的权重初始化为非零的较小值。或者，是从均匀分布中抽取的较小值。
- 初始化偏差：通常将偏差初始化为零，因为权重的较小随机数将会破坏不对称性。将偏差设置为一个较小的常量值（例如所有偏差均为 0.01），则可确保所有 ReLU 单元都可以传播某些梯度。但是，这既不能保证性能良好，也不能保证性能改善。因此，还是建议设置为零。

3.4.1.4 选择最合适的优化器

因为在 FFNN 中，目标函数之一是最小化评估成本，所以必须定义一个优化器。已知如何利用 tf.train.AdamOptimizer。Tensorflow 中的 tf.train 提供了一组有助于训练模型的类和函数。个人认为，Adam 优化器在实际中性能非常有效，且不必考虑学习速率等。

对于大多数情况，可以应用 Adam 优化器，但有时也可采用 RMSPropOptimizer 函数，这是梯度下降法的一种高级形式。RMSPropOptimizer 函数可实现 RMSProp 算法。

RMSPropOptimizer 函数还将学习速率除以指数衰减的平方梯度平均值。建议设置衰减参数为 0.9，而学习速率的默认值为 0.001：

```
optimizer = tf.train.RMSPropOptimizer(0.001,
0.9).minimize(cost_op)
```

使用最常见的 SGD 优化器，学习速率必须以 $1/T$ 进行缩放才能收敛，其中 T 是迭代次数。RMSProp 算法尝试通过调整步长来克服这一限制，以使得步长与梯度具有相同的尺度。

因此，如果是训练一个神经网络，则必须计算梯度，使用 tf.train.RMSPropOptimizer（ ）函数是在小批量设置中更快的一种学习方式。研究人员还建议在训练 CNN 等深度神经网络时使用 Momentum 优化器。

最后，如果要通过设置这些优化器来进行实际应用，只需更改一行代码即可。由于时间限制，本人没有进行尝试。然而，根据 Sebastian Ruder 最近的一篇研究论文，具有自适应学习速率方法的优化器，即 Adagrad、Adadelta、RMSprop 和 Adam 是最合适的，并在这些情况下可以很好地收敛。

3.4.1.5 超参数调节的网格搜索和随机搜索

在其他基于 Python 的机器学习库（如 Scikit-learn）中提供了两种抽样搜索候选值的通用方法。对于给定值，GridSearchCV 可以考虑所有参数组合，而 RandomizedSearchCV 可以从具有指定分布的参数空间中抽取给定数量的候选值。

GridSearchCV 是一种用于自动测试和优化超参数的好方法。本人经常在 Scikit-learn 中使用。但是，利用 TensorFlowEstimator 来优化 learning_rate、batch_size 等参数并非简单。而且，正如上述而言，经常需要调节很多超参数来获得最佳结果。

随机搜索和网格搜索都是探索完全相同的参数空间。参数设置的结果也非常相似，而随机搜索的运行时会大大降低。

一些基准已表明随机搜索的性能略差，尽管这很可能是一种扰动效应，且不会延续到一个保持不变的测试集。

3.4.2 正则化

现有一些方法可以控制 DNN 的训练，以防止在训练阶段过拟合，例如，L2 / L1 正则化、最大范数约束和退出。

- L2 正则化：这可能是最常见的正则化形式。使用梯度下降参数更新，L2 正则化表示每个权重将线性衰减到零。
- L1 正则化：对于每个权重 w，将 $\lambda/w/$ 一项添加到目标函数中。然而，也可以将 L1 和 L2 正则化相结合以实现弹性网络正则化。
- 最大范数约束：这是对每个隐层神经元的权重向量大小强制执行绝对上限。可以进一步使用投影梯度下降来强制约束。

梯度消失问题往往出现在极度深度神经网络（通常是 RNN，将有专门章节介绍），其中，经过激活函数，其梯度往往很小（在 0~1 范围）。

由于这些较小的梯度值在反向传播过程中继续相乘，因此往往会在整个层中"消失"，从而阻止网络学习长期的依赖性。解决该问题的常用方法是使用线性单元（又名 ReLU）等激活函数，不受梯度较小的影响。现有一种改进的 RNN，称为长短时记忆（又称 LSTM），可以解决这个问题。在第 5 章中将会对此进行详细讨论。

尽管，已知最后一种架构提高了模型的准确性，但将 sigmoid 激活函数替换为 ReLU 仍可以达到更好的结果，如图 3-20 所示。

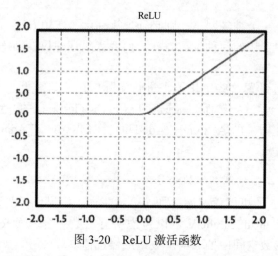

图 3-20 ReLU 激活函数

ReLU 单元是计算函数 $f(x) = \max(0, x)$。ReLU 计算速度快，因为无需 sigmoid 或 tanh 激活函数中所需的任何指数计算。此外，与 sigmoid / tanh 激活函数相比，ReLU 可大大加速随机梯度下降的收敛。要使用 ReLU 激活函数，只需在之前实现的模型中更改前四层的定义：

第一层输出:

```
Y1 = tf.nn.relu(tf.matmul(XX, W1) + B1)  # 第一层输出
```

第二层输出:

```
Y2 = tf.nn.relu(tf.matmul(Y1, W2) + B2)  # 第二层输出
```

第三层输出:

```
Y3 = tf.nn.relu(tf.matmul(Y2, W3) + B3)  # 第三层输出
```

第四层输出:

```
Y4 = tf.nn.relu(tf.matmul(Y3, W4) + B4)  # 第四层输出
```

输出层:

```
Ylogits = tf.matmul(Y4, W5) + B5  # 计算 logits
Y = tf.nn.softmax(Ylogits)  # 第五层输出
```

当然，tf.nn.relu是TensorFlow中的ReLU实现。模型的准确率几乎达到98%，运行网络可得:

```
>>>
Loading data/train-images-idx3-ubyte.mnist
Loading data/train-labels-idx1-ubyte.mnist Loading data/t10k-images-idx3-ubyte.mnist
Loading data/t10k-labels-idx1-ubyte.mnist
Epoch: 0
Epoch: 1
Epoch: 2
Epoch: 3
Epoch: 4
Epoch: 5
Epoch: 6
Epoch: 7
Epoch: 8
Epoch: 9
Accuracy:0.9789
done
>>>
```

值得注意的是，要进行TensorBoard分析，需要在执行源文件的文件夹中输入:

```
$> Tensorboard --logdir = 'log_relu'  # Don't put space before or after '='
```

然后在浏览器上输入localhost，即可显示TensorBoard的起始页面。在图3-21中，显示了随训练集样本个数变化的分类准确率趋势。

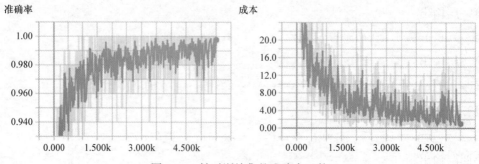

图 3-21 针对训练集的准确率函数

由图可见,初始的分类准确率趋势较差,但在大约 1000 个样本之后,准确率快速提高。

3.4.3 退出优化

在使用 DNN 时,需要设置一个退出的占位符,这也是一个需要调节的超参数。通过以某一概率(如 $p<1.0$)保持神经元激活或将其设置为零来实现退出。这一思想是保证在测试时使用单个神经网络而不会退出。网络的权重是训练权重的比例缩小。如果在训练期间,单元保持 dropout_keep_prob <1.0,则在测试时将该单元的输出权重乘以 p。

在学习阶段,与下一层的连接可限制在神经元的一个子集内,以减少需更新的权重。这种优化学习技术称为退出。因此,退出是一种用于在具有许多层和/或神经元的网络中降低过拟合的技术。一般来说,退出层位于具有大量可训练神经元的层之后,如图 3-22 所示。

退出技术可允许将前一层中一定比例的神经元设置为 0,然后不经过激活。神经元激活设置为 0 的概率是由层内 0~1 之间的退出率参数表示。实际上,神经元的激活概率等于退出率;否则,丢弃该神经元,即激活概率设置为 0。

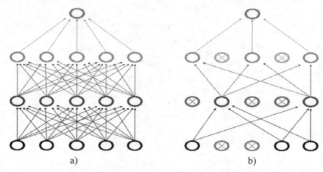

图 3-22 退出表示

a)标准神经网络 b)具有退出层的神经网络

通过这种方式,对于每个输入,网络架构与之前的均略有不同。有些连接是激活的,而有些连接每次都是以不同的方式,即使这些架构具有相同的权重。图 3-22 表明了退出的工作原理:每个隐含单元以概率 p 从网络中被随机丢弃。

需要注意的是，对于每个训练实例，所选的退出单元不同；这就是为什么这更像是一个训练问题的原因。退出可以看作是在大量不同神经网络中执行模型平均的一种有效方式，其中可以比架构问题低得多的计算成本来避免过拟合。退出降低了一个神经元依赖于其他神经元存在的可能性。通过这种方式，神经元被迫学习更多鲁棒性特征，这对于连接到其他不同神经元非常有用。

构建退出层的 TensorFlow 函数是 tf.nn.dropout。该函数的输入是前一层的输出，且退出参数 tf.nn.dropout 返回与输入张量相同大小的一个输出张量。该模型的实现规则与五层网络相同。在这种情况下，必须在一层和另一层之间插入退出函数：

```
pkeep = tf.placeholder(tf.float32)


Y1 = tf.nn.relu(tf.matmul(XX, W1) + B1) # 第一层输出
Y1d = tf.nn.dropout(Y1, pkeep)

Y2 = tf.nn.relu(tf.matmul(Y1, W2) + B2) # 第二层输出
Y2d = tf.nn.dropout(Y2, pkeep)

Y3 = tf.nn.relu(tf.matmul(Y2, W3) + B3) # 第三层输出
Y3d = tf.nn.dropout(Y3, pkeep)

Y4 = tf.nn.relu(tf.matmul(Y3, W4) + B4) # 第四层输出
Y4d = tf.nn.dropout(Y4, pkeep)

Ylogits = tf.matmul(Y4d, W5) + B5 # 计算 logits
Y = tf.nn.softmax(Ylogits) # 第五层输出
```

退出优化结果如下：

```
>>>
Loading data/train-images-idx3-ubyte.mnist Loading data/train-labels-idx1-ubyte.mnist Loading data/t10k-images-idx3-ubyte.mnist Loading data/t10k-labels-idx1-ubyte.mnist Epoch:      0
Epoch: 1
Epoch: 2
Epoch: 3
Epoch: 4
Epoch: 5
Epoch: 6
Epoch: 7
Epoch: 8
Epoch: 9
Accuracy:     0.9666 done
>>>
```

尽管如此，之前 ReLU 网络的性能仍更好，不过可以尝试更改网络参数来提高模型的准确率。此外，由于这是一个很小的网络，处理的是小规模数据集，因此在处理大规模高维数据集下的更复杂网络时，会发现退出非常重要。在下一章中将详细分析一些具体实例。

现在，要了解退出优化的效果，首先进行 TensorBoard 分析。只需输入：

```
$> Tensorboard --logdir=' log_softmax_relu_dropout/'
```

图 3-23 显示了作为训练样本函数的准确率成本函数：

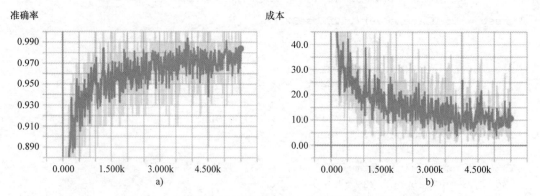

图 3-23　a）退出优化的准确率；b）针对训练集的成本函数

在图 3-23 中，将成本函数作为训练样本的函数。这两种趋势都正如期望所现：随着训练样本的增加，准确率会提高，而成本函数随着迭代次数的增加而减少。

3.5　小结

本章学习了如何实现 FFNN 架构，其特征在于一组输入单元、一组输出单元以及一个或多个连接输入与输出的隐含单元。分析了如何组织网络层，以使得各层之间实现单向全连接：每个单元从前一层的所有单元接收信号并将其输出值通过合适的权重传播到下一层的所有单元。

另外，还学习了如何为每个层定义激活函数（如 sigmoid、ReLU、tanh 和 softmax），其中激活函数的选择取决于架构和要解决的问题。

然后，实现了 4 种不同的 FFNN 模型。第一个模型具有一个隐层以及 softmax 激活函数。其他 3 个更为复杂的模型总共有 5 个隐层，但激活函数不同。分析了如何使用 TensorFlow 实现深度 MLP 和 DBN，以解决分类任务。根据这些实现，达到了 90% 以上的准确率。最后，讨论了如何调整 DNN 的超参数以获得更好更优化的性能。

虽然常规 FFNN（如 MLP）适用于小尺寸图像（如，MNIST 或 CIFAR-10），但由于需要大量参数，处理较大尺寸的图像时性能较差。例如，一幅 100×100 的图像具有 10000 个像素，如果第一层只有 1000 个神经元（这已经严重限制了传输到下一层的信息量），则意味着存在 1000 万个连接。另外，这只是第一层。

更重要的是，DNN 没有像素是如何组织的先验知识，因此无法判断相邻像素是否接近。CNN 的架构则嵌入了这种先验知识。较低层通常识别图像中较小区域中的特征，而较高层将较低层的特征组合成较大特征。这适用于大多数自然图像，与 DNN 相比，CNN 具有决定性的先天优势。

在下一章中，将进一步探讨神经网络模型的复杂性，并介绍对深度学习技术产生重大影响的 CNN。研究 CNN 的主要特征并分析一些实现示例。

第 4 章
卷积神经网络（CNN）

本章主要讨论 CNN，这是深度学习的一个重要分支。CNN 在许多实际应用中取得了良好的效果，特别是在图像目标识别领域。另外，还将阐述和实现 LeNet 架构（LeNet5），这是在经典 MNIST 数字分类系统中取得巨大成功的第一个 CNN 架构。此外，还将分析 AlexNet，这是由 Alex Krizhevsky 提出的一种深度 CNN。接着在这些网络上引入转移学习，这是一种利用预训练的神经网络的机器学习方法。然后，还将介绍 VGG 架构，该架构通常用作目标识别的深度 CNN。这是由牛津大学著名的视觉几何团队（VGG）开发的，在 ImageNet 数据集上性能良好。这种架构可用于展示如何使用神经网络以某种艺术风格（艺术风格学习）绘制图形。

接下来，研究利用 2012 年竞赛数据创建 Inception-v3 模型，该模型是为 ImageNet 大规模视觉识别挑战赛（ILSVRC）而创建的。这是计算机视觉领域的一项标准任务，其中模型尝试对 1000 个不同类别的 120 万幅图像进行分类。在此将演示如何在 TensorFlow 中使用 Inception 训练具体的图像分类器。最后一个示例取自 Kaggle 平台。目的是在一组人脸图像上训练网络，以对其表现出的情感进行分类。最后评估模型的准确性，然后在不属于原始数据集的单幅图像上对其进行测试。本章的主要内容包括：

- CNN 的基本概念；
- 实际 CNN；
- LeNet 和 MNIST 分类问题；
- AlexNet 和迁移学习；
- VGG 和艺术风格学习；
- Inception-v3 模型；
- 情感识别。

4.1 CNN 的基本概念

近年来，深度神经网络（DNN）为科学研究注入了新的动力，因此得到广泛使用。CNN 是一种特殊类型的 DNN，在图像分类问题上取得了巨大成功。在深入研究基于 CNN 的图像分类器实现之前，首先介绍图像识别中的一些基本概念，如特征检测和卷积。

在计算机视觉中，众所周知，真实图像与由大量称为像素的小方块组成的网格相关联。图 4-1 给出了与一个 5×5 像素网格相关的黑白图像。

网格中的每个元素对应一个像素。在黑白图像中，1 值与黑色相关联，0 值与白色相关联。或者，对于灰度图像，每个网格元素的允许取值范围为 [0,255]，其中 0 与黑色相关联，255 与白色相关联。

而彩色图像是由三个联立矩阵表示，每个矩阵对应于一个颜色通道（红色、绿色和蓝色）。各个矩阵中的每个元素可以在 0~255 间变化，以指定基本颜色（或基色）的亮度。如图 4-2 所示，其中每个矩阵为 4×4，颜色通道数为 3。

图 4-1 黑白图像的像素视图

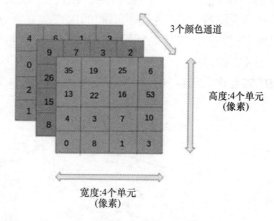

图 4-2 彩色图像

现在，先考虑一个 5×5 矩阵的黑白图像。假设在图像矩阵的宽度和高度上滑动另一个维度较低的矩阵，如 3×3 矩阵（见图 4-3）。

该滑动矩阵称为内核滤波器或特征检测器。当内核滤波器沿输入矩阵（或输入图像）移动时，会执行内核值和所作用矩阵的部分值的标量积。所得结果是一个称为卷积矩阵的新矩阵。

$$\begin{bmatrix} 1 & 0 & 1 \\ 0 & 1 & 0 \\ 1 & 0 & 1 \end{bmatrix}$$

图 4-3 内核滤波器

图 4-4 显示了卷积运算过程：卷积运算生成卷积特征（得到的 3×3 矩阵），即在输入图像（5×5 矩阵）上滑动内核滤波器（3×3 矩阵）。

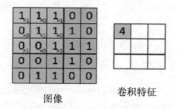

图 4-4 输入图像（左侧的 5×5 矩阵）、内核滤波器（输入图像上的 3×3 矩阵）和卷积特征（右侧的 3×3 矩阵）

4.2 实际 CNN

以前面所示的 5×5 输入矩阵为例，CNN 包括一个由 25 个神经元（5×5）组成的输入层,其任务是获取对应于每个像素的输入值并将其传送到下一层。

在多层网络中,输入层中所有神经元的输出都连接到隐层中的每个神经元(全连接层)。然而,在 CNN 中,与在此所介绍的卷积层的连接机制定义完全不同。正如所想象的那样,卷积层是一种主要类型的层:在 CNN 中必须使用一个或多个卷积层。

在卷积层中,每个神经元都连接到一个称为感受野的特定输入区域。例如,通过一个 3×3 的内核滤波器,每个神经元将具有一个偏置量且 9 个权重(3×3)连接到一个感受野。为有效识别图像,需要将各种不同的内核滤波器应用于相同的感受野,这是因为每个滤波器应识别不同特征的图像。标识相同特征的一组神经元定义了单个特征映射。

图 4-5 给出了一个实际的 CNN 架构:28×28 输入图像将由一个由 $28\times28\times32$ 特征映射组成的卷积层进行分析。该图还显示了一个感受野和一个 3×3 内核滤波器。

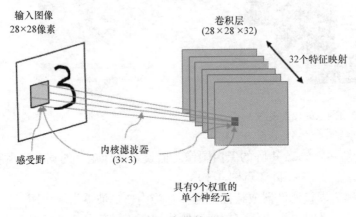

图 4-5 实际的 CNN

CNN 可由通过级联连接的若干卷积层组成。每个卷积层的输出是一组特征映射(每个都由单个内核滤波器生成)。每一个矩阵都定义了下一层所用的一个新输入。

通常,在 CNN 中,每个神经元都能够产生一个达到激活阈值的输出,该激活阈值与输入成比例且不受限制。

在 CNN 的卷积层之后紧接着是池化层。池化层将卷积区域划分为多个子区域。然后,池化层选择一个具有代表性的值(最大池或平均池)以减少后续层的计算时间,并提高相对于其空间位置的特征稳健性。卷积网络的最后一层通常是一个输出层为 softmax 激活函数的全连接网络。在接下来的章节中,将详细分析最重要的几种 CNN 架构。

4.3 LeNet5

LeNet5 CNN 架构是由 Yann LeCun 于 1998 年提出,也是第一个 CNN。这是一个多层前馈网络,专用于手写体数字的分类。LeCun 的实验中,LeNet5 由包含可训练权重的七层组成。LeNet5 架构如图 4-6 所示。

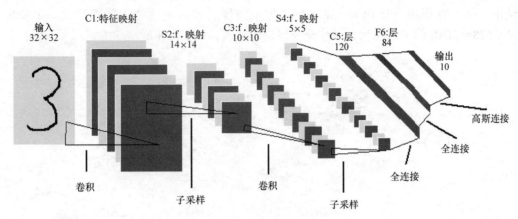

图 4-6　LeNet5 网络

　　LeNet5 架构由 3 个卷积层和两个交替序列池化层组成。最后两层对应于传统的全连接神经网络，即一个全连接层接着一个输出层。输出层的主要功能是计算输入向量和参数向量之间的欧式距离。输出函数识别输入模式和模型的测量值之差。保持输出最小，以实现最佳模型。因此，全连接层配置为使得输入模式和模型的测量值之差最小。虽然 LeNet5 针对 MNIST 数据集性能良好，但对于具有更高分辨率和更多类别的大规模图像数据集，性能会有所下降。

4.4　LeNet5 的具体实现过程

　　在本节中，将学习如何构建 LeNet5 架构来对 MNIST 数据集中的图像进行分类。图 4-7 显示了数据如何在前两个卷积层中流动：在第一个卷积层通过滤波器权重对输入图像进行处理。生成 32 幅新图像，其中每幅图像对应于卷积层中的一个滤波器。通过池化操作对图像进行下采样，从而使得图像分辨率从 28×28 降低到 14×14。然后在第二卷积层中处理这 32 幅较小图像。在此需要为这 32 幅图像中的每一幅图像再次执行权重滤波，并需要对该层中每个输出通道执行权重滤波。再次通过池化操作对图像进行下采样，使得图像分辨率从 14×14 降低到 7×7。这时，该卷积层的特征总数为 64。

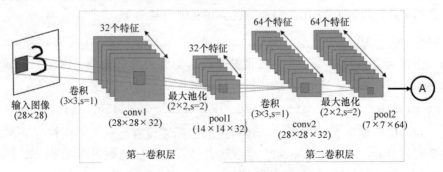

图 4-7　前两个卷积层中的数据流

通过一个（3×3）的第三卷积层再次对 64 幅结果图像进行滤波。在该卷积层中无池化操作。第三卷积层的输出是 128×7×7 像素图像。然后将这些图像展开成一个长度为 4×4×128 = 2048 的单维向量，用作全连接层的输入，如图 4-8 所示。

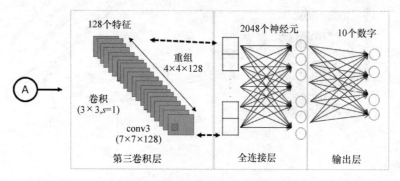

图 4-8　最后三个卷积层的数据流

LeNet5 的输出层包括作为输入的 625 个神经元（即全连接层的输出）和作为输出的 10 个神经元，用于确定图像类别，表明图像中是哪个数字。

卷积滤波器最初是随机选择的。输入图像的预测类别和实际类别之间的差异称为成本函数，并使得该网络超出训练数据。然后，优化器在 CNN 中自动传播该成本函数并更新滤波器权重以减少分类误差。反复迭代执行数千次，直到分类误差足够小。

接下来，详细分析如何编程实现第一个 CNN。首先导入所需的 TensorFlow 库：

```
import tensorflow as tf
import numpy as np
from tensorflow.examples.tutorials.mnist import input_data
```

设置下列参数。分布表示在训练阶段（128）和测试阶段（256）所用的样本数：

```
batch_size = 128
test_size = 256
```

定义以下参数值为 28，是因为一幅 MNIST 图像的高度和宽度均为 28 个像素：

```
img_size = 28
```

对于类别个数，设置值为 10，表示是数字 0~9 中的某一个：

```
num_classes = 10
```

为输入图像定义占位符变量 X。该张量的数据类型设为 float32，维度为 [None, img_size, img_size, 1]，其中，None 表示张量可以包含任意数量的图像：

```
X = tf.placeholder("float", [None, img_size, img_size, 1])
```

然后，为占位符变量 X 中的输入图像所关联的标签设置另一个占位符变量 Y。该占位符变量的维度为 [None, num_classes]，这意味着可以包含任意数量的标签。每个标签都是长度为 num_classes 的向量，在本例中为 10：

```
Y = tf.placeholder("float", [None, num_classes])
```

提取 MNIST 数据,并复制到数据文件夹中:

```
mnist = input_data.read_data_sets("MNIST-data", one_hot=True)
```

构建用于训练网络的数据集(trX,trY)和测试网络的数据集(teX,teY):

```
trX, trY, teX, teY = mnist.train.images, \
                     mnist.train.labels, \
                     mnist.test.images,  \
                     mnist.test.labels
```

在此,必须重组 trX 和 teX 图像集以匹配输入维度:

```
trX = trX.reshape(-1, img_size, img_size, 1)
teX = teX.reshape(-1, img_size, img_size, 1)
```

现在定义网络的权重。

init_weights 函数根据所提供的维度来构建新变量,并用随机值初始化网络权重:

```
def init_weights(shape):
    return tf.Variable(tf.random_normal(shape, stddev=0.01))
```

第一卷积层的每个神经元经卷积运算,得到尺寸为 3×3×1 的输入张量较小子集。值 32 是指仅考虑第一层的特征映射个数。然后定义权重 w:

```
w = init_weights([3, 3, 1, 32])
```

接着,输入数量增加到 32,这意味着第二卷积层中的每个神经元经卷积运算后,得到第一卷积层的 3×3×32 个神经元。w2 权重如下:

```
w2 = init_weights([3, 3, 32, 64])
```

值 64 表示所获得的输出特征数量。第三卷积层经卷积运算后,得到前一层的 3×3×64 个神经元,即 128 个最终特征。

```
w3 = init_weights([3, 3, 64, 128])
```

第四层是全连接层,接收 128×4×4 个输入,而输出为 625:

```
w4 = init_weights([128 * 4 * 4, 625])
```

输出层接收 625 个输入,输出是类别个数:

```
w_o = init_weights([625, num_classes])
```

注意,这些初始化实际上并非在此时执行。只是在 TensorFlow 图中定义。

```
p_keep_conv = tf.placeholder("float")
p_keep_hidden = tf.placeholder("float")
```

现在开始定义网络模型。与网络权重的定义一样,这是一个函数。以 X 张量、权重张量和退出参数为卷积层和全连接层的输入:

```
def model(X, w, w2, w3, w4, w_o, p_keep_conv, p_keep_hidden):
```

tf.nn.conv2d() 函数执行 TensorFlow 的卷积操作。值得注意的是，所有维的步长都设为 1。实际上，第一步和最后一步必须始终为 1，因为第一步是图像编号，而最后一步是输入通道。填充参数设为"SAME"，这意味着输入图像用零值填充，以使得输出大小相同：

```
conv1 = tf.nn.conv2d(X, w,strides=[1, 1, 1, 1],\
                      padding='SAME')
```

然后，将 conv1 层传递给 ReLU 层。计算每个输入像素 x 的 max（x，0）函数，在表达式中添加非线性，并允许学习更复杂的函数：

```
conv1_a = tf.nn.relu(conv1)
```

所得到层由 tf.nn.max_pool 运算符进行池化：

```
conv1 = tf.nn.max_pool(conv1_a, ksize=[1, 2, 2, 1]\
                      ,strides=[1, 2, 2, 1],\
                      padding='SAME')
```

这是一个 2×2 的最大池化，意味着选择 2×2 的窗口并选取每个窗口中的最大值。然后移动 2 个像素到下一个窗口。在此，尝试通过 tf.nn.dropout() 函数减少过拟合，其中，传递 conv1 层和 p_keep_conv 概率值：

```
conv1 = tf.nn.dropout(conv1, p_keep_conv)
```

同理，接下来的两个卷积层 conv2 和 conv3 以与 conv1 相同的方式进行定义：

```
conv2 = tf.nn.conv2d(conv1, w2,\
                     strides=[1, 1, 1, 1],\
                     padding='SAME')
conv2_a = tf.nn.relu(conv2)
conv2 = tf.nn.max_pool(conv2, ksize=[1, 2, 2, 1],\
                       strides=[1, 2, 2, 1],\
                       padding='SAME')
conv2 = tf.nn.dropout(conv2, p_keep_conv)

conv3=tf.nn.conv2d(conv2, w3,\
                   strides=[1, 1, 1, 1]\
                   ,padding='SAME')

conv3 = tf.nn.relu(conv3)
```

将全连接层添加到网络中。第一个 FC_layer 的输入是前一个卷积的卷积层：

```
FC_layer = tf.nn.max_pool(conv3, ksize=[1, 2, 2, 1],\
                          strides=[1, 2, 2, 1],\
                          padding='SAME')

FC_layer = tf.reshape(FC_layer,\
                      [-1, w4.get_shape().as_list()[0]])
```

再次利用退出函数来减少过拟合：

```
FC_layer = tf.nn.dropout(FC_layer, p_keep_conv)
```

输出层以 FC_layer 和权重张量 w4 作为输入。应用 ReLU 和退出操作符：

```
output_layer = tf.nn.relu(tf.matmul(FC_layer, w4))
output_layer = tf.nn.dropout(output_layer, p_keep_hidden)
```

所得结果是一个长度为 10 的向量。这用于确定图像属于 10 种输入类别中的哪一个：

```
result = tf.matmul(output_layer, w_o)
return result
```

在该分类器中用交叉熵作为性能度量。交叉熵是一个非负连续函数，如果预测输出与期望输出完全匹配，则交叉熵等于零。因此，优化目标是通过改变网络层中的变量来最小化交叉熵，使其尽可能接近零。TensorFlow 提供了一个用于计算交叉熵的内置函数。注意，该函数是内部计算 softmax，因此需直接使用 py_x 的输出：

```
py_x = model(X, w, w2, w3, w4, w_o, p_keep_conv, p_keep_hidden)
    Y_ = tf.nn.softmax_cross_entropy_with_logits_v2\
        (labels=Y,logits=py_x)
```

至此，已为每个分类图像定义了交叉熵，这样就可以衡量模型在每幅图像上的性能。另外，还需要一个标量值来通过交叉熵优化网络变量，在此直接取所有分类图像的平均交叉熵：

```
cost = tf.reduce_mean(Y_)
```

为最小化评估成本，必须定义一个优化器。在本例中，采用 RMSPropOptimizer，这是梯度下降的一种高级形式。RMSPropOptimizer 实现了 RMSProp 算法，该算法是 Geoff Hinton 在其所授课程的第 6 讲中提出的一种未公开的自适应学习速率方法。

RMSPropOptimizer 还将学习速率除以指数衰减的平方梯度平均值。Hinton 建议设衰减因子为 0.9，而学习速率的默认值为 0.001：

```
optimizer = tf.train.RMSPropOptimizer(0.001, 0.9).minimize(cost)
```

通常，常用的 SGD 算法存在一个问题，即学习速率必须乘以 $1/T$（其中 T 是迭代次数）才能实现收敛。RMSProp 算法尝试通过自动调整步长，使之与梯度具有相同尺度来解决该问题。随着平均梯度变得越来越小，SGD 更新的系数会变得更大以进行补偿。

最后，定义 predict_op，这是模式输出中具有最大维度值的索引：

```
predict_op = tf.argmax(py_x, 1)
```

注意，此时并不执行优化。没有进行任何计算，这是因为只需将优化器对象添加到 TensorFlow 图中，以便以后执行。

现在，定义网络的运行会话。训练集中有 55000 幅图像，而针对所有这些图像都计算模型梯度需要很长时间。因此，在每次优化迭代中使用一小批图像。如果计算机因 RAM 耗尽而崩溃或执行速度非常慢，那么可以继续减少批大小，不过可能需要执行更多次的优化迭代。

接下来，继续实现 TensorFlow 会话：

```
with tf.Session() as sess:
    tf.global_variables_initializer().run()
    for i in range(100):
```

这时，得到一批训练样本，且 training_batch 张量中包含了一个图像子集及其相应的标签：

```
training_batch = zip(range(0, len(trX), batch_size),\
                     range(batch_size, \
                     len(trX)+1, \
                     batch_size))
```

将批数据以图中占位符变量指定的名称置于 feed_dict。现在就可以利用这批训练数据来运行优化器。TensorFlow 将变量分配给占位符变量，然后运行优化器：

```
for start, end in training_batch:
    sess.run(optimizer, feed_dict={X: trX[start:end],\
                                    Y: trY[start:end],\
                                    p_keep_conv: 0.8,\
                                    p_keep_hidden: 0.5})
```

与此同时，得到了一批调整后的测试样本：

```
test_indices = np.arange(len(teX))
np.random.shuffle(test_indices)
test_indices = test_indices[0:test_size]
```

在每次迭代后，显示该批数据的评估准确率：

```
print(i, np.mean(np.argmax(teY[test_indices], axis=1) ==\
            sess.run\
            (predict_op,\
            feed_dict={X: teX[test_indices],\
                       Y: teY[test_indices],\
                       p_keep_conv: 1.0,\
                       p_keep_hidden: 1.0})))
```

取决于所使用的计算资源，训练神经网络可能需要几个小时。在作者机器上运行结果如下：

```
Successfully downloaded train-images-idx3-ubyte.gz 9912422 bytes.
Successfully extracted to train-images-idx3-ubyte.mnist 9912422 bytes.
Loading ata/train-images-idx3-ubyte.mnist
Successfully downloaded train-labels-idx1-ubyte.gz 28881 bytes.
Successfully extracted to train-labels-idx1-ubyte.mnist 28881 bytes.
Loading ata/train-labels-idx1-ubyte.mnist
Successfully downloaded t10k-images-idx3-ubyte.gz 1648877 bytes.
Successfully extracted to t10k-images-idx3-ubyte.mnist 1648877 bytes.
```

```
Loading ata/t10k-images-idx3-ubyte.mnist
Successfully downloaded t10k-labels-idx1-ubyte.gz 4542 bytes.
Successfully extracted to t10k-labels-idx1-ubyte.mnist 4542 bytes.
Loading ata/t10k-labels-idx1-ubyte.mnist
(0, 0.95703125)
(1, 0.98046875)
(2, 0.9921875)
(3, 0.99609375)
(4, 0.99609375)
(5, 0.98828125)
(6, 0.99609375)
(7, 0.99609375)
(8, 0.98828125)
(9, 0.98046875)
(10, 0.99609375)
.
.
.
..
.
(90, 1.0)
(91, 0.9921875)
(92, 0.9921875)
(93, 0.99609375)
(94, 1.0)
(95, 0.98828125)
(96, 0.98828125)
(97, 0.99609375)
(98, 1.0)
(99, 0.99609375)
```

经过 10000 次迭代后，模型的准确率为 99.60%，还不错！

4.4.1 AlexNet

AlexNet 神经网络是首批取得巨大成功的一种 CNN。作为 2012 年 ILSVRC 的获胜者，这是第一个应用 LeNet5 网络之前定义的标准神经网络结构在 ImageNet 等非常复杂数据集上获得良好结果的神经网络。

ImageNet 项目是一个用于视觉对象识别软件研究的大规模视觉数据库。截至 2016 年，已有超过数千万幅图像 URL 经 ImageNet 手动注释以标识图像中的对象。在至少一百万幅图像中，还提供了边界框。第三方图像 URL 的注释数据库可直接从 ImageNet 免费获得。

AlexNet 的架构如图 4-9 所示。

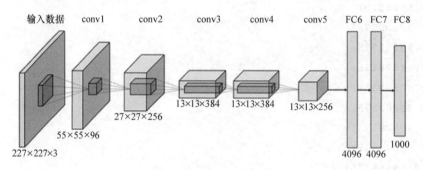

图 4-9 AlexNet 网络

在 AlexNet 架构中，有具有可训练参数的 8 个层：5 个连续的卷积层，接着是三个全连接层。每个卷积层之后是一个 ReLU 层，也可选最大池化层，尤其是在网络开始处，以减少网络占用的内存空间。

所有池化层都有一个 3×3 的扩展区域，且步进率为 2：这意味着总是重叠池化。这是因为与无重叠的普通池化相比，这种类型的池化可提供稍好的网络性能。在网络开始的池化层和下一卷积层之间，总是使用几个 LRN 标准层：经过一些测试表明，这样可以减少网络误差。

前两个全连接层共有 4096 个神经元，而最后一层包含对应于 ImageNet 数据集中类别个数的 1000 个单元。鉴于全连接层中存在大量连接，为此在每对全连接层之间添加一个比率为 0.5 的退出层，即每次有一半的神经元未激活。值得注意的是，在这种情况下，采用退出技术不仅可加速单次迭代的处理时间，还可以很好地防止过拟合。若没有退出层，网络设计人员会认为原始网络存在严重过拟合。

4.4.2 迁移学习

迁移学习包括获取已经构建好的一个网络并对各层参数进行适当更改，以便可以适应另一个数据集。例如，可以针对大规模数据集（如 ImageNet）使用一个预测试网络，并在较小数据集上再次训练。只要数据集的内容与原始数据集没有明显不同，那么预训练的模型就已具有相关分类问题的学习特征。

如果数据集与预训练模型的训练数据集没有显著不同，则可以采用微调技术。在大规模且不同的数据集上预训练的模型可以获取在前几层的通用特征，如曲线和边缘等，这些特征在大多数分类问题中都是相关且有用的。但是，如果是一个特定域的数据集，且没有该域的预训练网络，则应该考虑从头开始训练网络。

4.4.3 AlexNet 预训练

在此对预训练的 AlexNet 进行微调,以区分猫和狗。AlexNet 已在 ImageNet 数据集上经过预训练。

要执行该示例,还需要安装 scipy 和 PIL(Pillow),这是 scipy 用于读取图像的工具:pip install Pillow 或 pip3 install Pillow。

然后,需要下载以下文件:

- myalexnet_forward.py:2017 版本的 TensorFlow 的 AlexNet 实现和测试代码(Python 3.5)。
- bvlc_alexnet.npy:权重,需要保存在工作文件夹。
- caffe_classes.py:与网络输出顺序相同的类。
- poodle.png,laska.png,dog.png,dog2.png,quail227.JPEG:测试图像(图像大小应为 227×227×3)。

首先,在之前下载的图像上测试网络。要执行此操作,只需在 Python GUI 运行 myalexnet_forward.py 即可。

查看源代码(参见下列代码段)可知,将调用预训练的网络对以下之前下载的两幅图像(见图 4-10)进行分类:laska.png 和 poodle.png:

```
im1 = (imread("laska.png")[:,:,:3]).astype(float32)
im1 = im1 - mean(im1)
im1[:, :, 0], im1[:, :, 2] = im1[:, :, 2], im1[:, :, 0]

im2 = (imread("poodle.png")[:,:,:3]).astype(float32)
im2[:, :, 0], im2[:, :, 2] = im2[:, :, 2], im2[:, :, 0]
```

图 4-10 待分类的图像

bvlc_alexnet.npy 文件的权重和偏差由以下语句加载:

```
net_data = load(open("bvlc_alexnet.npy", "rb"),
encoding="latin1").item()
```

此时的网络是一组卷积池化层，接着是 3 个全连接层。模型的输出是 softmax 函数：

```
prob = tf.nn.softmax(fc8)
```

softmax 函数的输出是分类等级，这是表示网络认为输入图像属于 caffe_classes.py 文件中所定义的某类的程度。

运行代码，可得结果如下：

```
Image 0
weasel 0.503177
black-footed ferret, ferret, Mustela nigripes 0.263265
polecat, fitch, foulmart, foumart, Mustela putorius 0.147746
mink 0.0649517
otter 0.00771955
Image 1
clumber, clumber spaniel 0.258953
komondor 0.165846
miniature poodle 0.149518
toy poodle 0.0984719
kuvasz 0.0848062
0.40007972717285156
>>>
```

在上述示例中，AlexNet 认为约 50% 的可能是黄鼠狼。这意味着该模型非常有信心图像所显示的是黄鼠狼，其余得分可看作是噪声。

4.5 数据集准备

本例的任务是建立一个区分狗和猫的图像分类器。从 Kaggle 平台可得到一些相关资料，并轻松下载数据集。

在该数据集中，训练集包含 20000 幅标记图像，测试集和验证集包含 2500 幅图像。

要使用上述数据集，必须将每幅图像重组为 $227 \times 227 \times 3$ 大小。为此，可以利用 prep_images.py 文件中的 Python 代码。或者，也可以利用本书资源库中的 trainDir.rar 和 testDir.rar 文件。上述文件中包含 6000 幅用于训练的狗和猫的重组图像，以及 100 幅用于测试的重组图像。

下节介绍的微调过程是在 alexnet_finetune.py 文件中实现的，可从本书的代码资源库中下载。

4.6 微调实现

上述分类任务包含两种类别，因此，网络中的新 softmax 层只包含 2 种类别而不是 1000 种。以下是一个 $227 \times 227 \times 3$ 图像的输入张量和等级为 2 的输出张量：

```
n_classes = 2
train_x = zeros((1, 227,227,3)).astype(float32)
train_y = zeros((1, n_classes))
```

微调实现包括截断预训练网络的最终层（softmax 层），并将其替换为与问题相关的新 softmax 层。

例如，ImageNet 上预训练的网络包含一个具有 1000 种类别的 softmax 层。

定义新 softmax 层 fc8 的代码段如下：

```
fc8W = tf.Variable(tf.random_normal\
            ([4096, n_classes]),\
            trainable=True, name="fc8w")
fc8b = tf.Variable(tf.random_normal\
            ([n_classes]),\
            trainable=True, name="fc8b")
fc8 = tf.nn.xw_plus_b(fc7, fc8W, fc8b)
prob = tf.nn.softmax(fc8)
```

损失是分类问题中的一种性能度量。这是一个非负连续函数，如果模型预测输出与期望输出完全一致，则交叉熵为零。因此，优化目标是通过改变模型的权重和偏差来最小化交叉熵，使之尽可能接近于零。

TensorFlow 提供了一个用于计算交叉熵的内置函数。为了通过交叉熵来优化模型的变量，需要一个标量值，为此取对于所有分类图像的交叉熵平均值：

```
loss = tf.reduce_mean\
        (tf.nn.softmax_cross_entropy_with_logits_v2\
          (logits =prob, labels=y))
opt_vars = [v for v in tf.trainable_variables()\
            if (v.name.startswith("fc8"))]
```

至此，已得到一个需最小化的成本度量，接下来，需要创建一个优化器：

```
optimizer = tf.train.AdamOptimizer\
            (learning_rate=learning_rate).minimize\
            (loss, var_list = opt_vars)
correct_pred = tf.equal(tf.argmax(prob, 1), tf.argmax(y, 1))
accuracy = tf.reduce_mean(tf.cast(correct_pred, tf.float32))
```

在本例中，采用的是 AdamOptimizer，其中步长设为 0.5。值得注意的是，此时并不执行优化。事实上，根本没进行任何计算，只是将优化器对象添加到 TensorFlow 图中，以便后续执行。然后，在网络上进行反向传播以微调预训练的权重：

```
batch_size = 100
training_iters = 6000
display_step = 1
dropout = 0.85 # Dropout, probability to keep units

init = tf.global_variables_initializer()
with tf.Session() as sess:
```

```python
        sess.run(init)
        step = 1
```

继续训练,直到达到最大迭代次数:

```python
        while step * batch_size < training_iters:
            batch_x, batch_y = \
                    next(next_batch(batch_size)) #.next()
```

进行优化操作(反向传播):

```python
            sess.run(optimizer, \
                    feed_dict={x: batch_x, \
                            y: batch_y, \
                            keep_prob: dropout})

            if step % display_step == 0:
```

计算批损失和准确率:

```python
                cost, acc = sess.run([loss, accuracy],\
                                feed_dict={x: batch_x, \
                                        y: batch_y, \
                                        keep_prob: 1.})
                print ("Iter " + str(step*batch_size) \
                    + ", Minibatch Loss= " + \
                    "{:.6f}".format(cost) + \
                    ", Training Accuracy= " + \
                    "{:.5f}".format(acc))

            step += 1
        print ("Optimization Finished!")
```

网络训练的结果如下:

```
Iter 100, Minibatch Loss= 0.555294, Training Accuracy= 0.76000
Iter 200, Minibatch Loss= 0.584999, Training Accuracy= 0.73000
Iter 300, Minibatch Loss= 0.582527, Training Accuracy= 0.73000
Iter 400, Minibatch Loss= 0.610702, Training Accuracy= 0.70000
Iter 500, Minibatch Loss= 0.583640, Training Accuracy= 0.73000
Iter 600, Minibatch Loss= 0.583523, Training Accuracy= 0.73000
..............................
..............................
Iter 5400, Minibatch Loss= 0.361158, Training Accuracy= 0.95000
Iter 5500, Minibatch Loss= 0.403371, Training Accuracy= 0.91000
```

```
Iter 5600, Minibatch Loss= 0.404287, Training Accuracy= 0.91000
Iter 5700, Minibatch Loss= 0.413305, Training Accuracy= 0.90000
Iter 5800, Minibatch Loss= 0.413816, Training Accuracy= 0.89000
Iter 5900, Minibatch Loss= 0.413476, Training Accuracy= 0.90000
Optimization Finished!
```

为测试模型,将预测值与实际标签集(猫=0,狗=1)进行比较:

```
    output = sess.run(prob, feed_dict = {x:imlist, keep_prob: 1.})
    result = np.argmax(output,1)
    testResult = [1,1,1,1,0,0,0,0,0,0,\
                  0,1,0,0,0,0,1,1,0,0,\
                  1,0,1,1,0,1,1,0,0,1,\
                  1,1,1,0,0,0,0,0,1,0,\
                  1,1,1,1,0,1,0,1,1,0,\
                  1,0,0,1,0,0,1,1,1,0,\
                  1,1,1,1,1,0,0,0,0,0,\
                  0,1,1,1,0,1,1,1,1,0,\
                  0,0,1,0,1,1,1,1,0,0,\
                  0,0,0,1,1,0,1,1,0,0]
    count = 0
    for i in range(0,99):
        #if result[i] == testResult[i]:
            count=count+1

    print("Testing Accuracy = " + str(count) +"%")
```

最后,模型的准确率为:

```
Testing Accuracy = 82%
```

4.6.1 VGG

VGG 是 2014 年 ILSVRC 上一个神经网络研发团队的名称。在此讨论的是整个网络,复数,因为在同一网络上创建了多个版本,而每个网络都包含不同数量的层。根据层数 n,以及这些网络的权重,通常,记每个网络为 VGG-n。所有这些网络都要比 AlexNet 更深。这意味着是由比 AlexNet 更多参数的多层组成,在本例中,总共有 11~19 个训练层。通常,只考虑可行的层,因为会影响模型的处理和大小,如上所述。然而,总体结构仍非常相似:总是一系列初始卷积层和一系列全连接最终层,后者与 AlexNet 完全相同。因此,改变的只是所用的卷积层数量,及其相关参数。表 4-1 显示了 VGG 团队所构建的所有变体。

从左向右的每个列代表从最深到最浅的某一 VGG 网络。粗体表示与先前版本相比,在每个版本中所添加的内容。ReLU 层未在表中显示,但在网络中是存在于每个卷积层之后。所有卷积层的步幅均为 1。

表 4-1 VGG 网络架构

卷积层配置					
A	A-LRN	B	C	D	E
11 个权重层	11 个权重层	13 个权重层	16 个权重层	16 个权重层	19 个权重层
输入 (224×224RGB 1 幅图像)					
conv3-64	conv3-64 LRN	conv3-64 conv3-64	conv3-64 conv3-64	conv3-64 conv3-64	conv3-64 conv3-64
最大池化层					
conv3-128	conv3-128	conv3-128 conv3-128	conv3-128 conv3-128	conv3-128 conv3-128	conv3-128 conv3-128
最大池化层					
conv3-256 conv3-256	conv3-256 conv3-256	conv3-256 conv3-256	conv3-256 conv3-256 conv1-256	conv3-256 conv3-256 conv3-256	conv3-256 conv3-256 conv3-256 conv3-256
最大池化层					
conv3-512 conv3-512	conv3-512 conv3-512	conv3-512 conv3-512	conv3-512 conv3-512 conv1-512	conv3-512 conv3-512 conv3-512	conv3-512 conv3-512 conv3-512 conv3-512
最大池化层					
conv3-512 conv3-512	conv3-512 conv3-512	conv3-512 conv3-512	conv3-512 conv3-512 conv1-512	conv3-512 conv3-512 conv3-512	conv3-512 conv3-512 conv3-512 conv3-512
最大池化层					
FC-4096					
FC-4096					
FC-1000					
soft max					

注意，AlexNet 没有具有相当大感受野的卷积层：其中，除了 VGG-16 中具有 1×1 感受野的几个卷积层之外，所有感受野都是 3×3。已知具有 1 步梯度的凸层不会改变输入空间大小，同时修改深度值，使之与所用的内核数相同。因此，VGG 卷积层不会影响输入量的宽度和高度；只有池化层才可以。使用一系列具有较小感受野的卷积层，并最终模拟具有较大感受野的单个卷积层的想法是源于可以利用多个 ReLU 层而不仅是一个，从而增大激活函数的非线性，使之更具有辨别能力。另外，还可用于减少所用的参数数量。这些网

络被看作是一种改进的 AlexNet，因为在相同的数据集下，其性能总体优于 AlexNet。VGG 网络所展示的主要概念是神经网络越密集，则其性能也越好。但是，必须具有功能强大的硬件支持，否则网络训练会是一个棘手问题。

对于 VGG，采用了 4 个 NVIDIA 的 Titan Blacks，且每个都有 6 GB 内存。因此，VGG 虽然性能更好，但在训练时需要大量硬件支持，且需要大量参数：例如，VGG-19 模型所用内存大约为 550 MB（是 AlexNet 的两倍）。较小的 VGG 网络仍需要大约 507 MB 大小的模型。

4.6.2 基于 VGG-19 的艺术风格学习

在本项目中，将使用预训练的 VGG-19 来学习艺术家创建的风格和模式，并将其传输到图像（项目文件是本书 GitHub 资源库中的 style_transfer.py 文件）。这种技术称为艺术风格学习 [参见 Gatys 等人的论文——艺术风格的神经算法（A Neural Algorithm of Artistic Style）]。根据学术文献，艺术风格学习定义如下：给定两幅图像作为输入，可以合成一幅具有第一图像的语义内容和第二图像的纹理/风格的第三图像。

为实现上述目的，需要训练一个深度卷积神经网络来构建以下内容：
- 用于确定图像 A 内容的内容提取器；
- 用于确定图像 B 风格的风格提取器；
- 将任意内容与任意风格合并以获得最终结果的合并管理器。

图 4-11 为艺术风格学习操作模式。

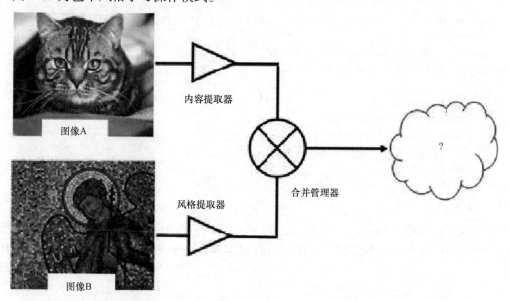

图 4-11　艺术风格学习操作模式

4.6.3 输入图像

输入图像（每幅均为 478×478 像素）是以下图像（cat.jpg 和 mosaic.jpg，见图 4-12），

可在本书的代码资源库中得到。

图 4-12　艺术风格学习的输入图像

为能够通过 VGG 模型进行分析，需要对这些图像进行预处理：
1）添加一维。
2）从输入图像中减去平均值（MEAN_VALUES）：

```
MEAN_VALUES = np.array([123.68, 116.779, 103.939]).
reshape((1,1,1,3))
content_image = preprocess('cat.jpg')
style_image = preprocess('mosaic.jpg')

def preprocess(path):
    image = plt.imread(path)
    image = image[np.newaxis]
    image = image - MEAN_VALUES
    return image
```

4.6.4　内容提取器和损失

为提取图像的语义内容，利用预训练的 VGG-19 神经网络，对权重进行微调以适应该问题，然后使用其中一个隐层的输出作为内容提取器。图 4-13 显示了针对上述问题所用的 CNN。

以下代码用于加载预训练的 VGG：

```
import scipy.io
vgg = scipy.io.loadmat('imagenet-vgg-verydeep-19.mat')
```

其中，imagenet-vgg-verydeep-19.mat 模型可从 http://www.vlfeat.org/matconvnet/models/imagenet-vgg-verydeep-19.mat 下载。

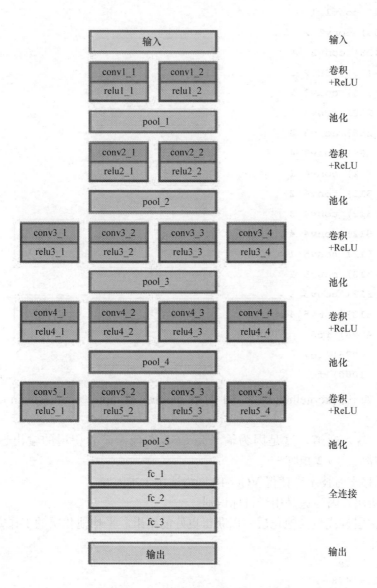

图 4-13 用于艺术风格学习的 VGG-19

该模型有 43 层,其中有 19 层是卷积层,其余是最大池化/激活/全连接层。可以查看每个卷积层的形状:

```
[print (vgg_layers[0][i][0][0][2][0][0].shape,\
    vgg_layers[0][i][0][0][0][0]) for i in range(43)
if 'conv' in vgg_layers[0][i][0][0][0][0] \
or 'fc' in vgg_layers[0][i][0][0][0][0]]
```

上述代码的结果如下:

```
(3, 3, 3, 64) conv1_1
(3, 3, 64, 64) conv1_2
(3, 3, 64, 128) conv2_1
(3, 3, 128, 128) conv2_2
(3, 3, 128, 256) conv3_1
(3, 3, 256, 256) conv3_2
(3, 3, 256, 256) conv3_3
(3, 3, 256, 256) conv3_4
(3, 3, 256, 512) conv4_1
(3, 3, 512, 512) conv4_2
(3, 3, 512, 512) conv4_3
(3, 3, 512, 512) conv4_4
(3, 3, 512, 512) conv5_1
(3, 3, 512, 512) conv5_2
(3, 3, 512, 512) conv5_3
(3, 3, 512, 512) conv5_4
(7, 7, 512, 4096) fc6
(1, 1, 4096, 4096) fc7
(1, 1, 4096, 1000) fc8
```

每个形状表示如下：[kernelheight,kernel width,number of input channels,number of outpat channels]。

第一层有3个输入通道，这是因为输入是RGB图像，而卷积层的输出通道数是从64~512，所有内核都是3×3矩阵。

然后，应用迁移学习技术，使得VGG-19网络适用于本问题：

1）无需全连接层，因为这是用于目标识别。

2）用平均池化层替代最大池化层，以获得更好的结果。平均池化层的工作方式与卷积层中的内核完全相同。

```
IMAGE_WIDTH = 478
IMAGE_HEIGHT = 478
INPUT_CHANNELS = 3
model = {}
model['input'] = tf.Variable(np.zeros((1, IMAGE_HEIGHT,\
                              IMAGE_WIDTH,\
                              INPUT_CHANNELS)),\
                   dtype = 'float32')

model['conv1_1']  = conv2d_relu(model['input'], 0, 'conv1_1')
model['conv1_2']  = conv2d_relu(model['conv1_1'], 2, 'conv1_2')
model['avgpool1'] = avgpool(model['conv1_2'])
```

```
model['conv2_1']  = conv2d_relu(model['avgpool1'], 5,
 'conv2_1')
model['conv2_2']  = conv2d_relu(model['conv2_1'], 7,
 'conv2_2')
model['avgpool2'] = avgpool(model['conv2_2'])

model['conv3_1']  = conv2d_relu(model['avgpool2'], 10,
 'conv3_1')
model['conv3_2']  = conv2d_relu(model['conv3_1'], 12,
 'conv3_2')
model['conv3_3']  = conv2d_relu(model['conv3_2'], 14,
 'conv3_3')
model['conv3_4']  = conv2d_relu(model['conv3_3'], 16,
 'conv3_4')
model['avgpool3'] = avgpool(model['conv3_4'])

model['conv4_1']  = conv2d_relu(model['avgpool3'], 19,
 'conv4_1')
model['conv4_2']  = conv2d_relu(model['conv4_1'], 21,
 'conv4_2')
model['conv4_3']  = conv2d_relu(model['conv4_2'], 23,
 'conv4_3')
model['conv4_4']  = conv2d_relu(model['conv4_3'], 25,
 'conv4_4')
model['avgpool4'] = avgpool(model['conv4_4'])

model['conv5_1']  = conv2d_relu(model['avgpool4'], 28,
 'conv5_1')
model['conv5_2']  = conv2d_relu(model['conv5_1'], 30,
 'conv5_2')
model['conv5_3']  = conv2d_relu(model['conv5_2'], 32,
 'conv5_3')
model['conv5_4']  = conv2d_relu(model['conv5_3'], 34,
 'conv5_4')
model['avgpool5'] = avgpool(model['conv5_4'])
```

在此，定义了 contentloss 函数来衡量两幅图像 p 和 x 之间的内容差异：

```
def contentloss(p, x):
    size = np.prod(p.shape[1:])
    loss = (1./(2*size)) * tf.reduce_sum(tf.pow((x - p),2))
    return loss
```

若输入图像在内容方面非常接近，则该函数趋近于 0，并随着内容偏离而增大。

在此，在 conv5_4 层上执行 contentloss 函数。这是输出层，其输出是预测值，因此需要通过 contentloss 函数将该预测值与实际值进行比较：

```
content_loss = contentloss\
            (sess.run(model['conv5_4']), model['conv5_4'])
```

最小化 content_loss 意味着混合图像在给定层中具有与内容图像激活非常相似的特征激活。

4.6.5 风格提取器和损失

风格提取器是对一个给定隐层应用滤波器的 Gram 矩阵。简单地说，就是通过该矩阵，可以破坏图像的语义，保留其基本组件，并使其成为一个良好的纹理提取器：

```
def gram_matrix(F, N, M):
    Ft = tf.reshape(F, (M, N))
    return tf.matmul(tf.transpose(Ft), Ft)
```

style_loss 函数用于测量两幅图像之间的相近程度。该函数是风格图像和输入 noise_image 生成的 Gram 矩阵元素的平方差之和：

```
noise_image = np.random.uniform\
              (-20, 20,\
               (1, IMAGE_HEIGHT, \
                IMAGE_WIDTH,\
                INPUT_CHANNELS)).astype('float32')

def style_loss(a, x):
    N = a.shape[3]
    M = a.shape[1] * a.shape[2]
    A = gram_matrix(a, N, M)
    G = gram_matrix(x, N, M)
    result = (1/(4 * N**2 * M**2))* tf.reduce_sum(tf.pow(G-A,2))
    return result
```

style_loss 会随着两幅输入图像（a 和 x）风格的偏离程度而不断增大。

4.6.6 合并管理器和总损失

可以将内容损失和风格损失合并，使得将输入 noise_image 训练为输出（在层中）具有与风格图像相似的风格，以及与内容图像类似的特征：

```
alpha = 1
beta = 100
total_loss = alpha * content_loss + beta * styleloss
```

4.6.7 训练

最小化网络中的损失，以使得风格损失（输出图像的风格与风格图像的风格之间的损失）、内容损失（内容图像和输出图像之间的损失）以及总损失都尽可能地小：

```
train_step = tf.train.AdamOptimizer(1.5).minimize(total_loss)
```

上述网络所生成的输出图像应类似于输入图像且具有风格图像的风格属性。

最后，准备对网络进行训练：

```
sess.run(tf.global_variables_initializer())
sess.run(model['input'].assign(input_noise))
for it in range(2001):
    sess.run(train_step)
    if it%100 == 0:
        mixed_image = sess.run(model['input'])
        print('iteration:',it,'cost: ', sess.run(total_loss))
        filename = 'out2/%d.png' % (it)
        deprocess(filename, mixed_image)
```

训练时间可能会花费很长时间，但结果非常好：

```
iteration: 0 cost:    8.14037e+11
iteration: 100 cost:  1.65584e+10
iteration: 200 cost:  5.22747e+09
iteration: 300 cost:  2.72995e+09
iteration: 400 cost:  1.8309e+09
iteration: 500 cost:  1.36818e+09
iteration: 600 cost:  1.0804e+09
iteration: 700 cost:  8.83103e+08
iteration: 800 cost:  7.38783e+08
iteration: 900 cost:  6.28652e+08
iteration: 1000 cost: 5.41755e+08
```

经过1000次迭代后，生成了一幅新的马赛克图如图4-14所示。

图4-14　艺术风格学习后的输出图像

非常棒！现在终于可以训练神经网络以绘制类似于毕加索的图像了……非常有趣！

4.7 Inception-v3

Szegedy 等人在 2014 年发表的论文"Going Deeper with Convolutions"中首次提出了 Inception 微架构。

Inception 模块的目的是通过在网络的同一模块内计算 1×1、3×3 和 5×5 卷积来作为多级特征提取器，然后在被馈入网络中的下一层之前将这些滤波器的输出沿着通道维度堆叠，如图 4-15 所示。这种架构的原始版本称为 GoogLeNet，而后续版本称为 Inception vN，其中，N 是指 Google 发布的版本号。

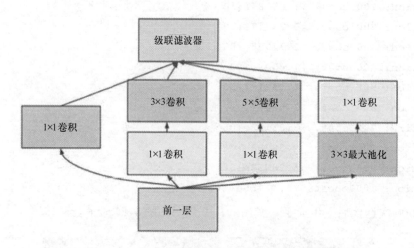

图 4-15　GoogLeNet 中所用的 Inception 原始模块

可能会好奇为何在相同输入上采用不同类型的卷积运算。答案是，单个卷积运算并不总是能够获得足够的有用特征来进行精确分类，尽管其参数已经过仔细研究。事实上，针对一些输入，用较小的内核进行卷积较好，而其他输入使用其他类型的内核可能会获得更好的结果。正是出于这种原因，GoogLeNet 团队想要在其网络中考虑一些替代方案。如前所述，为此目的，GoogLeNet 在同一网络层次（即并行网络层）上采用了 3 种类型的卷积层：1×1 层、3×3 层和 5×5 层。

这种 3 层并行局部架构的结果是所有输出值的组合，并组成单个输出向量，作为下一层的输入。这是通过一个合并的层完成的。除了 3 个并行卷积层之外，在同一局部结构中还添加了一个池化层，因为池化操作对于 CNN 的成功应用至关重要。

4.7.1　TensorFlow 下的 Inception 模块探讨

从 https://github.com/tensorflow/models，可以下载相应的模型库。
然后键入以下命令：

```
cd models/tutorials/image/imagenet python classify_image.py
```
当程序第一次运行时，classify_image.py 从 tensorflow.org 下载经过训练的模型。这需要硬盘上大约 200 MB 的可用空间。

上述命令可对 panda 支持的图像进行分类。如果模型运行正确，脚本所生成的输入如下：

```
giant panda, panda, panda bear, coon bear, Ailuropoda melanoleuca
(score = 0.88493)
indri, indris, Indri indri, Indri brevicaudatus (score = 0.00878)
lesser panda, red panda, panda, bear cat, cat bear, Ailurus
fulgens (score = 0.00317)
custard apple (score = 0.00149)
earthstar (score = 0.00127)
```

如果要支持其他 JPEG 图像，可通过编辑如下来实现：

```
image_file argument:
python classify_image.py --image=image.jpg
```

可以通过从互联网上下载图像来测试 Inception，并观察所生成的结果。

例如，可以尝试使用以下图像（见图 4-16）（重命名为 inception_image.jpg）：

图 4-16　利用 Inception-v3 进行分类的输入图像

结果如下：

```
python classify_image.py --image=inception_example.jpg
strawberry (score = 0.91541)
crayfish, crawfish, crawdad, crawdaddy (score = 0.01208)
chocolate sauce, chocolate syrup (score = 0.00628)
cockroach, roach (score = 0.00572)
grocery store, grocery, food market, market (score = 0.00264)
```

效果很不错!

4.8 基于CNN的情感识别

深度学习中最难解决的问题之一其实与神经网络无关：是以正确格式获取正确数据的问题。但是，Kaggle 平台提出了新问题，且需要分析新的数据集。

Kaggle 成立于 2010 年，是作为一个预测建模和分析的竞赛平台（见图 4-17），公司和研究人员都可在平台上发布数据，来自世界各地的统计人员和数据挖掘人员竞相建立最佳模型。在本节中，将学习如何使用人脸图像建立一个可以进行情感检测的 CNN。

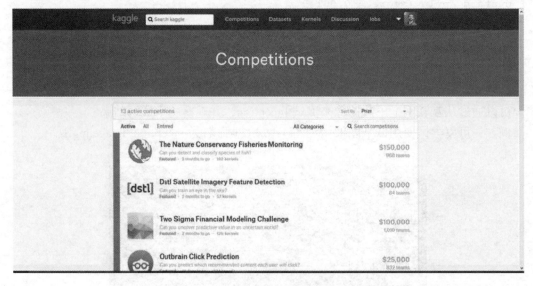

图 4-17 Kaggle 竞赛平台页面

训练集由大小为 48×48 像素的 3761 幅灰度图像和每个具有 7 个元素的 3761 个标签组成。

每个元素代表一种情绪：0 表示愤怒，1 表示厌恶，2 表示恐惧，3 表示快乐，4 表示悲伤，5 表示惊喜，6 表示平淡。

在经典的 Kaggle 竞赛中，从测试集中获得的标签集必须由平台进行评估。在本示例中，将由训练集训练一个神经网络，之后在单幅图像上对模型进行评估。

在开始实现 CNN 之前，首先通过实现一个简单程序（download_and_display_images.py 文件）来分析所下载的数据。

导入库：

```
import tensorflow as tf
import numpy as np
from matplotlib import pyplot as plt
import EmotionUtils
```

read_data 函数可构建所有数据集，首先从下载的数据开始，这可以在本书的代码资源库的 EmotionUtils 库中得到：

```
FLAGS = tf.flags.FLAGS
tf.flags.DEFINE_string("data_dir",\
                       "EmotionDetector/",\
                       "Path to data files")
images = []
images = EmotionUtils.read_data(FLAGS.data_dir)

train_images = images[0]
train_labels = images[1]
valid_images = images[2]
valid_labels = images[3]
test_images  = images[4]
```

然后，输出训练和测试图像的形状：

```
print ("train images shape = ",train_images.shape)
print ("test labels shape = ",test_images.shape)
```

显示训练集中的第一幅图像及其正确标签：

```
image_0 = train_images[0]
label_0 = train_labels[0]
print ("image_0 shape = ",image_0.shape)
print ("label set = ",label_0)
image_0 = np.resize(image_0,(48,48))

plt.imshow(image_0, cmap='Greys_r')
plt.show()
```

现有 3761 幅 48×48 像素的灰度图像：

```
train images shape =    (3761, 48, 48, 1)
```

以及 3761 个类标签，其中，每个类包含 7 个元素：

```
train labels shape =    (3761, 7)
```

测试集由 1312 个 48×48 像素灰度图像组成：

```
test labels shape =    (1312, 48, 48, 1)
```

单幅图像的形状如下：

```
image_0 shape =   (48, 48, 1)
```

第一幅图像的标签集如下：

```
label set =   [ 0.  0.  0.  1.  0.  0.  0.]
```

标签对应于快乐，且在下列 matplot 图（见图 4-18）中可视化该图像。

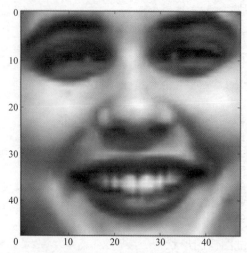

图 4-18　情感检测人脸数据集中的第一幅图像

现在开始分析 CNN 架构。

图 4-19 显示了数据如何在实现的 CNN 中流动。

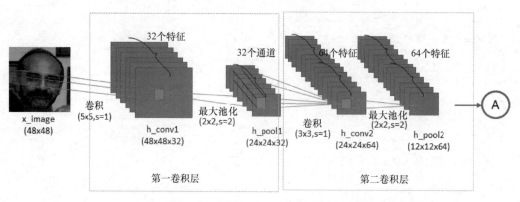

图 4-19　所实现的 CNN 中的前两个卷积层

该网络具有两个卷积层、两个全连接层，最后是 softmax 分类层。在第一卷积层中应用一个 5×5 卷积核来处理输入图像（48×48 像素）。由此生成 32 幅图像，其中，每幅图像对应一个滤波器。另外，通过最大池化操作对图像进行下采样，将图像从 48×48 减小到 24×24 像素。然后，这 32 幅较小图像由第二卷积层处理；生成 64 幅新图像（见图 4-19）。接着，通过第二池化操作，将得到的图像再次下采样为 12×12 像素。

第二池化层的输出是 64 幅 12×12 像素的图像。然后将其展开成长度为 12×12×64 = 9126 的单维向量，作为具有 256 个神经元的全连接层的输入。然后馈入到另一个具有 10 个神经元的全连接层（见图 4-20），每个类对应一个神经元，用于确定图像的类别，即图像中表现出的情感。

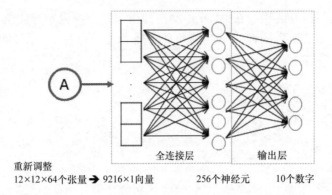

图 4-20　所实现的 CNN 中的最后两层

接下来，继续分析权重和偏差的定义。以下数据结构表示网络权重的定义，并总结了目前为止所介绍的内容：

```
weights = {
    'wc1': weight_variable([5, 5, 1, 32], name="W_conv1"),
    'wc2': weight_variable([3, 3, 32, 64],name="W_conv2"),
    'wf1': weight_variable([(IMAGE_SIZE // 4) * (IMAGE_SIZE // 4)
                                \* 64,256],name="W_fc1"),
    'wf2': weight_variable([256, NUM_LABELS], name="W_fc2")
}
```

注意，卷积滤波器是随机初始化的，因此也是随机分类的：

```
def weight_variable(shape, stddev=0.02, name=None):
    initial = tf.truncated_normal(shape, stddev=stddev)
    if name is None:
        return tf.Variable(initial)
    else:
        return tf.get_variable(name, initializer=initial)
```

同理，定义偏差：

```
biases = {
    'bc1': bias_variable([32], name="b_conv1"),
    'bc2': bias_variable([64], name="b_conv2"),
    'bf1': bias_variable([256], name="b_fc1"),
    'bf2': bias_variable([NUM_LABELS], name="b_fc2")
}

def bias_variable(shape, name=None):
    initial = tf.constant(0.0, shape=shape)
    if name is None:
        return tf.Variable(initial)
    else:
        return tf.get_variable(name, initializer=initial)
```

优化器必须按照积分链规则在 CNN 中反向传播误差,并更新滤波器权重以减少分类误差。通过损失函数测量输入图像预测类别和真实类别之间的差异。在此将 pred 模型的预测输出和期望的输出标签作为输入:

```
def loss(pred, label):
    cross_entropy_loss =\
    tf.reduce_mean(tf.nn.softmax_cross_entropy_with_logits_v2\
                (logits=pred, labels=label))
    tf.summary.scalar('Entropy', cross_entropy_loss)
    reg_losses = tf.add_n(tf.get_collection("losses"))
    tf.summary.scalar('Reg_loss', reg_losses)
    return cross_entropy_loss + REGULARIZATION * reg_losses
```

tf.nn.softmax_cross_entropy_with_logits_v2(pred,label)函数在应用 softmax 函数后计算结果的 cross_entropy_loss(但在数学上是同时完成的)。所得结果如下:

```
a = tf.nn.softmax(x)
b = cross_entropy(a)
```

计算每个分类图像的 cross_entropy_loss,以测量模型在每幅图像上的性能如何。在此,采用分类图像的交叉熵平均值:

```
cross_entropy_loss =   tf.reduce_mean(tf.nn.softmax_cross_entropy_
with_logits_v2 (logits=pred, labels=label))
```

为防止过拟合,采用 L2 正则化,其中在 cross_entropy_loss 上增加一项:

```
reg_losses = tf.add_n(tf.get_collection("losses"))
return cross_entropy_loss + REGULARIZATION * reg_losses
```

其中:

```
def add_to_regularization_loss(W, b):
    tf.add_to_collection("losses", tf.nn.l2_loss(W))
    tf.add_to_collection("losses", tf.nn.l2_loss(b))
```

至此,已构建了网络权重和偏差以及优化过程。但是,与所有网络的实现过程一样,首先必须导入所有必需的库:

```
import tensorflow as tf
import numpy as np
from datetime import datetime
import EmotionUtils
import os, sys, inspect
from tensorflow.python.framework import ops
import warnings

warnings.filterwarnings("ignore")
os.environ['TF_CPP_MIN_LOG_LEVEL'] = '3'
ops.reset_default_graph()
```

然后，在计算机上设置数据集的保存路径，以及网络参数：

```
FLAGS = tf.flags.FLAGS
tf.flags.DEFINE_string("data_dir",\
                       "EmotionDetector/",\
                       "Path to data files")
tf.flags.DEFINE_string("logs_dir",\
                       "logs/EmotionDetector_logs/",\
                       "Path to where log files are to be saved")
tf.flags.DEFINE_string("mode",\
                       "train",\
                       "mode: train (Default)/ test")
BATCH_SIZE = 128
LEARNING_RATE = 1e-3
MAX_ITERATIONS = 1001
REGULARIZATION = 1e-2
IMAGE_SIZE = 48
NUM_LABELS = 7
VALIDATION_PERCENT = 0.1
```

利用 emotion_cnn 函数实现模型：

```
def emotion_cnn(dataset):
    with tf.name_scope("conv1") as scope:
        tf.summary.histogram("W_conv1", weights['wc1'])
        tf.summary.histogram("b_conv1", biases['bc1'])
        conv_1 = tf.nn.conv2d(dataset, weights['wc1'],\
                              strides=[1, 1, 1, 1],\
                              padding="SAME")

        h_conv1 = tf.nn.bias_add(conv_1, biases['bc1'])
        h_1 = tf.nn.relu(h_conv1)
        h_pool1 = max_pool_2x2(h_1)
        add_to_regularization_loss(weights['wc1'], biases['bc1'])

    with tf.name_scope("conv2") as scope:
        tf.summary.histogram("W_conv2", weights['wc2'])
        tf.summary.histogram("b_conv2", biases['bc2'])
        conv_2 = tf.nn.conv2d(h_pool1, weights['wc2'],\
                              strides=[1, 1, 1, 1], \
                              padding="SAME")
        h_conv2 = tf.nn.bias_add(conv_2, biases['bc2'])
        h_2 = tf.nn.relu(h_conv2)
        h_pool2 = max_pool_2x2(h_2)
        add_to_regularization_loss(weights['wc2'], biases['bc2'])

    with tf.name_scope("fc_1") as scope:
        prob=0.5
```

```
            image_size = IMAGE_SIZE // 4
            h_flat = tf.reshape(h_pool2,[-1,image_size*image_size*64])
            tf.summary.histogram("W_fc1", weights['wf1'])
            tf.summary.histogram("b_fc1", biases['bf1'])
            h_fc1 = tf.nn.relu(tf.matmul\
                        (h_flat, weights['wf1']) + biases['bf1'])
            h_fc1_dropout = tf.nn.dropout(h_fc1, prob)

        with tf.name_scope("fc_2") as scope:
            tf.summary.histogram("W_fc2", weights['wf2'])
            tf.summary.histogram("b_fc2", biases['bf2'])
            pred = tf.matmul(h_fc1_dropout, weights['wf2']) +\
                    biases['bf2']
        return pred
```

然后，定义一个 main 函数，其中定义了数据集、输入和输出占位符变量，以及主会话，以启动训练过程：

```
def main(argv=None):
```

该函数的第一个操作是加载训练和验证数据集。在此使用训练集来示教分类器识别待预测的标签，并使用验证集来评估分类器的性能：

```
train_images,\
train_labels,\
valid_images,\
valid_labels,\ test_images=EmotionUtils.read_data(FLAGS.data_dir)
print("Train size: %s" % train_images.shape[0])
print('Validation size: %s' % valid_images.shape[0])
print("Test size: %s" % test_images.shape[0])
```

接着，为输入图像定义占位符变量。这允许更改输入到 TensorFlow 计算图的图像。数据类型设为 float32 型，形状设为 [None, img_size, img_size, 1]（其中，None 表示张量可以保存为任意数量的图像，且每个图像的高为 img_size 个像素，宽为 img_size 个像素），以及颜色通道数为 1：

```
        input_dataset = tf.placeholder(tf.float32, \
                                [None, \
                                IMAGE_SIZE, \
                                IMAGE_SIZE, 1],name="input")
```

接下来，为与在占位符变量 input_dataset 中输入图像正确关联的标签设置占位符变量。该占位符变量的形状为 [None，NUM_LABELS]，这意味着可以包含任意数量的标签，且每个标签为长度 NUM_LABELS 的向量，在本例中为 7：

```
        input_labels = tf.placeholder(tf.float32,\
                                [None, NUM_LABELS])
```

global_step 是用于跟踪已执行的优化迭代次数。在检查点中与所有其他 TensorFlow 变量一起保存该变量。注意，trainable = False，这意味着 TensorFlow 不会优化此变量：

```
global_step = tf.Variable(0, trainable=False)
```

下一个 dropout_prob 变量是用于优化退出：

```
dropout_prob = tf.placeholder(tf.float32)
```

现在，创建测试阶段的神经网络。emotion_cnn() 函数返回 input_dataset 的预测分类标签 pred：

```
pred = emotion_cnn(input_dataset)
```

output_pred 是针对测试集和验证集的预测，将在运行会话中计算：

```
output_pred = tf.nn.softmax(pred,name="output")
```

loss_val 中保存了输入图像预测类别（pred）和实际类别（input_labels）之差：

```
loss_val = loss(pred, input_labels)
```

train_op 定义了用于最小化成本函数的优化器。在本例中，再次采用 AdamOptimizer：

```
train_op = tf.train.AdamOptimizer\
            (LEARNING_RATE).minimize\
                (loss_val, global_step)
```

summary_op 是用于 TensorBoard 可视化：

```
summary_op = tf.summary.merge_all()
```

创建完成计算图后，还必须创建一个 TensorFlow 会话，来执行该图：

```
with tf.Session() as sess:
    sess.run(tf.global_variables_initializer())
    summary_writer = tf.summary.FileWriter(FLAGS.logs_dir,
    sess.graph)
```

在此定义了一个恢复模型的 saver：

```
saver = tf.train.Saver()
ckpt = tf.train.get_checkpoint_state(FLAGS.logs_dir)
if ckpt and ckpt.model_checkpoint_path:
    saver.restore(sess, ckpt.model_checkpoint_path)
    print ("Model Restored!")
```

接下来，需要提供一批训练样本。batch_image 中包含一批图像，而 batch_label 中包含了这些图像的正确标签：

```
for step in xrange(MAX_ITERATIONS):
    batch_image, batch_label = get_next_batch(train_images,\
                                    train_labels,\
                                    step)
```

将批图像放入一个 TensorFlow 图中包含占位符变量正确名称的 dict 中：

```
                feed_dict = {input_dataset: batch_image, \
                             input_labels: batch_label}
```

使用这批训练数据来运行优化器。TensorFlow 将 feed_dict_train 中的变量分配给占位符变量，并运行优化器：

```
                sess.run(train_op, feed_dict=feed_dict)
                if step % 10 == 0:
                    train_loss,\
                            summary_str =\
                                sess.run([loss_val,summary_op],\
                                         feed_dict=feed_dict)
                    summary_writer.add_summary(summary_str,\
                                               global_step=step)
                    print ("Training Loss: %f" % train_loss)
```

当运行步长是 100 的倍数时，在验证集上运行训练好的模型：

```
                if step % 100 == 0:
                    valid_loss = \
                            sess.run(loss_val, \
                                feed_dict={input_dataset:
valid_images, input_labels: valid_labels})
```

然后，输出损失值：

```
                    print ("%s Validation Loss: %f" \
                            % (datetime.now(), valid_loss))
```

在训练会话结束时，保存该模型：

```
                    saver.save(sess, FLAGS.logs_dir\
                               + 'model.ckpt', \
                               global_step=step)
```

```
if __name__ == "__main__":
    tf.app.run()
```

最终的输出如下。由此可见，在模拟过程中损失函数不断减小：

```
Reading train.csv ...
(4178, 48, 48, 1)
(4178, 7)
Reading test.csv ...
Picking ...
Train size: 3761
Validation size: 417
```

```
Test size: 1312
2018-02-24 15:17:45.421344 Validation Loss: 1.962773
2018-02-24 15:19:09.568140 Validation Loss: 1.796418
2018-02-24 15:20:35.122450 Validation Loss: 1.328313
2018-02-24 15:21:58.200816 Validation Loss: 1.120482
2018-02-24 15:23:24.024985 Validation Loss: 1.066049
2018-02-24 15:24:38.838554 Validation Loss: 0.965881
2018-02-24 15:25:54.761599 Validation Loss: 0.953470
2018-02-24 15:27:15.592093 Validation Loss: 0.897236
2018-02-24 15:28:39.881676 Validation Loss: 0.838831
2018-02-24 15:29:53.012461 Validation Loss: 0.910777
2018-02-24 15:31:14.416664 Validation Loss: 0.888537
>>>
```

不过，还可以通过调节超参数或改变架构来改进模型。

在下一节中，将学习如何在自身实际图像上有效测试模型。

4.8.1 在自身图像上的模型测试

在此所用的数据集是标准化的。所有人脸都朝向相机，在某些情况下表情夸张甚至有些滑稽。现在分析如果采用更自然的图像会是什么情况（见图 4-21）。确保脸部没有覆盖文字，情感可识别，且人脸面对相机。

图 4-21　输入图像

首先，从以下 JPEG 图像开始（这是一幅彩色图像，可从本书的代码库中下载）：

通过 Matplotlib 和其他 NumPy Python 库，将输入的彩色图像转换为网络的有效输入，即灰度图像：

```
img = mpimg.imread('author_image.jpg')
gray = rgb2gray(img)
```

转换函数如下：

```
def rgb2gray(rgb):
    return np.dot(rgb[...,:3], [0.299, 0.587, 0.114])
```

结果如图4-22所示。

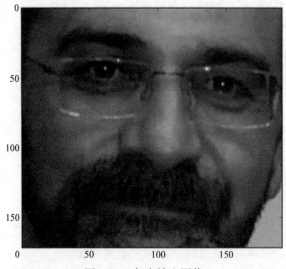

图4-22　灰度输入图像

最后,以该图像作为网络的输入,但首先必须定义一个TensorFlow运行会话:

```
sess = tf.InteractiveSession()
```

然后,调用之前保存的模型:

```
new_saver = tf.train.\
import_meta_graph('logs/EmotionDetector_logs/model.ckpt-1000.meta')
new_saver.restore(sess,'logs/EmotionDetector_logs/model.ckpt-1000')
tf.get_default_graph().as_graph_def()
x = sess.graph.get_tensor_by_name("input:0")
y_conv = sess.graph.get_tensor_by_name("output:0")
```

要测试图像,必须将其重组为适合于网络的 $48 \times 48 \times 1$ 有效格式:

```
image_test = np.resize(gray,(1,48,48,1))
```

对同一图像进行多次评估(1000),以获取输入图像中可能展现出的一系列情绪:

```
tResult = testResult()
num_evaluations = 1000
for i in range(0,num_evaluations):
    result = sess.run(y_conv, feed_dict={x:image_test})
    label = sess.run(tf.argmax(result, 1))
    label = label[0]
    label = int(label)
    tResult.evaluate(label)

tResult.display_result(num_evaluations)
```

几秒钟后，得到结果如下：

```
>>>
anger = 0.1%
disgust = 0.1%
fear = 29.1%
happy = 50.3%
sad = 0.1%
surprise = 20.0%
neutral = 0.3%
>>>
```

最高百分比 [happy（快乐）= 50.3%] 表明的确是正确的情感。当然，这并不意味着模型是准确的。可以通过更多和更多样化的训练集，以及更改网络参数或修改网络架构来进行改进。

4.8.2　源代码

在此，给出了所实现分类器的另一部分代码：

```
from scipy import misc
import numpy as np
import matplotlib.cm as cm
import tensorflow as tf
from matplotlib import pyplot as plt

import matplotlib.image as mpimg
import EmotionUtils
from EmotionUtils import testResult


def rgb2gray(rgb):
    return np.dot(rgb[...,:3], [0.299, 0.587, 0.114])

img = mpimg.imread('author_image.jpg')
gray = rgb2gray(img)
plt.imshow(gray, cmap = plt.get_cmap('gray'))
plt.show()

sess = tf.InteractiveSession()
new_saver = tf.train.import_meta_graph('logs/model.ckpt-1000.meta')
new_saver.restore(sess, 'logs/model.ckpt-1000')
tf.get_default_graph().as_graph_def()
x = sess.graph.get_tensor_by_name("input:0")
y_conv = sess.graph.get_tensor_by_name("output:0")

image_test = np.resize(gray,(1,48,48,1))
```

```python
tResult = testResult()
num_evaluations = 1000
for i in range(0,num_evaluations):
    result = sess.run(y_conv, feed_dict={x:image_test})
    label = sess.run(tf.argmax(result, 1))
    label = label[0]
    label = int(label)
    tResult.evaluate(label)

tResult.display_result(num_evaluations)
```

通过 testResult Python 类来显示结果百分比。该类包含在 EmotionUtils 文件中。

```python
class testResult:

    def __init__(self):
        self.anger = 0
        self.disgust = 0
        self.fear = 0
        self.happy = 0
        self.sad = 0
        self.surprise = 0
        self.neutral = 0

    def evaluate(self,label):

        if (0 == label):
            self.anger = self.anger+1
        if (1 == label):
            self.disgust = self.disgust+1
        if (2 == label):
            self.fear = self.fear+1
        if (3 == label):
            self.happy = self.happy+1
        if (4 == label):
            self.sad = self.sad+1
        if (5 == label):
            self.surprise = self.surprise+1
        if (6 == label):
            self.neutral = self.neutral+1

    def display_result(self,evaluations):
        print("anger  =    "      +\
            str((self.anger/float(evaluations))*100)    + "%")
        print("disgust =   "     +\
            str((self.disgust/float(evaluations))*100)  + "%")
        print("fear   =    "     +\
```

```
            str((self.fear/float(evaluations))*100)    + "%")
    print("happy = "         +\
            str((self.happy/float(evaluations))*100)   + "%")
    print("sad = "           +\
            str((self.sad/float(evaluations))*100)     + "%")
    print("surprise = "      +\
            str((self.surprise/float(evaluations))*100)+ "%")
    print("neutral = "       +\
            str((self.neutral/float(evaluations))*100) + "%")
```

4.9 小结

本章主要介绍了 CNN。了解到 CNN 适用于图像分类问题，且训练阶段更快，测试阶段更准确。

本章介绍了最常见的 CNN 架构：专为手写体和机器打印字符识别而设计的 LeNet5 模型；2012 年参加 ILSVRC 竞赛的 AlexNet；在 ImageNet（包含 1000 个类别的超过 1400 万幅图像的数据集）中前 5 个测试准确率达到 92.7% 的 VGG 模型；最后是在 2014 年 ILSVRC 中作为分类和检测标准的 Inception-v3 模型。

在介绍每种 CNN 架构时，都附有示例代码。此外，在 AlexNet 网络和 VGG 的示例中，还阐述了迁移学习和风格学习技术的概念。

最后，建立了一个 CNN 模型来对图像数据集中的情感进行了分类；针对单幅图像测试了网络，并评估了模型的局限性和性能质量。

下一章将介绍自编码器：这些算法可用于降维、分类、回归、协同滤波、特征学习和主题建模。将利用自编码器进行深入的数据分析，以及使用图像数据集来测量分类性能。

第 5 章
优化 TensorFlow 自编码器

在机器学习（ML）中，所谓的维度灾难是指随着输入空间的增大（通常具有成百上千个维度）而导致性能逐渐下降，这在诸如三维空间的低维度设置中并不会发生。维度灾难的发生是因为获得足够的输入空间采样所需的样本数随着维度增加呈指数增长。为了解决这一问题，开发了一些优化的神经网络。

第一种是自编码器网络。该网络的设计和训练是为了转换输入模式本身，以便在输入模式存在质量下降或不完整的情况下，可以获得原始模式。自编码器是一种神经网络。这种网络是用于经过训练创建与输入格式相同的输出数据，并在隐层存储压缩数据。

第二种优化网络是玻耳兹曼机（详见第 3 章）。这种类型的网络由可见的输入 / 输出层和一个隐层组成。可见层和隐层之间是非定向连接——可双向传输数据，可见层 - 隐层和隐层 - 可见层，且不同神经元之间可全连接或部分连接。

自编码器可与主成分分析（PCA）相媲美，其中，PCA 是利用比最初更少的维度来表示给定输入。不过，本章只关注自编码器。

综上，本章的主要内容如下：
- 自编码器的工作原理；
- 自编码器的实现；
- 提高自编码器的鲁棒性；
- 实现一种去噪自编码器；
- 实现一种卷积自编码器；
- 使用自编码器进行欺诈分析。

5.1 自编码器的工作原理

自动编码是一种数据压缩技术，其中压缩和解压功能是特定于数据的和有损的，且是从样本中自动学习而不是人工设定的手动功能。另外，在几乎所有使用自编码器一词的背景下，压缩和解压功能都是通过神经网络实现的。

自编码器是具有 3 层及以上的网络，其中输入层和输出层具有相同数量的神经元，而中间层（隐层）的神经元个数较少。对于每个输入数据，训练网络是为了能够在输出中再现与输入相同的活动模式。

自编码器的显著特点是，由于隐层中神经元数量较少，如果网络可以从样本中学习并泛化到可接受的程度，则执行数据压缩：隐层神经元的状态为每个样本提供了一个压缩的输入/输出共同状态。

在20世纪80年代中期，该网络的第一个示例中，通过这种方式成功压缩了简单图像。一些研究人员已开发出一种有效策略来改进这种类型网络中的学习过程（通常执行速度很慢，且并不总是有效），最近通过一个预学习过程重新引发了对自编码器的研究兴趣，这对学习过程提供了一个良好的权重初始条件。

自编码器的主要功能是数据去噪和降低数据可视化的维数。图5-1显示了自编码器的典型工作过程——通过两个阶段重构接收到的输入：编码阶段，减少原始输入的维数，以及解码阶段，能够从编码（压缩）表示中重构原始输入。

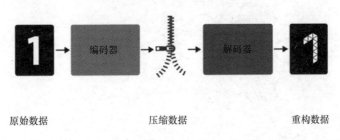

图 5-1 自编码器中的编码阶段和解码阶段

如上所述，自编码器是一个神经网络，采用无监督学习（特征学习）算法。从技术上讲，是试图学习逼近一个恒等函数。不过，也可以对网络施加一些约束条件，如设置隐层神经单元数量更少。通过这种方式，自编码器可以表示数据经压缩、噪声或损坏后的原始输入。图5-2给出了一个包括编码器和解码器之间较窄隐层的自编码器。

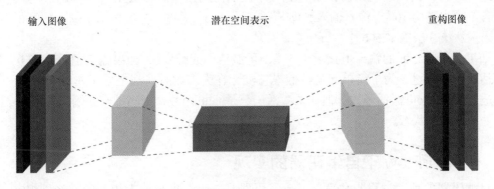

图 5-2 无监督自编码器作为一个潜在特征学习的网络

在图5-2中，隐层或中间层也称为输入数据的潜在空间表示。现在，假设有一组未标记的训练样本 $\{x^{(1)}, x^{(2)}, x^{(3)}, \cdots\}$，其中，$x^{(i)} \in R^n$，$x$ 是一个向量，$x^{(1)}$ 是指向量中的第一项。

自编码器神经网络本质上是一种无监督学习算法，是采用反向传播，将目标值设置为与输入相同；即 $y^{(i)} = x^{(i)}$。

自编码器（见图 5-3）尝试学习一个函数 $h_{W,b}(x) \approx x$。换句话说，是试图学习一种逼近恒等函数的方法，以便输出近似于 x 的 $\hat{x}$。从学习角度来看，恒等函数并非一个特殊函数，但通过对网络设置约束条件，如限制隐含单元的数量，可以发现数据中的一些主要特征：

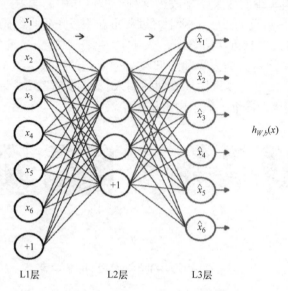

图 5-3　学习逼近恒等函数的自编码器

以具体应用为例，假设输入 x 是一幅 10×10 图像（100 个像素）的像素强度值，因此 $n=100$，且在 L2 层中存在 $S_2=50$ 个隐含单元，$y \in R^{100}$。由于只有 50 个隐含单元，因此网络被迫学习输入的压缩表示。仅给定隐含单元的激活向量 $a^{(2)} \in R^{50}$，所以必须尝试从 50 个隐含单元中重构 100 个像素输入，即 $x_1, x_2, \cdots, x_{100}$。图 5-3 仅显示了输入到第 1 层的 6 个输入和从第 3 层输出的 6 个单元。

如果一个神经元的输出值接近于 1，则可激活（或触发），如果输出值接近于 0，则是非激活状态。不过，为了简单起见，假设神经元在大多数时间都是处于非激活状态。上述结论适用于 sigmoid 激活函数。但如果激活函数是 tanh 函数，则当神经元输出接近于 −1 时，表示处于非激活状态。

5.2　TensorFlow 下自编码器的实现

自编码器的训练过程非常简单。自编码器是一个输出与输入相同的神经网络。其中，包括一个输入层，然后是多个隐层，经过一定深度后，隐层按照反向架构执行运算，直到达到最终层与输入层相同。将数据传输到待学习的网络中。

在本例中，采用来自 MNIST 数据集的图像作为输入。首先导入所有主要软件库：

```
import tensorflow as tf
import numpy as np
import matplotlib.pyplot as plt
```

然后，准备 MNIST 数据集。在此使用 TensorFlow 中内置的 input_data 类来加载和设置数据。该类能够确保所下载和预处理的数据可供自编码器使用。因此，基本上根本不需要进行任何特征工程：

```
from tensorflow.examples.tutorials.mnist import input_data
mnist = input_data.read_data_sets("MNIST_data/",one_hot=True)
```

在上述代码块中，one_hot = True 参数确保所有特征都是 one-hot 编码的。one-hot 编码是一种将分类变量转换为适用于机器学习算法格式的技术。

接下来，配置网络参数：

```
learning_rate = 0.01
training_epochs = 20
batch_size = 256
display_step = 1
examples_to_show = 20
```

输入图像的大小如下：

```
n_input = 784
```

隐层特征的大小如下：

```
n_hidden_1 = 256
n_hidden_2 = 128
```

最终大小是 28×28 = 784 个像素。

在此需要为输入图像定义一个占位符变量。该张量的数据类型设为 float，这是因为 mnist 的取值范围为 [0,1]，且形状设置为 [None，n_input]。定义参数为 None 意味着张量可以包含任意数量的图像：

```
X = tf.placeholder("float", [None, n_input])
```

然后，定义网络的权重和偏差。weights 的数据结构包含了编码器和解码器中的权重定义。注意，是使用 tf.random_normal 来选择权重，返回服从正态分布的随机值：

```
weights = {
    'encoder_h1': tf.Variable\
    (tf.random_normal([n_input, n_hidden_1])),
    'encoder_h2': tf.Variable\
    (tf.random_normal([n_hidden_1, n_hidden_2])),
    'decoder_h1': tf.Variable\
    (tf.random_normal([n_hidden_2, n_hidden_1])),
    'decoder_h2': tf.Variable\
    (tf.random_normal([n_hidden_1, n_input])),
}
```

同理，定义网络的偏差：

```
biases = {
    'encoder_b1': tf.Variable\
    (tf.random_normal([n_hidden_1])),
    'encoder_b2': tf.Variable\
    (tf.random_normal([n_hidden_2])),
    'decoder_b1': tf.Variable\
    (tf.random_normal([n_hidden_1])),
    'decoder_b2': tf.Variable\
    (tf.random_normal([n_input])),
}
```

在此将网络模型分为两个互补的全连接网络：编码器和解码器。编码器对数据进行编码；从 MNIST 数据集中获取图像 X 作为输入，并执行数据编码：

```
encoder_in = tf.nn.sigmoid(tf.add\
                (tf.matmul(X, \
                weights['encoder_h1']),\
                biases['encoder_b1']))
```

对输入数据进行编码其实是矩阵乘法运算。通过矩阵乘法，将维数为 784 的输入数据 X 减少到较低的维数 256：

$$(W*x+b)=\text{encoder\_in}$$

式中，W 是权重张量 encoder_h1；b 是偏置张量 encoder_b1。通过上述操作，可将初始图像编码为适用于自编码器的输入。编码过程的第二步包括数据压缩。由输入张量 encoder_in 表征的数据通过第二个矩阵乘法运算来减小到更小的维数：

```
encoder_out = tf.nn.sigmoid(tf.add\
                (tf.matmul(encoder_in,\
                weights['encoder_h2']),\
                biases['encoder_b2']))
```

然后将维数为 256 的输入数据 encoder_in 压缩到维数为 128 的较小张量：

$$(W*\text{encoder\_in}+b)=\text{encoder\_out}$$

式中，W 是权重张量 encoder_h2；b 是偏置张量 encoder_b2。注意，在此使用 sigmoid 作为编码阶段的激活函数。

解码器执行的是编码器的逆操作。将输入解压以获得与网络输入相同大小的输出。该过程的第一步是将尺寸大小为 128 的张量 encoder_out 转换为大小为 256 的中间张量：

```
decoder_in = tf.nn.sigmoid(tf.add\
                (tf.matmul(encoder_out,\
                weights['decoder_h1']),\
                biases['decoder_b1']))
```

由公式表示为

$$(W*\text{encoder\_out}+b)=\text{decoder\_in}$$

式中，W 是权重张量 decoder_h1；大小为 256×128；b 是偏置张量 decoder_b1，大小为 256。最后的解码操作是将数据从其中间表示（维数为 256）解压到最终表示（维数为

784），即原始数据的尺寸大小：

```
decoder_out = tf.nn.sigmoid(tf.add\
                            (tf.matmul(decoder_in,\
                                        weights['decoder_h2']),\
                            biases['decoder_b2']))
```

参数 y_pred 设置为等于 decoder_out：

```
y_pred = decoder_out
```

网络应能够判断输入数据 X 是否等于解码数据，因此定义：

```
y_true = X
```

自编码器的关键之处是创建一个能够很好地重构原始数据的约简矩阵。因此，希望成本函数最小化。接下来，将成本函数定义为 y_true 和 y_pred 之间的均方误差：

```
cost = tf.reduce_mean(tf.pow(y_true - y_pred, 2))
```

为了优化成本函数，采用以下 RMSPropOptimizer 类：

```
optimizer = tf.train.RMSPropOptimizer(learning_rate).minimize(cost)
```

然后，启动会话：

```
init = tf.global_variables_initializer()
with tf.Session() as sess:
    sess.run(init)
```

另外，需要设置批图像的大小来训练网络：

```
    total_batch = int(mnist.train.num_examples/batch_size)
```

首先从训练循环开始（training_epochs 的值设为 10）：

```
    for epoch in range(training_epochs):
```

循环执行所有批：

```
        for i in range(total_batch):
            batch_xs, batch_ys =\
                   mnist.train.next_batch(batch_size)
```

然后，运行优化过程，输入批设置 batch_xs 到执行图：

```
            _, c = sess.run([optimizer, cost],\
                            feed_dict={X: batch_xs})
```

接下来，显示每个周期（epoch）的结果：

```
        if epoch % display_step == 0:
            print („Epoch:", ‚%04d' % (epoch+1),
                „cost=", „{:.9f}".format(c))
    print("Optimization Finished!")
```

最后，测试模型、执行编码或解码程序。在此，为模型输入一个图像子集，其中，设 example_to_show 值为 4：

```
encode_decode = sess.run(
    y_pred, feed_dict=\
    {X: mnist.test.images[:examples_to_show]})
```

利用 Matplotlib 比较原始图像和重构图像：

```
f, a = plt.subplots(2, 10, figsize=(10, 2))
for i in range(examples_to_show):
    a[0][i].imshow(np.reshape(mnist.test.images[i], (28, 28)))
    a[1][i].imshow(np.reshape(encode_decode[i], (28, 28)))
f.show()
plt.draw()
plt.show()
```

这时，运行会话，可得输出如下：

```
Extracting MNIST_data/train-images-idx3-ubyte.gz
Extracting MNIST_data/train-labels-idx1-ubyte.gz
Extracting MNIST_data/t10k-images-idx3-ubyte.gz
Extracting MNIST_data/t10k-labels-idx1 ubyte.gz
Epoch: 0001 cost= 0.208461761
Epoch: 0002 cost= 0.172908291
Epoch: 0003 cost= 0.153524384
Epoch: 0004 cost= 0.144243762
Epoch: 0005 cost= 0.137013704
Epoch: 0006 cost= 0.127291277
Epoch: 0007 cost= 0.125370100
Epoch: 0008 cost= 0.121299766
Epoch: 0009 cost= 0.111687921
Epoch: 0010 cost= 0.108801551
Epoch: 0011 cost= 0.105516203
Epoch: 0012 cost= 0.104304880
Epoch: 0013 cost= 0.103362709
Epoch: 0014 cost= 0.101118311
Epoch: 0015 cost= 0.098779991
Epoch: 0016 cost= 0.095374011
Epoch: 0017 cost= 0.095469855
Epoch: 0018 cost= 0.094381645
Epoch: 0019 cost= 0.090281256
Epoch: 0020 cost= 0.092290156
Optimization Finished!
```

然后，显示结果（见图 5-4）。第一行是原始图像，第二行是解码图像。

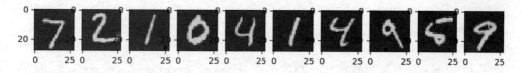

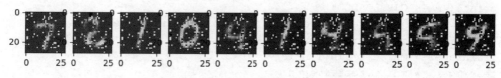

图 5-4　原始的和解码的 MNIST 图像

由图可见，第二个与原来的不同（似乎仍然是数字 2，就像 3 一样）。这可通过增加周期数或更改网络参数来改善结果。

5.3　提高自编码器的鲁棒性

提高模型鲁棒性的一种成功策略是在编码阶段引入噪声。这种去噪自编码器称为随机自编码器；在去噪自编码器中，随机破坏输入，将未破坏的相同输入作为解码阶段的目标。

从直观上看，去噪自编码器主要有两个作用：首先，尝试对输入进行编码，保留相关信息；然后，试图消除作用于同一输入的损坏过程的影响。在下一节中，将分析一个去噪自编码器的实现。

5.3.1　去噪自编码器的实现

去噪自编码器的网络架构非常简单。随机破坏 784 个像素的输入图像，然后通过编码网络层进行维数缩减。图像大小从 784 个像素减少到 256 个。

在解码阶段，准备网络输出，将图像大小恢复到 784 个像素。与之前一样，首先在实现程序中加载所有必要的软件库：

```
import numpy as np
import tensorflow as tf
import matplotlib.pyplot as plt
from tensorflow.examples.tutorials.mnist import input_data
```

然后，设置基本的网络参数：

```
n_input     = 784
n_hidden_1  = 1024
n_hidden_2  = 2048
n_output    = 784
```

并设置会话参数：

```
epochs      = 100
batch_size  = 100
disp_step   = 10
```

接下来，构建训练集和测试集。再次使用从 tensorflow.examples.tutorials.mnist 导入的 input_data 函数：

```
print ("PACKAGES LOADED")
mnist = input_data.read_data_sets('data/', one_hot=True)
trainimg   = mnist.train.images
trainlabel = mnist.train.labels
testimg    = mnist.test.images
testlabel  = mnist.test.labels
print ("MNIST LOADED")
```

为输入图像定义一个占位符变量。数据类型设为 float，形状设为 [None，n_input]。参数 None 表示张量可以保存为任意数量的图像，且每幅图像的大小为 n_input：

```
x = tf.placeholder("float", [None, n_input])
```

接着，为与输入图像的占位符变量 x 相关联的实际标签，设置一个占位符变量。该占位符变量的形状为 [None，n_output]，意味着可以包含任意数量的标签，且每个标签都是向量 n_output 的长度，在本例中为 10：

```
y = tf.placeholder("float", [None, n_output])
```

为减少过拟合，需在编码和解码过程之前应用退出，因此必须为退出期间保持神经元输出的概率定义一个占位符：

```
dropout_keep_prob = tf.placeholder("float")
```

在上述定义中，修正了权重和网络偏差：

```
weights = {
    'h1': tf.Variable(tf.random_normal([n_input, n_hidden_1])),
    'h2': tf.Variable(tf.random_normal([n_hidden_1, n_hidden_2])),
    'out': tf.Variable(tf.random_normal([n_hidden_2, n_output]))
}
biases = {
    'b1': tf.Variable(tf.random_normal([n_hidden_1])),
    'b2': tf.Variable(tf.random_normal([n_hidden_2])),
    'out': tf.Variable(tf.random_normal([n_output]))
}
```

在此，使用 tf.random_normal 选择权重和偏差值，后者返回服从正态分布的随机值。编码阶段将来自 MNIST 数据集的图像作为输入，然后通过执行矩阵乘法运算来进行数据压缩：

```
encode_in = tf.nn.sigmoid\
            (tf.add(tf.matmul\
                    (x, weights['h1']),\
                    biases['b1']))
encode_out = tf.nn.dropout\
             (encode_in, dropout_keep_prob)
```

在解码阶段，执行同样的操作：

```
decode_in = tf.nn.sigmoid\
            (tf.add(tf.matmul\
                    (encode_out, weights['h2']),\
                    biases['b2']))
```

通过退出操作来减少过拟合：

```
decode_out = tf.nn.dropout(decode_in,\
                           dropout_keep_prob)
```

最后，构建预测张量，y_pred：

```
y_pred = tf.nn.sigmoid\
         (tf.matmul(decode_out,\
                    weights['out']) +\
                    biases['out'])
```

然后，定义一个成本度量值（cost measure），用于指示变量优化过程：

```
cost = tf.reduce_mean(tf.pow(y_pred - y, 2))
```

在此，使用 RMSPropOptimizer 类来最小化成本（cost）函数：

```
optimizer = tf.train.RMSPropOptimizer(0.01).minimize(cost)
```

最后，按如下方式初始化已定义的变量：

```
init = tf.global_variables_initializer()
```

然后，设置 TensorFlow 的运行会话：

```
with tf.Session() as sess:
    sess.run(init)
    print ("Start Training")
    for epoch in range(epochs):
        num_batch = int(mnist.train.num_examples/batch_size)
        total_cost = 0.
        for i in range(num_batch):
```

对于每个训练周期（training epoch），从训练数据集（training dataset）中选择一个较小的批数据集（batch set）：

```
            batch_xs, batch_ys = \
                 mnist.train.next_batch(batch_size)
```

下面是关键之处。使用之前导入的 NumPy 软件包中的 randn 函数随机破坏 batch_xs 数据集：

```
            batch_xs_noisy = batch_xs + \
                 0.3*np.random.randn(batch_size, 784)
```

将这些数据集输入执行图，并运行会话（sess.run）：

```
            feeds = {x: batch_xs_noisy,\
                    y: batch_xs, \
                    dropout_keep_prob: 0.8}
            sess.run(optimizer, feed_dict=feeds)
            total_cost += sess.run(cost, feed_dict=feeds)
```

每10个周期,显示一次平均成本(average cost)值:

```
        if epoch % disp_step == 0:
            print("Epoch %02d/%02d average cost: %.6f"
                  % (epoch, epochs, total_cost/num_batch))
```

最后,开始测试训练后的模型:

```
        print("Start Test")
```

为此,从测试集中随机选择一幅图像:

```
        randidx   = np.random.randint\
                        (testimg.shape[0], size=1)
        orgvec    = testimg[randidx, :]
        testvec   = testimg[randidx, :]
        label     = np.argmax(testlabel[randidx, :], 1)
        print("Test label is %d" % (label))
        noisyvec = testvec + 0.3*np.random.randn(1, 784)
```

然后,在选定的图像上运行训练模型:

```
        outvec = sess.run(y_pred,\
                    feed_dict={x: noisyvec,\
                        dropout_keep_prob: 1})
```

如下所示,plotresult函数将显示原始图像、噪声图像和预测图像:

```
        plotresult(orgvec,noisyvec,outvec)
        print("restart Training")
```

运行会话,可得如下结果:

```
PACKAGES LOADED
Extracting data/train-images-idx3-ubyte.gz
Extracting data/train-labels-idx1-ubyte.gz
Extracting data/t10k-images-idx3-ubyte.gz
Extracting data/t10k-labels-idx1-ubyte.gz
MNIST LOADED
Start Training
```

为简洁起见,仅显示了100个周期后的结果:

```
Epoch 100/100 average cost: 0.212313
Start Test
Test label is 6
```

这些是原始图像和噪声图像(见图5-5,数字6):

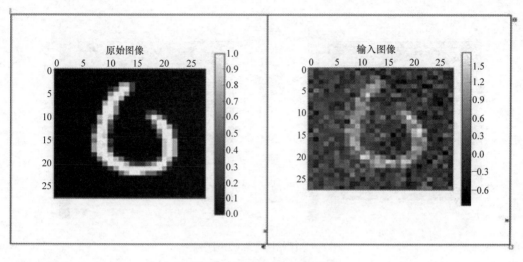

图 5-5　原始图像和噪声图像

图 5-6 是一个较差的重构图像。

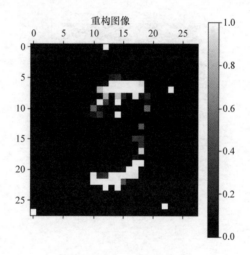

图 5-6　较差的重构图像

经过 100 个周期后，可得到更好的结果：

```
Epoch 100/100 average cost: 0.018221
Start Test
Test label is 5
```

图 5-7 是原始图像和噪声图像。

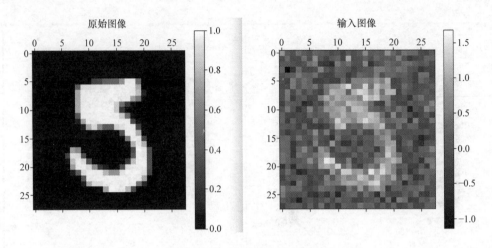

图 5-7　原始图像和噪声图像

图 5-8 是一个良好的重构图像。

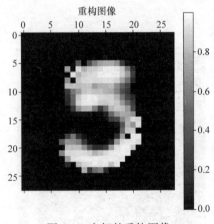

图 5-8　良好的重构图像

5.3.2　卷积自编码器的实现

到目前为止，已知自编码器的输入是图像。因此，有必要确定卷积架构是否可以在之前介绍的自编码器架构上更好地工作。接下来，将分析编码器和解码器在卷积自编码器中的工作原理。

5.3.2.1　编码器

编码器是由 3 个卷积层组成。在第一卷积层中，特征个数从 1（输入数据）变为 16；然后，第二卷积层的特征个数从 16 变为 32；最后一个卷积层是从 32 变为 64，如图 5-9 所示。在从一个卷积层到另一个卷积层时，形状经过图像压缩。

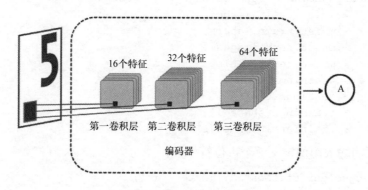

图 5-9　编码阶段的数据流

5.3.2.2　解码器

解码器由 3 个依次排列的反卷积层组成。对于每个反卷积操作，都会减少特征个数，以获得与原始图像大小相同的图像，如图 5-10 所示。除此之外，反卷积操作还可以改变图像形状。

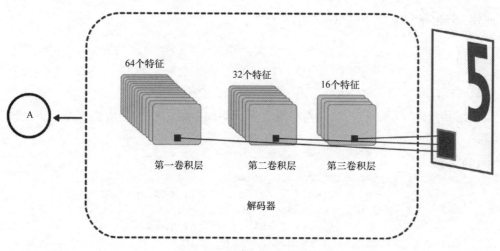

图 5-10　解码阶段的数据流

接下来，分析如何实现卷积自编码器。第一个实现步骤是加载基本库：

```
import matplotlib.pyplot as plt
import numpy as np
import math
import tensorflow as tf
import tensorflow.examples.tutorials.mnist.input_data as input_data
```

然后，构建训练集和测试集：

```
mnist = input_data.read_data_sets("data/", one_hot=True)
trainings    = mnist.train.images
trainlabels  = mnist.train.labels
testings     = mnist.test.images
testlabels   = mnist.test.labels
ntrain       = trainings.shape[0]
ntest        = testings.shape[0]
dim          = trainings.shape[1]
nout         = trainlabels.shape[1]
```

这时,需要为输入图像定义一个占位符变量:

```
x = tf.placeholder(tf.float32, [None, dim])
```

设数据类型为 float32,形状设为 [None,dim],其中,参数 None 表示张量可以包含任意数量的图像,参数 dim 表示每幅图像的向量长度。接下来,为输出图像设置占位符变量。该变量的形状设为 [None,dim],与输入形状相同:

```
y = tf.placeholder(tf.float32, [None, dim])
```

然后,定义 keepprob 变量,用于配置网络训练过程中的退出率:

```
keepprob = tf.placeholder(tf.float32)
```

此外,还必须定义每个网络层中的节点数:

```
n1 = 16
n2 = 32
n3 = 64
ksize = 5
```

该网络共包含 6 层。前三层是卷积层,属于编码阶段,而后三层是解卷积层,属于解码阶段:

```
weights = {
    'ce1': tf.Variable(tf.random_normal\
                        ([ksize, ksize, 1, n1],stddev=0.1)),
    'ce2': tf.Variable(tf.random_normal\
                        ([ksize, ksize, n1, n2],stddev=0.1)),
    'ce3': tf.Variable(tf.random_normal\
                        ([ksize, ksize, n2, n3],stddev=0.1)),
    'cd3': tf.Variable(tf.random_normal\
                        ([ksize, ksize, n2, n3],stddev=0.1)),
    'cd2': tf.Variable(tf.random_normal\
                        ([ksize, ksize, n1, n2],stddev=0.1)),
    'cd1': tf.Variable(tf.random_normal\
                        ([ksize, ksize, 1, n1],stddev=0.1))
}

biases = {
```

```
    'be1': tf.Variable\
(tf.random_normal([n1], stddev=0.1)),
    'be2': tf.Variable\
(tf.random_normal([n2], stddev=0.1)),
    'be3': tf.Variable\
(tf.random_normal([n3], stddev=0.1)),
    'bd3': tf.Variable\
(tf.random_normal([n2], stddev=0.1)),
    'bd2': tf.Variable\
(tf.random_normal([n1], stddev=0.1)),
    'bd1': tf.Variable\
(tf.random_normal([1],  stddev=0.1))
}
```

下列函数 cae 用于构建卷积自编码器：输入参数包括图像 _X，数据结构的权重和偏差 _W 和 _b，以及参数 _keepprob：

```
def cae(_X, _W, _b, _keepprob):
```

初始 784 个像素的图像必须重构为一个 28×28 矩阵，随后由下一个卷积层处理：

```
    _input_r = tf.reshape(_X, shape=[-1, 28, 28, 1])
```

第一个卷积层是 _ce1。相对于输入图像，该卷积层以张量 _input_r 为输入：

```
    _ce1 = tf.nn.sigmoid\
           (tf.add(tf.nn.conv2d\
                  (_input_r, _W['ce1'],\
                   strides=[1, 2, 2, 1],\
                   padding='SAME'),\
                   _b['be1']))
```

在执行第二个卷积层之前，应用了退出操作：

```
    _ce1 = tf.nn.dropout(_ce1, _keepprob)
```

在随后的两个编码层中，采用了相同的卷积和退出操作：

```
    _ce2 = tf.nn.sigmoid\
           (tf.add(tf.nn.conv2d\
                  (_ce1, _W['ce2'],\
                   strides=[1, 2, 2, 1],\
                   padding='SAME'),\
                   _b['be2']))
    _ce2 = tf.nn.dropout(_ce2, _keepprob)
    _ce3 = tf.nn.sigmoid\
           (tf.add(tf.nn.conv2d\
                  (_ce2, _W['ce3'],\
                   strides=[1, 2, 2, 1],\
                   padding='SAME'),\
                   _b['be3']))
    _ce3 = tf.nn.dropout(_ce3, _keepprob)
```

特征个数从1(输入图像)增加到64,而原始图像从 28×28 减少到 7×7。在解码阶段,压缩(或编码)和重构图像必须尽可能与原始图像相似。为此,针对随后的3层,采用了 TensorFlow 中的 conv2d_transpose 函数:

```
tf.nn.conv2d_transpose(value, filter, output_shape, strides,
padding='SAME')
```

上述操作也称为反卷积;只是 conv2d 的梯度。该函数的参数如下:
- value:一个 float 型的4维张量,形式为 [batch, height, width, in_channels]。
- filter:跟 value 具有相同类型的一个4维张量,形式为 [height, width, output_channels, in_channels]。in_channels 的维度必须与 value 匹配。
- output_shape:表示反卷积操作输出形式的1维张量。
- strides: 整型列表,为输入张量中每个维度的滑动窗口步长。
- padding: 字符串,有效或相同。

conv2d_transpose 函数将返回与参数 value 类型相同的张量。第一个反卷积层 _cd3 以卷积层 _ce3 作为输入。返回张量 _cd3,其形式为 (1,7,7,32):

```
_cd3 = tf.nn.sigmoid\
       (tf.add(tf.nn.conv2d_transpose\
           (_ce3, _W['cd3'],\
           tf.stack([tf.shape(_X)[0], 7, 7, n2]),\
           strides=[1, 2, 2, 1],\
           padding='SAME'),\
           _b['bd3']))
_cd3 = tf.nn.dropout(_cd3, _keepprob)
```

对于第二个反卷积层 _cd2,将反卷积层 _cd3 作为输入。返回张量 _cd2,其形式为 (1,14,14,16):

```
_cd2 = tf.nn.sigmoid\
       (tf.add(tf.nn.conv2d_transpose\
           (_cd3, _W['cd2'],\
           tf.stack([tf.shape(_X)[0], 14, 14, n1]),\
           strides=[1, 2, 2, 1],\
           padding='SAME'),\
           _b['bd2']))
_cd2 = tf.nn.dropout(_cd2, _keepprob)
```

第三个也是最后一个反卷积层 _cd1 将 _cd2 层作为输入。返回结果张量 _out,其形式为 (1,28,28,1),与输入图像相同:

```
_cd1 = tf.nn.sigmoid\
       (tf.add(tf.nn.conv2d_transpose\
           (_cd2, _W['cd1'],\
           tf.stack([tf.shape(_X)[0], 28, 28, 1]),\
           strides=[1, 2, 2, 1],\
           padding='SAME'),\
           _b['bd1']))
```

```
            _cd1 = tf.nn.dropout(_cd1, _keepprob)
            _out = _cd1
            return _out
```

然后，定义成本函数为 y 和 pred 之间的均方误差：

```
pred = cae(x, weights, biases, keepprob)
cost = tf.reduce_sum\
        (tf.square(cae(x, weights, biases, keepprob)\
                - tf.reshape(y, shape=[-1, 28, 28, 1])))
learning_rate = 0.001
```

为了优化成本，在此使用 AdamOptimizer：

```
optm = tf.train.AdamOptimizer(learning_rate).minimize(cost)
```

下一步，为网络配置运行会话：

```
init = tf.global_variables_initializer()
print ("Functions ready")
sess = tf.Session()
sess.run(init)
mean_img = np.zeros((784))
```

设批大小为 128：

```
batch_size = 128
```

周期数为 50：

```
n_epochs    = 50
```

然后开始循环执行会话：

```
for epoch_i in range(n_epochs):
```

对于每个周期，得到一个批次集 trainbatch：

```
    for batch_i in range(mnist.train.num_examples // batch_size):
        batch_xs, _ = mnist.train.next_batch(batch_size)
        trainbatch = np.array([img - mean_img for img in batch_xs])
```

与去噪自编码器一样，增加随机噪声以改善学习：

```
        trainbatch_noisy = trainbatch + 0.3*np.random.randn(\
            trainbatch.shape[0], 784)
        sess.run(optm, feed_dict={x: trainbatch_noisy \
                        , y: trainbatch, keepprob: 0.7})
        print ("[%02d/%02d] cost: %.4f" % (epoch_i, n_epochs \
            , sess.run(cost, feed_dict={x: trainbatch_noisy \
                        , y: trainbatch, keepprob: 1.})))
```

在每个训练周期，随机抽取 5 个训练样本：

```
    if (epoch_i % 10) == 0:
        n_examples = 5
        test_xs, _ = mnist.test.next_batch(n_examples)
        test_xs_noisy = test_xs + 0.3*np.random.randn(
            test_xs.shape[0], 784)
```

然后，在一个较小子集上测试训练模型：

```
        recon = sess.run(pred, feed_dict={x: test_xs_noisy,\
                                          keepprob: 1.})
        fig, axs = plt.subplots(2, n_examples, figsize=(15, 4))
        for example_i in range(n_examples):
            axs[0][example_i].matshow(np.reshape(
                test_xs_noisy[example_i, :], (28, 28))
                , cmap=plt.get_cmap('gray'))
```

最后，通过 Matplotlib 显示输入数据和学习后的数据：

```
            axs[1][example_i].matshow(np.reshape(
                np.reshape(recon[example_i, ...], (784,))
                + mean_img, (28, 28)), cmap=plt.get_cmap('gray'))
        plt.show()
```

执行所产生的输出结果如下：

```
>>>
Extracting data/train-images-idx3-ubyte.gz
Extracting data/train-labels-idx1-ubyte.gz
Extracting data/t10k-images-idx3-ubyte.gz
Extracting data/t10k-labels-idx1-ubyte.gz
Packages loaded
Network ready
Functions ready
Start training..
[00/05] cost: 8049.0332
[01/05] cost: 3706.8667
[02/05] cost: 2839.9155
[03/05] cost: 2462.7021
[04/05] cost: 2391.9460
>>>
```

注意，对于每个周期，在此可视化输入集和上述显示的相应学习集。由第一个周期可见（见图 5-11），无法判断哪些图像已经过学习。

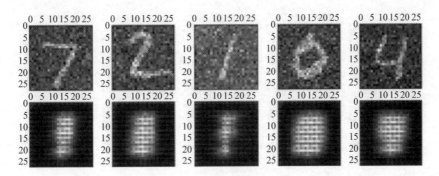

图 5-11 第一个周期的图像

在第二个周期中（见图 5-12），逐渐可判断出哪些图像经过学习。

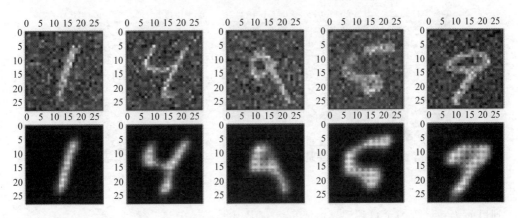

图 5-12 第二个周期的图像

图 5-13 是第三个周期。

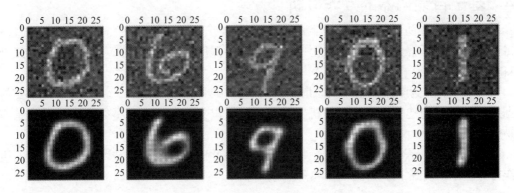

图 5-13 第三个周期的图像

在第四个周期（见图 5-14），效果更好一些。

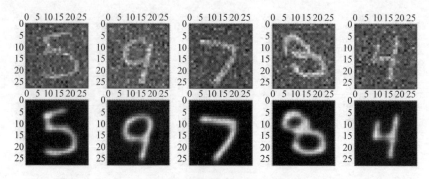

图 5-14　第四个周期的图像

可能在上个周期已停止学习，图 5-15 是第五个也是最后一个周期。

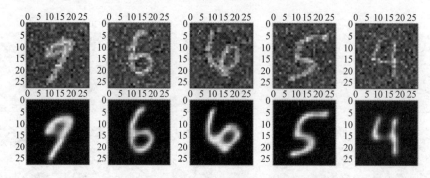

图 5-15　第五个周期的图像

到目前为止，学习了自编码器的不同实现及其改进。但是，该技术在 MNIST 数据集上的应用并不能展示出其强大功能。因此，接下来在一个更现实的问题中应用自编码器技术。

5.4　基于自编码器的欺诈分析

欺诈检测和预防对于银行、保险公司和信用合作社等金融公司而言是一项重要任务。到目前为止，已了解了如何以及在哪些情况下使用深度神经网络（DNN）和卷积神经网络（CNN）。

现在，实际应用其他无监督学习算法，如自编码器。在本节中，将探索信用卡交易的数据集，并尝试构建一个无监督的机器学习模型，以判断具体交易是欺诈性交易还是实际交易。

更具体地说，是利用自编码器预训练分类模型并应用异常检测技术来预测可能发生的欺诈行为。在开始之前，首先需要熟悉数据集。

5.4.1　数据集描述

在本例中，采用来自 Kaggle 的信用卡欺诈检测数据集。在此最好引用下列文献来更清晰地分析该数据集：

Andrea Dal Pozzolo、Olivier Caelen、Reid A. Johnson 和 Gianluca Bontempi。Calibrating Probability with Undersampling for Unbalanced Classification。计算智能和数据挖掘研讨会（CIDM），IEEE，2015 年。

该数据集包含了欧洲信用卡持有人在 2013 年 9 月进行的为期两天的交易。共有 285299 笔交易，其中只有 492 笔欺诈交易，这意味着数据集非常不平衡。正类（欺诈）仅占所有交易的 0.172%。

数据集包含 PCA 转换结果的数值输入变量。遗憾的是，由于保密性问题，无法提供有关数据的原始特性和更多背景信息。除了时间（Time）和金额（Amount）之外，还有 28 个特征，即 V1, V2, …, V27，这是经过 PCA 分析所得的主要成分。Class 特征是响应变量，如果是欺诈交易，则取值为 1，否则取 0。

两个附加特征，即时间和金额。"时间"列表示每笔交易与第一笔交易之间的时间（单位为 s），而"金额"列表示本次交易的转账金额。接下来，分析图 5-16 中的输入数据（仅显示了 V1、V2、V26 和 V27）。

```
+----+------------------+---------------------+---------------------+----------------------+--------+------+
|Time|               V1|                  V1|                   v2|                  V26|     V27|Amount|Class|
+----+------------------+---------------------+---------------------+----------------------+--------+------+
|   0| -1.35980713367380| -0.0727811733098497| -0.139114843888824|    0.133558376740387|  149.62|     0|
|   0|  1.19185711131486|  0.26615071205963|   0.125894532368176|   -0.00398309914322813|    2.69|     0|
|   1| -1.35835406159823| -1.34016307473609|  -0.139096571514147|   -0.0553527940384261|  378.66|     0|
|   1| -0.966271711572087| -0.185226008082898| -0.221928844458407|    0.0527228487293033|   123.5|     0|
|   2| -1.15823309349523|  0.877736754848451|  0.502292224181569|    0.219422229513348|   69.99|     0|
|   2| -0.425965884412454|  0.960523044882985|  0.185914779097957|    0.253844224739337|    3.67|     0|
|   4|  1.22965763450793|  0.141003507049326| -0.257236845917139|    0.0345074297438413|    4.99|     0|
|   7| -0.644269442348146|  1.41796354547385|  -0.0516342969262494|   -1.20692108094258|    40.8|     0|
|   7| -0.894286082220282|  0.286157196276544| -0.334157307702294|    0.0117473564581996|    93.2|     0|
|   9| -0.33826175242575|  1.11959337641566|  0.0941988339514961|    0.246219304619926|    3.68|     0|
+----+------------------+---------------------+---------------------+----------------------+--------+------+
```
仅显示前10行

图 5-16　信用卡欺诈检测数据集截图

5.4.2　问题描述

对于本例，将采用自编码器作为无监督的特征学习算法，学习并泛化训练数据共享的公用模式。在重构阶段，对于具有异常模式的数据点，RMSE 值会很高。因此，这些数据点是野值或异常值。

假设异常值也属于所讨论的欺诈性交易。

现在，在评估步骤中，可以根据验证数据选择 RMSE 的阈值，并将 RMSE 高于阈值的所有数据标记为欺诈。或者，如果认为所有交易的 0.1% 都是欺诈性的，也可以根据每个数据点（即 RMSE）的重构误差对数据进行排名，然后选择前 0.1% 认为是欺诈性交易。

在给定类别不平衡率情况下，由于混淆矩阵准确率在类别不平衡分类中无任何意义，因此建议采用精度召回曲线下面积（AUPRC）来测量准确率。在这种情况下，最好通过过采样或欠采样技术，采用线性机器学习模型，如随机森林、逻辑回归或支持向量机等。或者，可以尝试搜索数据中的异常值，因为假设数据集中只有少数欺诈交易，即异常值。

在处理这种严重的响应标签不平衡时,也需要谨慎度量模型性能。由于只有少数欺诈性交易,因此将所有交易都预测为非欺诈的模型可达到99%以上的准确率。然而,尽管具有很高的预测准确率,但线性机器学习模型(甚至是机器学习+集成学习)并不一定真正有助于找到欺诈性交易。

对于本例,将构建一个无监督模型:该模型利用正数据和负数据(欺诈和非欺诈)进行训练,但不提供标签。由于正常交易远多于欺诈性交易,因此应期望该模型能够在训练后学习和记忆正常交易模式,且能够为任何异常交易打分。

由于没有足够的标记数据,这种无监督的训练对于这一目的需求非常有效。接下来,开始具体实现。

5.4.3 探索性数据分析

在建模之前,探索数据集可提供一些信息。首先导入所需的软件包和模块(包括本例所需的其他软件包和模块):

```
import pandas as pd
import numpy as np
import tensorflow as tf
import os
from datetime import datetime
from sklearn.metrics import roc_auc_score as auc
import seaborn as sns # for statistical data visualization
import matplotlib.pyplot as plt
import matplotlib.gridspec as gridspec
```

安装 seaborn

在此可以安装 seaborn,这是一个以多种方式可视化统计数据的 Python 模块:

```
$ sudo pip install seaborn # for Python 2.7
$ sudo pip3 install seaborn # for Python 3.x
$ sudo conda install seaborn # using conda
# Directly from GitHub (use pip for Python 2.7)
$ pip3 install git+https://github.com/mwaskom/seaborn.git
```

现在,假设已从上述 URL 下载了数据集。其中,包括一个名为 creditcard.csv 的 CSV 文件。

接下来,读取数据集并创建一个 pandas 数据结构:

```
df = pd.read_csv('creditcard.csv')
print(df.shape)
>>>
(284807, 31)
```

可见,数据集包含大约 300000 条交易、30 个特征和两个二进制标签(即 0/1)。现在分析各列的名称及其数据类型:

```
print(df.columns)
>>>
Index(['Time', 'V1', 'V2', 'V3', 'V4', 'V5', 'V6', 'V7', 'V8', 'V9',
'V10', 'V11', 'V12', 'V13', 'V14', 'V15', 'V16', 'V17', 'V18',
'V19', 'V20', 'V21', 'V22', 'V23', 'V24', 'V25', 'V26', 'V27', 'V28',
'Amount', 'Class'],
  dtype='object')

print(df.dtypes)
>>>
Time       float64
V1         float64
V2         float64
V3         float64
…
V25        float64
V26        float64
V27        float64
V28        float64
Amount     float64
  Class      int64
```

接下来，查看数据集（见图 5-17）：

```
print(df.head())
>>>
```

	时间	V1	V2	V3	V4	V5	V6	V7	V8	V9	...	V21
0	0.0	-1.359807	-0.072781	2.536347	1.378155	-0.338321	0.462388	0.239599	0.098698	0.363787	...	-0.018307
1	0.0	1.191857	0.266151	0.166480	0.448154	0.060018	-0.082361	-0.078803	0.085102	-0.255425	...	-0.225775
2	1.0	-1.358354	-1.340163	1.773209	0.379780	-0.503198	1.800499	0.791461	0.247676	-1.514654	...	0.247998
3	1.0	-0.966272	-0.185226	1.792993	-0.863291	-0.010309	1.247203	0.237609	0.377436	-1.387024	...	-0.108300
4	2.0	-1.158233	0.877737	1.548718	0.403034	-0.407193	0.095921	0.592941	-0.270533	0.817739	...	-0.009431

图 5-17　数据集截图

所有交易的时间跨度为

```
print("Total time spanning: {:.1f} days".format(df['Time'].max() /
(3600 * 24.0)))
>>>
Total time spanning: 2.0 days
```

类别统计信息为

```
print("{:.3f} % of all transactions are fraud. ".format(np.
sum(df['Class']) / df.shape[0] * 100))
>>>
0.173 % of all transactions are fraud.
```

由上可知，只有少量欺诈性交易。这在文献中也称为罕见事件检测，且意味着数据集高度不平衡。现在，绘制前五个特征的直方图：

```
plt.figure(figsize=(12,5*4))
gs = gridspec.GridSpec(5, 1)
for i, cn in enumerate(df.columns[:5]):
    ax = plt.subplot(gs[i])
    sns.distplot(df[cn][df.Class == 1], bins=50)
    sns.distplot(df[cn][df.Class == 0], bins=50)
    ax.set_xlabel('')
    ax.set_title('histogram of feature: ' + str(cn))
plt.show()
>>>
```

由图 5-18 可知，所有特征都是正偏或负偏。此外，数据集中没有太多特征，因此截尾操作会丢失重要信息。为此，暂时尽量不进行截尾，并利用所有特征。

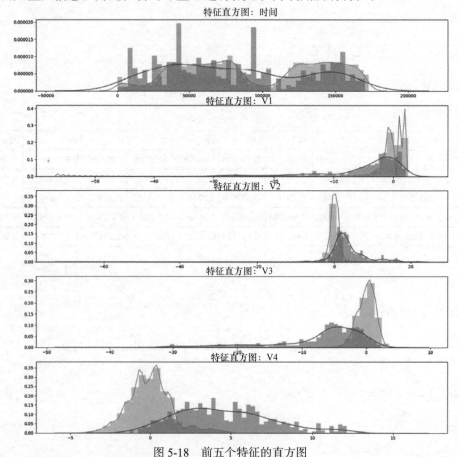

图 5-18　前五个特征的直方图

5.4.4 训练集、验证集和测试集准备

在训练开始前，先将数据分成训练集、开发集（也称为验证集）和测试集。首先将前 80% 的数据作为训练集和验证集，剩余的 20% 用作测试集：

```
TEST_RATIO = 0.20
df.sort_values('Time', inplace = True)
TRA_INDEX = int((1-TEST_RATIO) * df.shape[0])
train_x = df.iloc[:TRA_INDEX, 1:-2].values
train_y = df.iloc[:TRA_INDEX, -1].values
test_x = df.iloc[TRA_INDEX:, 1:-2].values
test_y = df.iloc[TRA_INDEX:, -1].values
```

现在，输出上述拆分的统计信息：

```
print("Total train examples: {}, total fraud cases: {}, equal to 
{:.5f} % of total cases. ".format(train_x.shape[0], np.sum(train_y), 
(np.sum(train_y)/train_x.shape[0])*100))

print("Total test examples: {}, total fraud cases: {}, equal to {:.5f}
% of total cases. ".format(test_x.shape[0], np.sum(test_y), (np.
sum(test_y)/test_y.shape[0])*100))

>>>
Total train examples: 227845, total fraud cases: 417, equal to 0.18302
% of total cases.
Total test examples: 56962, total fraud cases: 75, equal to 0.13167 %
of total cases.
```

5.4.5 归一化

为了获得更好的预测准确率，可以考虑两种类型的标准化：z-score 和线性函数归一化：
- z-score：是将每列的值归一化为服从均值为 0 方差为 1 的正态分布。这特别适用于 tanh 等激活函数，其输出值位于零的两侧。其次，会保留极值，因此在归一化后会存在一些极值。在这种情况下，可能适用于检测异常值。
- 线性函数归一化：可以确保所有值位于 0~1 之间，即正值。如果使用 sigmoid 作为激活函数，这是默认方法。

在此，通过验证集来决定数据标准化方法和激活函数。实验表明采用 z-score 标准化方法时，tanh 的性能略好于 sigmoid。因此，选择 tanh 激活函数，以及 z-score 归一化方法：

```
cols_mean = []
cols_std = []

for c in range(train_x.shape[1]):
    cols_mean.append(train_x[:,c].mean())
    cols_std.append(train_x[:,c].std())
    train_x[:, c] = (train_x[:, c] - cols_mean[-1]) / cols_std[-1]
    test_x[:, c] =  (test_x[:, c] - cols_mean[-1]) / cols_std[-1]
```

5.4.6 自编码器作为无监督特征学习算法

本节将学习如何使用自编码器作为无监督的特征学习算法。首先，初始化网络超参数：

```
learning_rate = 0.001
training_epochs = 1000
batch_size = 256
display_step = 10
n_hidden_1 = 15 # 神经元个数即特征个数
n_input = train_x.shape[1]
```

由于第一层和第二层中分别包含 15 个和 5 个神经元，因此所构建网络的架构为:28（输入）-> 15 -> 5 -> 15 -> 28（输出）。接下来，构建自编码器网络。

首先，创建一个 TensorFlow 占位符来保存输入：

```
X = tf.placeholder("float", [None, n_input])
```

现在，必须随机初始化创建偏差和权重向量：

```
weights = {
    'encoder_h1': tf.Variable\
                (tf.random_normal([n_input, n_hidden_1])),
    'decoder_h1': tf.Variable\
                (tf.random_normal([n_hidden_1, n_input])),
}
biases = {
    'encoder_b1': tf.Variable(tf.random_normal([n_hidden_1])),
    'decoder_b1': tf.Variable(tf.random_normal([n_input])),
}
```

接下来，构建一个简单的自编码器。其中，采用 encoder() 函数来构造编码器。采用 tanh 函数对隐层进行编码，具体如下：

```
def encoder(x):
    layer_1 = tf.nn.tanh(tf.add\
            (tf.matmul(x, weights['encoder_h1']),\
             biases['encoder_b1']))
    return layer_1
```

接着是构造解码器的 decoder() 函数。采用 tanh 函数来解码隐层，如下所示：

```
def decoder(x):
    layer_1 = tf.nn.tanh(tf.add\
            (tf.matmul(x, weights['decoder_h1']),\
             biases['decoder_b1']))
    return layer_1
```

之后，通过馈入输入数据的 TensorFlow 占位符来构建模型。权重和偏差（神经网络中的 W 和 b）包含了待学习优化网络的所有参数，如下所示：

```
encoder_op = encoder(X)
decoder_op = decoder(encoder_op)
```

一旦构建完自编码器网络，就可以进行预测，其中，预测目标是输入数据：

```
y_pred = decoder_op
y_true = X
```

预测完成后，需要定义 batch_mse 来评估预测性能：

```
batch_mse = tf.reduce_mean(tf.pow(y_true - y_pred, 2), 1)
```

未观察量均方误差（MSE）是测量误差平方或偏差的平均值。从统计角度来看，这是对估计器性能的一种度量（总是非负的，值越接近零越好）。

如果 $\hat{Y}$ 是包含 n 个预测值的一个向量，Y 是被预测变量的观测向量，则预测器的样本 MSE 计算如下：

$$\text{MSE} = \frac{1}{n}\sum_{i=1}^{n}\left(Y_i - \hat{Y}_i\right)^2$$

由此可见，MSE 是误差平方 $\left(Y_i - \hat{Y}_i\right)^2$ 的平均值 $\left(\frac{1}{n}\sum_{i=1}^{n}\right)$。

在此，设置另一个 batch_mse，返回一批中所有输入数据的 RMSE，这是一个长度等于输入数据中行数的向量。这是输入（无论是训练数据、验证数据还是测试数据）的预测值，或欺诈分数，并可在预测完成后提取。接下来，定义损失和优化器，并最小化平方误差：

```
cost_op = tf.reduce_mean(tf.pow(y_true - y_pred, 2))
optimizer = tf.train.RMSPropOptimizer(learning_rate).minimize(cost_op)
```

每个层所用的激活函数是 tanh 函数。目标函数或成本函数是测量一批中预测值和输入数组之间的 RMSE 总量，这是一个标量。之后，每次更新批次，都会运行优化器。

太棒了！现在可以进行训练了。但在训练之前，需要先定义训练模型的保存路径：

```
save_model = os.path.join(data_dir, 'autoencoder_model.ckpt')
saver = tf.train.Saver()
```

至此，已定义了多个变量和超参数，因此必须初始化这些变量：

```
init_op = tf.global_variables_initializer()
```

最后，开始训练。在训练周期中循环所有批次。然后运行优化操作和成本操作来获得损失值。接着，显示每个周期的运行日志。最后，保存训练后的模型：

```python
epoch_list = []
loss_list = []
train_auc_list = []
data_dir = 'Training_logs/'
with tf.Session() as sess:
    now = datetime.now()
    sess.run(init_op)
    total_batch = int(train_x.shape[0]/batch_size)
    
    # 训练循环
    for epoch in range(training_epochs):
        # 循环执行所有批
        for i in range(total_batch):
            batch_idx = np.random.choice(train_x.shape[0],\
                        batch_size)
            batch_xs = train_x[batch_idx]
            
            # 运行优化函数（反向传播）和
            # 成本函数（计算损失值）
            _, c = sess.run([optimizer, cost_op],\
                feed_dict={X: batch_xs})
        
        # 显示每个周期的运行日志
        if epoch % display_step == 0:
            train_batch_mse = sess.run(batch_mse,\
                feed_dict={X: train_x})
            epoch_list.append(epoch+1)
            loss_list.append(c)
            train_auc_list.append(auc(train_y, train_batch_mse))
            print("Epoch:", '%04d,' % (epoch+1),
                "cost=", "{:.9f},".format(c),
                "Train auc=", "{:.6f},".format(auc(train_y, \
                train_batch_mse))),
    print("Optimization Finished!")
    save_path = saver.save(sess, save_model)
    print("Model saved in: %s" % save_path)

save_model = os.path.join(data_dir, autoencoder_model_1L.ckpt')
saver = tf.train.Saver()
```

上述代码段很简单。每次，从 train_x 中随机抽取 256 个小批量数据，将其作为 X 的输入提供给模型，并运行优化器通过随机梯度下降（SGD）来更新参数：

```
>>>
Epoch: 0001, cost= 0.938937187, Train auc= 0.951383
Epoch: 0011, cost= 0.491790086, Train auc= 0.954131
…
Epoch: 0981, cost= 0.323749095, Train auc= 0.953185
```

```
Epoch: 0991, cost= 0.255667418, Train auc= 0.953107
Optimization Finished!
Model saved in: Training_logs/autoencoder_model.ckpt
Test auc score: 0.947296
```

在 train_x 上获得的 AUC 得分约为 0.95。然而，从上述运行日志中，很难理解是如何进行训练的：

```
# 绘制随时间变化的训练AUC
plt.plot(epoch_list, train_auc_list, 'k--', label='Training AUC',
linewidth=1.0)
plt.title('Traing AUC per iteration')
plt.xlabel('Iteration')
plt.ylabel('Traing AUC')
plt.legend(loc='upper right')
plt.grid(True)

# 绘制随时间变化的训练损失
plt.plot(epoch_list, loss_list, 'r--', label='Training loss',
linewidth=1.0)
plt.title('Training loss')
plt.xlabel('Iteration')
plt.ylabel('Loss')
plt.legend(loc='upper right')
plt.grid(True)
plt.show()
>>>
```

由图 5-19 可见，训练误差有些波动，但训练 AUC 几乎保持平稳，约为 95%。这可能有些难以置信。另外，这是使用相同的数据进行训练和验证。这更加无法理解，不过少安毋躁！

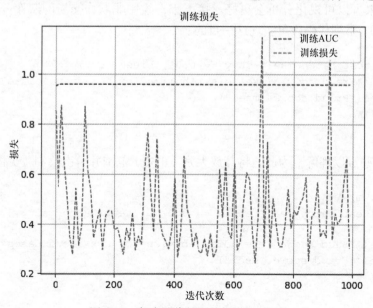

图 5-19　每次迭代的训练损失和 AUC

由于这是无监督的训练,且模型在训练期间对标签未知,因此不会导致过拟合。所进行的验证是用于监视过早停止以及超参数调节。

5.4.7 模型评估

在完成自编码器模型和超参数训练之后,可以在 20% 的测试数据集上评估其性能,如下所示:

```
save_model = os.path.join(data_dir, autoencoder_model.ckpt')
saver = tf.train.Saver()

# 初始化变量
init = tf.global_variables_initializer()

with tf.Session() as sess:
    now = datetime.now()
    saver.restore(sess, save_model)
    test_batch_mse = sess.run(batch_mse, feed_dict={X: test_x})

    print("Test auc score: {:.6f}".format(auc(test_y, \
    test_batch_mse)))
```

在上述代码中,重用了之前的训练模型。test_batch_mse 是针对测试数据的欺诈得分:

```
>>>
Test auc score: 0.948843
```

非常棒!证明训练后的模型是一个非常准确的模型,表明 AUC 约为 95%。尽管实现了评估,但如果可以可视化分析会更好。接下来,绘制非欺诈交易的欺诈分数(MSE)分布(见图 5-20)。下列代码段可实现这一目的:

```
plt.hist(test_batch_mse[test_y == 0.0], bins = 100)
plt.title("Fraud score (mse) distribution for non-fraud cases")
plt.xlabel("Fraud score (mse)")
plt.show()
>>>
```

图 5-20 有些难以理解,为此,将其放大到(0,30)范围并再次绘制(见图 5-21):

```
# 放大到 (0, 30) 范围
plt.hist(test_batch_mse[(test_y == 0.0) & (test_batch_mse < 30)], bins
= 100)
plt.title("Fraud score (mse) distribution for non-fraud cases")
plt.xlabel("Fraud score (mse)")
plt.show()
>>>
```

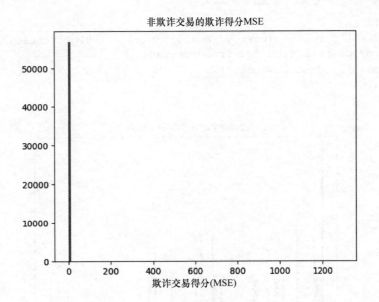

图 5-20　非欺诈交易的欺诈得分 MSE

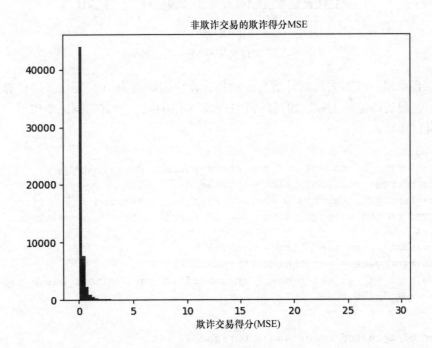

图 5-21　非欺诈案件的欺诈得分 MSE，放大到（0,30）范围

现在,仅显示欺诈类交易(见图5-22):

```
# 仅显示欺诈类交易
plt.hist(test_batch_mse[test_y == 1.0], bins = 100)plt.title("Fraud score (mse) distribution for fraud cases")
plt.xlabel("Fraud score (mse)")
plt.show()
>>>
```

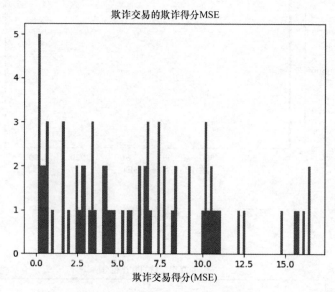

图 5-22　欺诈交易的 MSE 欺诈得分

最后,再给出一些相关的统计数据。例如,设检测阈值为10。现在,可计算超过阈值的检测个数,超过阈值的正数,超过阈值的准确率(即精度),并与测试集中欺诈交易的平均百分比进行比较:

```
threshold = 10
print("Number of detected cases above threshold: {}, \n\
Number of pos cases only above threshold: {}, \n\
The percentage of accuracy above threshold (Precision): {:0.2f}%. \n\
Compared to the average percentage of fraud in test set: 0.132%".
format( \
np.sum(test_batch_mse > threshold), \
np.sum(test_y[test_batch_mse > threshold]), \
np.sum(test_y[test_batch_mse > threshold]) / np.sum(test_batch_mse > threshold) * 100))
>>>

Number of detected cases above threshold: 198,
Number of positive cases only above threshold: 18,
The percentage of accuracy above threshold (Precision): 9.09%.
Compared to the average percentage of fraud in test set: 0.132%
```

综上，对于本例，只有一个隐层的自编码器已足够（至少对于训练而言）。但仍可以尝试采用其他改进形式，例如解卷积自编码器和去噪自编码器来解决同样的问题。

5.5 小结

在本章中，实现了一些称为自编码器的优化网络。自编码器实质上是一种数据压缩的网络模型。可用于将给定输入编码为较小维度的表示，然后使用解码器从编码数据中重构输入。在此实现的所有自编码器都包含编码和解码两部分。

另外，还分析了如何通过在网络训练期间引入噪声并构建去噪自编码器来提高自编码器的性能。最后，应用第 4 章卷积神经网络中介绍的 CNN 概念实现了卷积自编码器。

即使隐含单元的数量很大，仍可以通过在网络上施加其他约束利用自编码器来分析数据集中的隐含结构。换句话说，如果对隐含单元施加少量约束，那么自编码器仍可以发现一些重要结构。为了证明这一观点，以一个实际应用为例，即信用卡欺诈分析，成功应用了自编码器。

循环神经网络（RNN）是一种在单元之间形成有向循环连接的人工神经网络。RNN 可利用过去的信息，如时间序列预测，从而可对具有高度时间依赖性的数据进行预测。这创建了一个可展示动态时间特性的网络内部状态。

在下一章中，将研究递归神经网络。首先介绍这类网络的基本原理，然后实现基于这种架构的一些示例。

第 6 章
循环神经网络（RNN）

RNN 是各单元之间形成有向循环连接的一类人工神经网络。而且，RNN 能充分利用过去的信息。这样，就可以对具有高度时间依赖性的数据进行预测。并创建了一种内部状态，从而可以展示网络的动态时间特性。在本章中，将使用 RNN 及其架构变体开发几个实际预测模型，以使得更易于进行预测分析。

首先，介绍一些 RNN 的理论背景。然后，分析一些示例来展示一种系统性方法用于实现图像分类、电影情感分析和基于自然语言处理（NLP）的垃圾邮件等预测模型。

接下来，介绍如何为时间序列数据开发预测模型。最后，分析如何开发一个 LSTM 网络以解决更高级的问题，如人类行为识别。

综上，本章的主要内容包括：
- RNN 的工作原理；
- RNN 和梯度消失 - 爆炸问题；
- 垃圾邮件预测的 RNN 实现；
- 针对时间序列数据的 LSTM 预测模型开发；
- 用于情感分析的 LSTM 预测模型；
- 基于 LSTM 模型的人类行为识别。

6.1 RNN 的工作原理

本节首先介绍有关 RNN 的一些相关信息。然后分析经典 RNN 的一些潜在缺点。最后，介绍一种称为 LSTM 的改进 RNN 变体，以解决上述缺点。

人类不会完全从头开始思考问题。人类大脑中具有一种所谓的持久记忆性，即一种将过去信息与近期信息联系起来的能力。传统的神经网络忽略了过去事件。以电影场景分类器为例，神经网络不可能利用过去的场景对当前场景进行分类。RNN 正是为解决该问题而开发的。

与传统神经网络不同，RNN 是一种允许信息在神经网络中持久存在的具有循环连接的网络。由图 6-1a 可见，网络 A 在某一时刻 t 接收输入 x_t 并输出值 h_t。因此，在图 6-1b 中，可将 RNN 看作是具有多个相同副本的网络，其中，每个副本都会将消息传递给下一层。

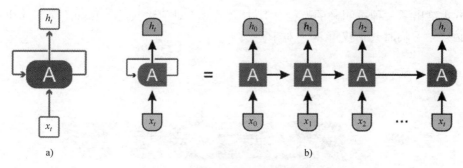

图 6-1　具有循环连接的 RNN

现在，如果展开上述网络，会有什么发现呢？在此，以一个简单而真实的情况为例。假设 x_0 = 星期一，x_1 = 星期二，x_2 = 星期三，依此类推。如果 h 保存了每天所吃的食物，那么昨天的用餐决定会影响明天的饮食。这可通过图 6-2 来解释说明。

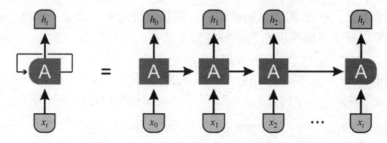

图 6-2　图 6-1 所示的同一 RNN 的展开表示

但是，展开的网络并未提供有关 RNN 的详细信息。RNN 与传统神经网络的不同之处在于引入了转换权重 W 以随时间变化进行信息传递。RNN 一次仅处理一个顺序输入，更新一种包含过去序列所有元素信息的向量状态。图 6-3 显示了一个以 $X(t)$ 值为输入，然后输出 $Y(t)$ 值的神经网络。

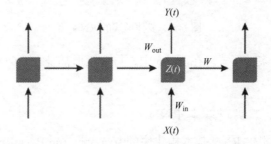

图 6-3　可充分利用网络先前状态的 RNN 架构

如图 6-1 所示，神经网络的前半部分由 $Z(t)=X(t)W_{in}$ 函数表征，而后半部分的形式为 $Y(t)=Z(t)W_{out}$。那么，完整的神经网络可表示为 $Y(t)=[X(t)W_{in}]W_{out}$。

在每个时刻 t 调用学习模型时，该架构并未考虑关于先前运行的任何知识。这正如仅通过观察当日数据来预测股市趋势一样。更好的办法是利用一周或一月数据的总体模式。

图 6-4 给出了一种更明确的架构，其中除了 w_1（对于输入层）和 w_3（对于输出层）之外，还必须学习临时共享权重 w_2（对于隐层）。

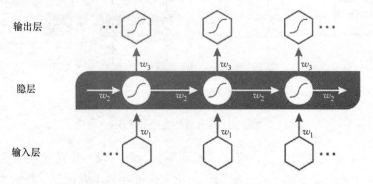

图 6-4　RNN 架构，其中所有层中的所有权重必须随时间学习

从计算角度来看，RNN 需要利用许多输入向量来处理和生成输出向量。假设图 6-5 中的每个矩形中都有一个向量深度和其他特殊隐含特性。可以有多种形式，如一对一、一对多和多对多。

由图 6-5 可知，一对一的架构是标准的前馈神经网络。多对一的架构是接收特征向量的时间序列（每个时间步一个向量）并将其转换为输出概率向量以进行分类。

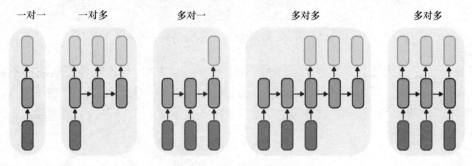

图 6-5　多种形式的 RNN

因此，RNN 可以有多种形式。在图 6-5 中，每个矩形都是一个向量，箭头表示函数（如，矩阵乘法）。

6.1.1　在 TensorFlow 下实现基本 RNN

TensorFlow 中具有提供 RNN 基本构建块的 tf.contrib.rnn.BasicRNNCell 和 tf.nn.rnn_cell.BasicRNNCell。不过，首先不利用上述构建块来实现一个非常简单的 RNN 模型。目的是更好地了解内部的具体原理。

在此使用 ReLU 激活函数构建一个由 5 层循环神经元组成的 RNN。假设 RNN 仅运行两个时间步，且在每个时间步取大小为 3 的输入向量。构建这一 RNN 的代码如下，包括两个时间步。

```
n_inputs = 3
n_neurons = 5
X1 = tf.placeholder(tf.float32, [None, n_inputs])
X2 = tf.placeholder(tf.float32, [None, n_inputs])

Wx = tf.get_variable("Wx", shape=[n_inputs,n_neurons], dtype=tf.
float32, initializer=None, regularizer=None, trainable=True,
collections=None)

Wy = tf.get_variable("Wy", shape=[n_neurons,n_neurons], dtype=tf.
float32, initializer=None, regularizer=None, trainable=True,
collections=None)

b = tf.get_variable("b", shape=[1,n_neurons], dtype=tf.float32,
initializer=None, regularizer=None, trainable=True, collections=None)

Y1 = tf.nn.relu(tf.matmul(X1, Wx) + b)
Y2 = tf.nn.relu(tf.matmul(Y1, Wy) + tf.matmul(X2, Wx) + b)
```

然后，全局变量初始化如下：

```
init_op = tf.global_variables_initializer()
```

该网络类似于一个双层前馈神经网络，只是两个层具有相同的权重和偏置向量。此外，为每一层提供输入并从每一层接收输出。

```
X1_batch = np.array([[0, 2, 3], [2, 8, 9], [5, 3, 8], [3, 2, 9]]) # t
= 0
X2_batch = np.array([[5, 6, 8], [1, 0, 0], [8, 2, 0], [2, 3, 6]]) # t
= 1
```

这些小批量包含 4 个实例，每个实例都有一个由两个输入组成的输入序列。最后，Y1_val 和 Y2_val 包含小批量中所有神经元和所有实例的两个时间步的网络输出。接着，创建一个 TensorFlow 会话并执行计算图，具体如下：

```
with tf.Session() as sess:
        init_op.run()
        Y1_val, Y2_val = sess.run([Y1, Y2], feed_dict={X1:
        X1_batch, X2: X2_batch})
```

最后，输出结果：

```
print(Y1_val) # output at t = 0
print(Y2_val) # output at t = 1
```

输出如下：

```
>>>
[[  0.            0.            0.            2.56200171    1.20286    ]
 [  0.            0.            0.           12.39334488    2.7824254 ]
 [  0.            0.            0.           13.58520699    5.16213894]
 [  0.            0.            0.            9.95982838    6.20652485]]

[[  0.            0.            0.           14.86255169    6.98305273]
 [  0.            0.           26.35326385    0.66462421   18.31009483]
 [  5.12617588    4.76199865   20.55905533   11.71787453   18.92538261]
 [  0.            0.           19.75175095    3.38827515   15.98449326]]
```

在此创建的网络很简单,但是如果运行超过 100 个时间步,则图就会非常庞大。现在,分析如何利用 TensorFlow 中的 contrib 软件包来创建同样的 RNN。static_rnn() 函数可通过链接单元来创建一个展开的 RNN,如下所示:

```
basic_cell = tf.nn.rnn_cell.BasicRNNCell(num_units=n_neurons)
output_seqs, states = tf.contrib.rnn.static_rnn(basic_cell, [X1,
X2], dtype=tf.float32)
Y1, Y2 = output_seqs
init_op = tf.global_variables_initializer()
X1_batch = np.array([[0, 2, 3], [2, 8, 9], [5, 3, 8], [3, 2, 9]]) # t
= 0
X2_batch = np.array([[5, 6, 8], [1, 0, 0], [8, 2, 0], [2, 3, 6]]) # t
= 1
with tf.Session() as sess:    init_op.run()
    Y1_val, Y2_val = sess.run([Y1, Y2], feed_dict={X1: X1_batch, X2:
X2_batch})
print(Y1_val) # output at t = 0
print(Y2_val) # output at t = 1
```

输出如下:

```
>>>
[[-0.95058489  0.85824621  0.68384844 -0.55920446 -0.87788445]
 [-0.99997741  0.99928695  0.99601227 -0.98470896 -0.99964565]
 [-0.99321234  0.99998873  0.99999011 -0.83302033 -0.98657602]
 [-0.99771607  0.99999255  0.99997681 -0.74148595 -0.99279612]]

[[-0.99982268  0.99888307  0.999865   -0.98920071 -0.99867421]
 [-0.64704001 -0.87286478  0.34580848 -0.66372067 -0.52697307]
 [ 0.3253428   0.62628752  0.99945754 -0.887465   -0.17882833]
 [-0.99901992  0.9688856   0.99529684 -0.9469955  -0.99445421]]
```

但是,如果使用 static_rnn() 函数,仍可以构建一个每个时间步包含一个单元格的计算图。现在,假设有 100 个时间步;图很大而难以理解。为解决这个问题,dynamic_rnn() 函数提供了一个随时间变化而动态展开的功能：

```
n_inputs = 3
n_neurons = 5
n_steps = 2

X = tf.placeholder(tf.float32, [None, n_steps, n_inputs])
seq_length = tf.placeholder(tf.int32, [None])

basic_cell = tf.nn.rnn_cell.BasicRNNCell(num_units=n_neurons)
output_seqs, states = tf.nn.dynamic_rnn(basic_cell, X,
dtype=tf.float32)

X_batch = np.array([
                [[0, 2, 3], [2, 8, 9]], # instance 0
                [[5, 6, 8], [0, 0, 0]], # instance 1 (padded
with a zero vector)
                [[6, 7, 8], [6, 5, 4]], # instance 2
                [[8, 2, 0], [2, 3, 6]], # instance 3
                ])
seq_length_batch = np.array([3, 4, 3, 5])
init_op = tf.global_variables_initializer()

with tf.Session() as sess:
        init_op.run()
        outputs_val, states_val = sess.run([output_seqs, states],
feed_dict={X: X_batch, seq_length: seq_length_batch})

print(outputs_val)
```

上述代码的输出如下：

```
>>>
[[[ 0.03708282  0.24521144 -0.65296066 -0.42676723  0.67448044]
  [ 0.50789726  0.98529315 -0.99976575 -0.84865189  0.96734977]]
 [[ 0.99343652  0.96998596 -0.99997932  0.59788793  0.00364922]
  [-0.51829755  0.56738734  0.78150493  0.16428296 -0.33302191]]
 [[ 0.99764818  0.99349713 -0.99999821  0.60863507 -0.02698862]
  [ 0.99159312  0.99838346 -0.99994278  0.83168954 -0.81424212]]

print(states_val)
>>>
[[ 0.99968255  0.99266654 -0.99999398  0.99020076 -0.99553883]
 [ 0.85630441  0.72372746 -0.90620565  0.60570842  0.1554002 ]]
[[ 0.50789726  0.98529315 -0.99976575 -0.84865189  0.96734977]
 [-0.51829755  0.56738734  0.78150493  0.16428296 -0.33302191]
 [ 0.99159312  0.99838346 -0.99994278  0.83168954 -0.81424212]
 [ 0.85630441  0.72372746 -0.90620565  0.60570842  0.1554002 ]
```

现在，接下来会发生什么？在反向传播期间，dynamic_rnn() 函数使用 while_loop() 操作在单元格上运行适当的次数。然后，保存正向传输过程中每次迭代的张量值，以便计算反向传播过程中的梯度。

正如前面章节中所述，过拟合是 RNN 的一个主要问题。退出层可有助于避免过拟合。在本章后面部分将介绍一个用户友好的示例。

6.1.2　RNN 与长时依赖性问题

RNN 功能非常强大且应用广泛。但是，通常只需根据最近的信息来执行当前任务，而不是保存信息或很久之前的信息。这经常应用于 NLP 中的语言建模。一个常见的例子如图 6-6 所示。

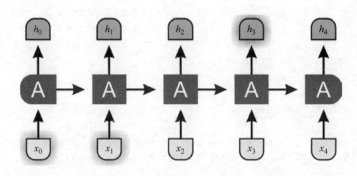

图 6-6　如果相关信息与所需位置之间的间隙很小，RNN 可学习使用过去的信息

假设一个语言模型是试图基于前面的单词预测下一个单词。作为人类而言，如果试图预测 "天空是……" 的最后一个单词，在没有进一步的上下文背景下，所预测的下一个词很可能是 "蓝色"。在这种情况下，相关信息和单词位置之间的间隙很小。因此，RNN 可以很容易地学习使用过去的信息。

然而，考虑一个较长的文本："Reza 在孟加拉国长大。他在韩国学习。他说着流利……"，这时就需要更多的上下文背景。在这句话中，根据最后的信息，预计下一个词可能是一种语言的名称；但是，如果要缩小范围确定具体是哪种语言，则根据前面的单词，可知是孟加拉语。

这里，间隙要大于前一个示例，因此 RNN 无法学习连接信息。这是 RNN 的一个严重缺点，如图 6-7 所示。在此，可利用 LSTM 来解决此问题。在下面内容中将介绍一些常用的 RNN 架构，如 LSTM、双向 RNN 和 GRU。

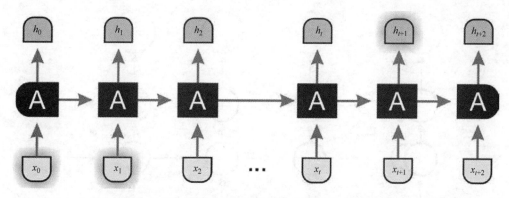

图 6-7　如果相关信息与所需位置之间的间隙较大，则 RNN 无法学习使用过去的信息

6.1.2.1　双向 RNN

双向 RNN（BRNN）的基本思想是：时刻 t 的输出取决于序列中的先前元素和未来元素。为实现上述思想，必须将两个 RNN 的输出混合：一个 RNN 在一个方向上执行处理过程，而第二个 RNN 在相反方向上执行处理过程。图 6-8 展示了常规 RNN 和双向 RNN（BRNN）之间的根本区别。

图 6-8 给出了一个更加明确的 BRNN 架构，其中除了输入层和输出层之外，还必须学习临时共享权重 w_2、w_3、w_4 和 w_5（对于前向层和反向层）：

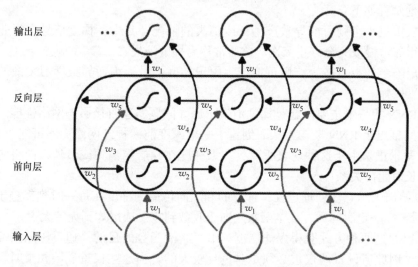

图 6-8　BRNN 架构，其中所有层中的所有权重都必须随时间进行学习

展开的架构也是 BRNN 的一种非常常见的实现方式。BRNN 的展开架构如图 6-9 所示。网络将常规 RNN 中的神经元分成两个方向，一个用于正时间方向（前向状态），另一个用于负时间方向（反向状态）。通过这种结构，输出层可以从过去状态和未来状态中获得信息，如图 6-9 所示。

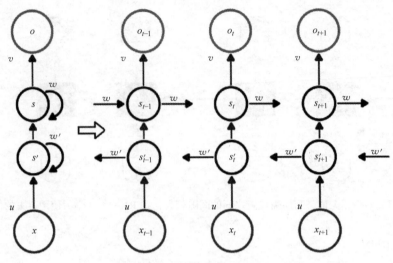

图 6-9 一个展开的双向 RNN

6.2 RNN 与梯度消失 – 爆炸问题

多层网络中多个激活函数的梯度乘积即为更深层的梯度。当这些梯度很小或为零时，很容易消失。另一方面，若大于 1 时，又可能会爆炸。因此，非常难以进行梯度计算和更新。

更详细地解释如下：

- 如果权重较小，则可能导致产生梯度消失的情况，其中，梯度信号变得非常小，以至于学习变得非常慢或完全停止工作。这通常称为梯度消失。
- 如果矩阵中的权重较大，则可能产生由于梯度信号太大而导致学习发散的情况。这通常称为梯度爆炸。

因此，RNN 的一个主要问题是梯度消失—爆炸问题，这直接影响网络性能。正是根据反向传播时间推出了 RNN 架构，从而创建了一个深度前馈神经网络。不可能由 RNN 获得长时上下文背景正是由于这种现象所致：如果梯度在几层内消失或爆炸，网络将无法学习数据之间的长时距离关系。

图 6-10 给出了示意性处理过程：计算的和反向传播的梯度在每一时刻都趋于减小（或增大），然后，在一定时间后，成本函数趋向于收敛到零（或爆炸到无穷大）。

在此可以通过两种方式获得爆炸梯度。由于激活函数的目的是通过压缩来控制网络中的较大变化，因此所设置的权重必须是非负且较大的。当这些权重逐层相乘时，会导致成本大幅变化。在神经网络模型的学习过程中，最终目标是最小化成本函数并改变权重以达到最优成本。

例如，成本函数是均方误差。这是一个纯凸函数，且目的是确定导致凸函数的根本原因。如果权重增大到一定量，那么向下动量就会增大，这时会在最佳值处反复超调，导致模型永远不能完成学习！

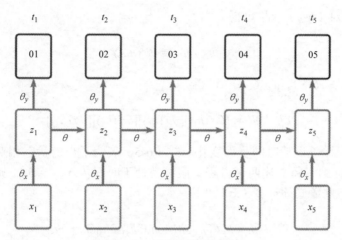

图 6-10 示意性处理过程

图 6-10 中包括以下参数：
- θ 表示循环隐层的参数；
- θ_x 表示隐层的输入参数；
- θ_y 表示输出层的参数；
- σ 表示隐层的激活函数；
- 输入记为 x_t；
- 隐层的输出记为 h_t；
- t（时间步）的最终输出记为 O_t。

注意，图 6-10 表明了下面给出的递归神经网络模型的时间变化。现在，回顾图 6-1，输出可表示如下：

$$h_t = \theta\sigma(h_{t-1}) + \theta_x x_t \text{ 和 } o_t = \theta\sigma(h_t)$$

在此，设 E 表示输出层的损失：$E=f(o_t)$。然后，上述三个方程表明 E 取决于输出 o_t。输出 o_t 是相对于层的隐含状态（h_t）的变化而变化。当前时间步的隐含状态（h_t）取决于上一时间步的神经元状态（h_{t-1}）。接下来，下面的等式会更清晰地表明这一概念。

相对于隐层选择参数的损失变化率 $=\partial E/\partial \theta$，这是一个可表示如下的链规则：

$$\partial E/\partial \theta = \sum_{k=1}^{k=t} (\partial E/\partial o_t)(\partial o_t/\partial h_t)(\partial h_t/\partial h_k)(\partial h_k/\partial \theta) \quad (6\text{-}1)$$

式（6-1）中，$\partial h_t/\partial h_k$ 项非常重要且关键。

$$\partial h_t/\partial h_k = \prod_{z=k+1}^{z=t} \partial h_z/\partial h_{z-1} \quad (6\text{-}2)$$

现在，以 $t=5$ 和 $k=1$ 为例，则

$$\partial h_5/\partial h_1 = (\partial h_2/\partial h_1)(\partial h_3/\partial h_2)(\partial h_4/\partial h_3)(\partial h_5/\partial h_4) \quad (6\text{-}3)$$

由式（6-2）对（h_{t-1}）求导可得

$$\partial h_t / \partial h_{t-1} = \theta \sigma'(h_{t-1}) \tag{6-4}$$

在此，联立式（6-3）和（6-4），可得

$$\partial h_5 / \partial h_1 = [\theta \sigma'(h_1)][\theta \sigma'(h_2)][\theta \sigma'(h_3)][\theta \sigma'(h_4)] \tag{6-5}$$

在这些情况下，θ 也随时间步而变化。式（6-5）表明了当前状态相对于先前状态的依赖性。接下来，详细解释上述两个方程。假设现处于时间步 5（$t=5$），则 k 的取值范围为 1~5（$k=1~5$），意味着必须计算（k）如下：

$$\partial h_5 / \partial h_1 | \partial h_5 / \partial h_2 | \partial h_5 / \partial h_3 | \partial h_5 / \partial h_4 | \partial h_5 / \partial h_5$$

对于式（6-2），上述每个 $\partial h_t / \partial h_k = \prod_{z=k+1}^{z=t} \partial h_z / \partial h_{z-1}$。另外，还取决于递归层参数 θ。如果在训练期间由于式（6-1）的每个时间步，因式（6-2）的乘法而导致权重增大，则会出现梯度爆炸问题。

为了克服梯度消失—爆炸问题，现已提出了 RNN 基本模型的各种扩展。在下一节介绍的 LSTM 网络就是其中的一种。

6.2.1　LSTM 网络

LSTM 是另一种 RNN 模型。但 LSTM 的具体实现已超出本书范畴。LSTM 是一种特殊的 RNN 架构，最初由 Hochreiter 和 Schmidhuber 于 1997 年提出。

这种类型的神经网络最近在深度学习背景下得以重视，这是因为 LSTM 不存在梯度消失问题，并可提供出色的结果和性能。基于 LSTM 的网络非常适用于时间序列的预测和分类，正在逐步取代许多传统的深度学习方法。

LSTM 意味着在长时下并不会忽视短时模式。LSTM 网络是由相互连接的单元（LSTM 块）组成。每个 LSTM 块都包含 3 种类型的门：输入门、输出门和遗忘门，分别实现对记忆单元的写入、读取和复位功能。这些门不是二进制的，而是模拟的（通常由一个在 [0,1] 范围内映射的 sigmoidal 激活函数管理，其中 0 表示完全抑制，1 表示完全激活）。

如果将 LSTM 单元看作一个黑箱，则可以类似于一个基本单元进行使用，只是性能要好得多；训练能够快速收敛，且可检测数据中的长时依赖性。在 TensorFlow 中，可以直接使用 BasicLSTMCell 而不是 BasicRNNCell：

```
lstm_cell = tf.nn.rnn_cell.BasicLSTMCell(num_units=n_neurons)
```

LSTM 单元管理两个状态向量，但出于性能原因，默认保持独立。在创建 BasicLSTM-Cell 时，可以通过设置 state_is_tuple = False 来更改此默认值。那么，LSTM 单元是如何工作的呢？一个基本的 LSTM 单元架构如图 6-11 所示。

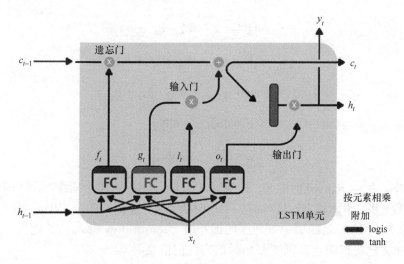

图 6-11　LSTM 单元的框图

接下来，分析该架构下的数学符号。如果不关注 LSTM 框内的内容，LSTM 单元本身看起来就像一个常规记忆单元，只是状态分为两个向量，h_t 和 c_t：
- h_t 为短时状态；
- c_t 为长时状态。

现在，考虑 LSTM 框内！关键思想是网络可以学习以下内容：
- 在长时状态下保存什么；
- 丢弃什么；
- 读取什么。

由于长时状态 c_{t-1} 是从左到右遍历网络，由此可知，首先通过一个遗忘门，丢弃一些记忆，然后通过加法操作添加一些新的记忆（由输入门选择所添加的记忆）。结果 c_t 不经过任何转换而直接发送。

因此，在每个时间步，都会丢弃一些记忆并添加一些新的记忆。此外，在加法运算之后，复制长时状态并通过 tanh 函数，该函数以 [-1，+1] 的比例产生输出。

输出门对结果进行滤波。产生短时 h_t[这等效于时间步 y_t 时的单元输出]。接下来，分析新的记忆来自何处以及这些门如何工作。首先，当前输入 x_t 和之前的短时 h_{t-1} 输入到 4 个不同的全连接层。

这些门的存在允许 LSTM 单元无限期地记忆信息：实际上，如果输入门低于激活阈值，则单元将保持为先前状态，且如果当前状态启用，则与输入值相结合。顾名思义，遗忘门会重置单元的当前状态（即其值清 0 时），输出门决定是否必须执行单元的值。

下式用于对单个实例在每个时间步的单元长时状态、短时状态及其输出进行 LSTM 计算：

$$i_t = \sigma(W_{xi}^T \cdot x_t + W_{hi}^T \cdot h_{t-1} + b_i)$$

$$f_t = \sigma(W_{xf}^T \cdot x_t + W_{hf}^T \cdot h_{t-1} + b_f)$$

$$o_t = \sigma(W_{xo}^T \cdot x_t + W_{ho}^T \cdot h_{t-1} + b_o)$$

$$g_t = \tanh(W_{xg}^T \cdot x_t + W_{hg}^T \cdot h_{t-1} + b_g)$$

$$c_t = f_t \otimes c_{t-1} + i_t \otimes g_t$$

$$y_t = h_t = o_t \otimes \tanh(c_t)$$

在上式中，W_{xi}、W_{xf}、W_{xo} 和 W_{xg} 是与输入向量 x_t 连接的四个层中的每一个权重矩阵。另一方面，W_{hi}、W_{hf}、W_{ho} 和 W_{hg} 是与前一个短时状态 h_{t-1} 连接的四个层中的每一个权重矩阵。

最后，b_i、b_f、b_o 和 b_g 是四层中每一层的偏差项。TensorFlow 将 b_f 初始化为一个全 1 向量，而非全零向量。这可以防止在训练开始时遗忘任何信息。

6.2.2　GRU

LSTM 单元还有许多其他变体。一种应用特别广泛的变体是门控递归单元（GRU）。Kyunghyun Cho 等人在 2014 年的一篇论文中提出了 GRU，并介绍了前面提到的自编码器网络。

从技术上讲，GRU（见图 6-12）是 LSTM 单元的一种简化，其中两个状态向量合并为一个称为 $h(t)$ 的单个向量。一个门控制器控制遗忘门和输入门。如果门控制器的输出为 1，则打开输入门，关闭遗忘门。

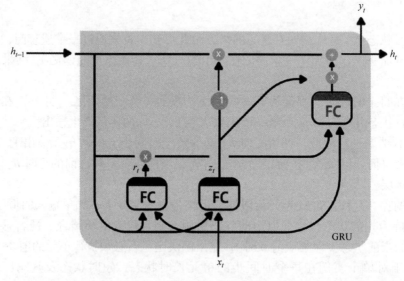

图 6-12　GRU

另一方面，如果输出为 0，则正好相反。如果必须存储记忆时，首先应擦除其存储位置，这实际上是 LSTM 单元本身的一种常见变体。第二种简化是由于在每个时间步都输出全状态向量，因此没有输出门。但是，新的门控制器所控制的先前状态中的那部分将会显示给主层。

下式用于对一个单元的单个实例在每个时间步的长时状态、短时状态及其输出进行 GRU 计算。

$$z_t = \sigma(W_{xz}^T \cdot x_t + W_{hz}^T \cdot h_{t-1})$$

$$r_t = \sigma(W_{xr}^T \cdot x_t + W_{hr}^T \cdot h_{t-1})$$

$$g_t = \tanh(W_{xg}^T \cdot x_t + W_{hg}^T \cdot (r_t \otimes h_{t-1}))$$

$$h_t = (1-z_t) \otimes h_{t-1} + z_t \otimes g_t$$

在 TensorFlow 中创建 GRU 非常简单。一个示例如下：

```
gru_cell = tf.nn.rnn_cell.GRUCell(num_units=n_neurons)
```

这些简化减弱了这种架构的性能；仍能够正常执行。LSTM 或 GRU 是近年来 RNN 成功应用的主要原因之一，尤其是在 NLP 中的应用。

在本章中将会介绍一些 LSTM 的应用示例，但下一节先介绍基于 RNN 的垃圾邮件 / 正常邮件文本分类的应用示例。

6.3 垃圾邮件预测的 RNN 实现

在本节中，将学习如何在 TensorFlow 中实现一个根据文本预测是垃圾邮件 / 正常邮件的 RNN。

6.3.1 数据描述和预处理

在此使用来自 UCI ML 资源库的常用垃圾邮件数据集。

该数据集包含了多个电子邮件的文本，其中一些标记为垃圾邮件。在这里，将训练一个模型，以学习仅根据电子邮件文本来区分垃圾邮件和正常邮件。首先，导入所需的库和模型：

```
import os
import re
import io
```

```python
import requests
import numpy as np
import matplotlib.pyplot as plt
import tensorflow as tf
from zipfile import ZipFile
from tensorflow.python.framework import ops
import warnings
```

此外,如果需要,可以停止输出 TensorFlow 生成的警告:

```python
warnings.filterwarnings("ignore")
os.environ['TF_CPP_MIN_LOG_LEVEL'] = '3'
ops.reset_default_graph()
```

现在,为图创建 TensorFlow 会话:

```python
sess = tf.Session()
```

接下来是设置 RNN 参数:

```python
epochs = 300
batch_size = 250
max_sequence_length = 25
rnn_size = 10
embedding_size = 50
min_word_frequency = 10
learning_rate = 0.0001
dropout_keep_prob = tf.placeholder(tf.float32)
```

在此,手动下载数据集并将其保存在 temp directory 中的 text_data.txt 文件中。首先,设置路径:

```python
data_dir = 'temp'
data_file = 'text_data.txt'
if not os.path.exists(data_dir):
    os.makedirs(data_dir)
```

现在,可直接以压缩格式下载数据集:

```python
if not os.path.isfile(os.path.join(data_dir, data_file)):
    zip_url = 'http://archive.ics.uci.edu/ml/machine-learning-databases/00228/smsspamcollection.zip'
    r = requests.get(zip_url)
    z = ZipFile(io.BytesIO(r.content))
    file = z.read('SMSSpamCollection')
```

不过,仍需要格式化数据:

```python
    text_data = file.decode()
    text_data = text_data.encode('ascii',errors='ignore')
    text_data = text_data.decode().split('\n')
```

这时,将数据保存在上述文件夹中的一个文本文件中:

```
        with open(os.path.join(data_dir, data_file), 'w') as
file_conn:
            for text in text_data:
                file_conn.write("{}\n".format(text))
else:
    text_data = []
    with open(os.path.join(data_dir, data_file), 'r') as
file_conn:
        for row in file_conn:
            text_data.append(row)
    text_data = text_data[:-1]
```

将文本拆分为长度至少为 2 的单词：

```
text_data = [x.split('\t') for x in text_data if len(x)>=1]
[text_data_target, text_data_train] = [list(x) for x in
zip(*text_data)]
```

现在，创建一个文本清理函数：

```
def clean_text(text_string):
    text_string = re.sub(r'([^\s\w]|_|[0-9])+', '', text_string)
    text_string = " ".join(text_string.split())
    text_string = text_string.lower()
    return(text_string)
```

调用上述方法来清理文本：

```
text_data_train = [clean_text(x) for x in text_data_train]
```

这时需要执行的一个最重要的任务是创建单词嵌入—将文本转换为数值向量：

```
vocab_processor =
tf.contrib.learn.preprocessing.VocabularyProcessor(max_sequence_
length, min_frequency=min_word_frequency)
text_processed =
np.array(list(vocab_processor.fit_transform(text_data_train)))
```

接着，经过调整使得数据集平衡：

```
text_processed = np.array(text_processed)
text_data_target = np.array([1 if x=='ham' else 0 for x in
text_data_target])
shuffled_ix = np.random.permutation(np.arange(len(text_data_target)))
x_shuffled = text_processed[shuffled_ix]
y_shuffled = text_data_target[shuffled_ix]
```

现在，已进行了数据调整，可以将数据分为训练集和测试集：

```
ix_cutoff = int(len(y_shuffled)*0.75)
x_train, x_test = x_shuffled[:ix_cutoff], x_shuffled[ix_cutoff:]
y_train, y_test = y_shuffled[:ix_cutoff], y_shuffled[ix_cutoff:]
vocab_size = len(vocab_processor.vocabulary_)
print("Vocabulary size: {:d}".format(vocab_size))
print("Training set size: {:d}".format(len(y_train)))
print("Test set size: {:d}".format(len(y_test)))
```

上述代码的输出如下:

```
>>>
Vocabulary size: 933
Training set size: 4180
Test set size: 1394
```

在开始训练之前，先为 TensorFlow 图创建占位符:

```
x_data = tf.placeholder(tf.int32, [None, max_sequence_length])
y_output = tf.placeholder(tf.int32, [None])
```

创建嵌入:

```
embedding_mat = tf.get_variable("embedding_mat",
shape=[vocab_size, embedding_size], dtype=tf.float32,
initializer=None, regularizer=None, trainable=True, collections=None)
embedding_output = tf.nn.embedding_lookup(embedding_mat, x_data)
```

这时就可以构建 RNN 了。以下代码定义了 RNN 单元:

```
cell = tf.nn.rnn_cell.BasicRNNCell(num_units = rnn_size)
output, state = tf.nn.dynamic_rnn(cell, embedding_output,
dtype=tf.float32)
output = tf.nn.dropout(output, dropout_keep_prob)
```

定义从 RNN 序列中获取输出的方法:

```
output = tf.transpose(output, [1, 0, 2])
last = tf.gather(output, int(output.get_shape()[0]) - 1)
```

接下来，定义 RNN 的权重和偏差:

```
weight = bias = tf.get_variable("weight", shape=[rnn_size, 2],
dtype=tf.float32, initializer=None, regularizer=None,
trainable=True, collections=None)
bias = tf.get_variable("bias", shape=[2], dtype=tf.float32,
initializer=None, regularizer=None, trainable=True,
collections=None)
```

然后定义逻辑输出。使用了上述代码中的权重和偏差:

```
logits_out = tf.nn.softmax(tf.matmul(last, weight) + bias)
```

现在，定义每个预测的损失，以便稍后可以构成损失函数:

```
losses =
tf.nn.sparse_softmax_cross_entropy_with_logits_v2(logits=logits_ou
t, labels=y_output)
```

然后定义损失函数：

```
loss = tf.reduce_mean(losses)
```

定义每个预测的准确率：

```
accuracy = tf.reduce_mean(tf.cast(tf.equal(tf.argmax(logits_out, 1),
tf.cast(y_output, tf.int64)), tf.float32))
```

然后，利用 RMSPropOptimizer 创建 training_op：

```
optimizer = tf.train.RMSPropOptimizer(learning_rate)
train_step = optimizer.minimize(loss)
```

采用 global_variables_initializer() 方法初始化所有变量：

```
init_op = tf.global_variables_initializer()
sess.run(init_op)
```

此外，还可以创建一些空列表来跟踪每个周期的训练损失、测试损失、训练准确率和测试准确率：

```
train_loss = []
test_loss = []
train_accuracy = []
test_accuracy = []
```

现在，已准备好执行训练，那么就开始吧。训练过程的工作流如下：
- 调整训练数据；
- 选择训练集并计算生成训练数据；
- 为每个批数据运行训练步骤；
- 计算训练损失和准确率；
- 运行评估步骤。

以下代码包括了上述所有步骤：

```
    shuffled_ix = np.random.permutation(np.arange(len(x_train)))
    x_train = x_train[shuffled_ix]
    y_train = y_train[shuffled_ix]
    num_batches = int(len(x_train)/batch_size) + 1

    for i in range(num_batches):
        min_ix = i * batch_size
```

```
            max_ix = np.min([len(x_train), ((i+1) * batch_size)])
            x_train_batch = x_train[min_ix:max_ix]
            y_train_batch = y_train[min_ix:max_ix]
            train_dict = {x_data: x_train_batch, y_output: \
y_train_batch, dropout_keep_prob:0.5}
            sess.run(train_step, feed_dict=train_dict)
            temp_train_loss, temp_train_acc = sess.run([loss,\
                      accuracy], feed_dict=train_dict)
    train_loss.append(temp_train_loss)
    train_accuracy.append(temp_train_acc)
    test_dict = {x_data: x_test, y_output: y_test, \
dropout_keep_prob:1.0}
    temp_test_loss, temp_test_acc = sess.run([loss, accuracy], \
              feed_dict=test_dict)
    test_loss.append(temp_test_loss)
    test_accuracy.append(temp_test_acc)
    print('Epoch: {}, Test Loss: {:.2}, Test Acc: {:.2}'.
format(epoch+1, temp_test_loss, temp_test_acc))
print('\nOverall accuracy on test set (%):
{}'.format(np.mean(temp_test_acc)*100.0))
```

上述代码的输出如下:

```
>>>
Epoch: 1, Test Loss: 0.68, Test Acc: 0.82
Epoch: 2, Test Loss: 0.68, Test Acc: 0.82
Epoch: 3, Test Loss: 0.67, Test Acc: 0.82
…
Epoch: 997, Test Loss: 0.36, Test Acc: 0.96
Epoch: 998, Test Loss: 0.36, Test Acc: 0.96
Epoch: 999, Test Loss: 0.35, Test Acc: 0.96
Epoch: 1000, Test Loss: 0.35, Test Acc: 0.96
Overall accuracy on test set (%): 96.19799256324768
```

非常棒! RNN 的准确率高于 96%,这非常出色。现在,观察损失是如何在每次迭代中传播并随着时间的变化的:

```
epoch_seq = np.arange(1, epochs+1)
plt.plot(epoch_seq, train_loss, 'k--', label='Train Set')
plt.plot(epoch_seq, test_loss, 'r-', label='Test Set')
plt.title('RNN training/test loss')
plt.xlabel('Epochs')
plt.ylabel('Loss')
plt.legend(loc='upper left')
plt.show()
```

另外,还绘制了随时间变化的准确率(见图6-13):

```
plt.plot(epoch_seq, train_accuracy, 'k--', label='Train Set')
plt.plot(epoch_seq, test_accuracy, 'r-', label='Test Set')
plt.title('Test accuracy')
plt.xlabel('Epochs')
plt.ylabel('Accuracy')
plt.legend(loc='upper left')
plt.show()
```

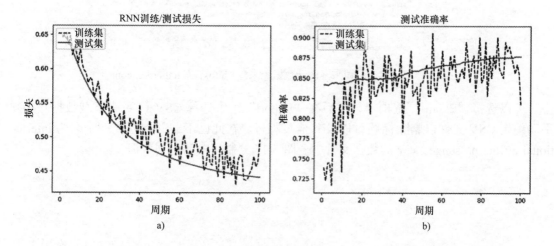

图6-13 a)每个周期的RNN训练损失和测试损失;b)每个周期的测试准确率

下一个应用是利用时间序列数据进行预测建模。同时还将学习如何开发称为LSTM网络的更复杂的RNN。

6.4 针对时间序列数据的LSTM预测模型开发

RNN,特别是LSTM模型,往往是一个难以理解的主题。由于数据中的时间依赖性,时间序列预测是RNN的一个有效应用。时间序列数据可在线获取。在本节中,将分析一个利用LSTM处理时间序列数据的示例。此时的LSTM网络能够预测未来航空公司的乘客数量。

6.4.1 数据集描述

在此使用的数据集是1949~1960年国际航空公司乘客的数据。图6-14显示了国际航空公司乘客的元数据。

Dataset title	International airline passengers: monthly totals in thousands. Jan 49 – Dec 60
Last updated	1 Feb 2014, 19:52
Last updated by source	20 Jun 2012
Provider	Time Series Data Library
Provider source	Box & Jenkins (1976)
Source URL	http://datamarket.com/data/list/?q=provider:tsdl
Units	Thousands of passengers
Dataset metrics	144 fact values in 1 timeseries.
Time granularity	Month
Time range	Jan 1949 – Dec 1960
Language	English
License	Default open license
License summary	This data release is licensed as follows: You may copy and redistribute the data. You may make derivative works from the data. You may use the data for commercial purposes. You may not sublicense the data when redistributing it. You may not redistribute the data under a different license. Source attribution on any use of this data: Must refer source.
Description	Transport and tourism, Source: Box & Jenkins (1976), in file: data/airpass, Description: International airline passengers: monthly totals in thousands. Jan 49 – Dec 60

图 6-14　国际航空公司乘客的元数据（来源：https://datamarket.com/）

可以选择"Export"选项卡，然后在"Export"组中选择 CSV（,）来下载数据。必须手动编辑 CSV 文件以删除标题行以及其他页脚行。在此已下载并保存在一个名为 international-airline-passengers.csv 的数据文件中。图 6-15 绘制了时间序列数据。

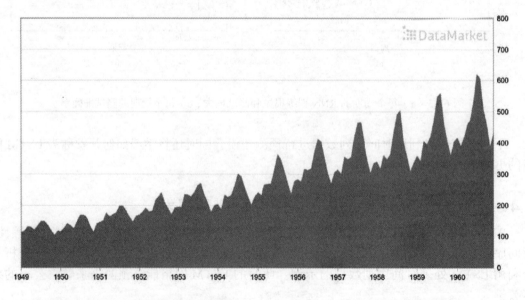

图 6-15　国际航空公司乘客：1949 年 1 月至 1960 年 12 月的月总数（单位为千人）

6.4.2　预处理和探索性分析

现在，加载原始数据集并进行观察。首先，按如下方式加载时间序列（请参阅 time_series_preprocessor.py）：

```
import csv
import numpy as np
```

在这里，可以看到 load_series() 函数，这是一个加载时间序列并对其进行归一化的用户自定义方法：

```
def load_series(filename, series_idx=1):
    try:
        with open(filename) as csvfile:
            csvreader = csv.reader(csvfile)
            data = [float(row[series_idx]) for row in csvreader if len(row) > 0]
            normalized_data = (data - np.mean(data)) / np.std(data)
        return normalized_data
    except IOError:
        Print("Error occurred")

        return None
```

现在，调用上述方法来加载时间序列并输出（在终端上输入 $ python3 plot_time_series.py）数据集中的序列号：

```
import csv
import numpy as np
import matplotlib.pyplot as plt
import time_series_preprocessor as tsp
timeseries = tsp.load_series('international-airline-passengers.csv')
print(timeseries)
```

上述代码的输出如下：

```
>>>
[-1.40777884 -1.35759023 -1.24048348 -1.26557778 -1.33249593 -1.21538918
 -1.10664719 -1.10664719 -1.20702441 -1.34922546 -1.47469699 -1.35759023
…..
 2.85825285  2.72441656  1.9046693   1.5115252   0.91762667 1.26894693]
    print(np.shape(timeseries))
>>>
144
```

这意味着时间序列中有 144 项。接着，绘制该时间序列：

```
plt.figure()
plt.plot(timeseries)
plt.title('Normalized time series')
plt.xlabel('ID')
plt.ylabel('Normalized value')
plt.legend(loc='upper left')
plt.show()
```

上述代码的输出如图 6-16 所示。

>>>

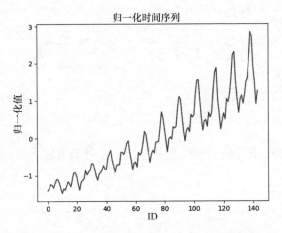

图 6-16 时间序列（y 轴为归一化值，x 轴为 ID）

加载时间序列数据集后，下一个任务是准备训练集。由于是多次评估模型来预测未来值，因此需将数据分为训练数据和测试数据。更具体地说，split_data() 函数将数据集分为训练集和测试集两个部分，75% 用于训练，25% 用于测试：

```
def split_data(data, percent_train):
    num_rows = len(data)
    train_data, test_data = [], []
    for idx, row in enumerate(data):
        if idx < num_rows * percent_train:
            train_data.append(row)
        else:
            test_data.append(row)
    return train_data, test_data
```

6.4.3 LSTM 预测模型

一旦准备好数据集，就可通过一种可接受的格式加载数据来训练预测器。针对该过程，编写了一个名为 TimeSeriesPredictor.py 的 Python 脚本，首先导入必要的库和模块（在终端上执行该脚本，需输入 $ python3 TimeSeriesPredictor.py 命令）：

```
import numpy as np
import tensorflow as tf
from tensorflow.python.ops import rnn, rnn_cell
import time_series_preprocessor as tsp
import matplotlib.pyplot as plt
```

接下来,定义 LSTM 网络的超参数(并相应地进行调整):

```
input_dim = 1
seq_size = 5
hidden_dim = 5
```

定义权重变量(无偏差)和输入占位符:

```
W_out = tf.get_variable("W_out", shape=[hidden_dim, 1],
dtype=tf.float32, initializer=None, regularizer=None,
trainable=True, collections=None)
b_out = tf.get_variable("b_out", shape=[1], dtype=tf.float32,
initializer=None, regularizer=None, trainable=True,
collections=None)
x = tf.placeholder(tf.float32, [None, seq_size, input_dim])
y = tf.placeholder(tf.float32, [None, seq_size])
```

下一个任务是构建 LSTM 网络。利用 LSTM_Model() 方法,包括 3 个参数,如下所示:
- *x*:大小为 [T, batch_size, input_size] 的输入;
- *W*:全连接输出层权重矩阵;
- *b*:全连接输出层偏置向量。

接下来,观察该方法的具体内容:

```
def LSTM_Model():
        cell = rnn_cell.BasicLSTMCell(hidden_dim)
        outputs, states = rnn.dynamic_rnn(cell, x, dtype=tf.float32)
        num_examples = tf.shape(x)[0]
        W_repeated = tf.tile(tf.expand_dims(W_out, 0), [num_examples,
1, 1])
        out = tf.matmul(outputs, W_repeated) + b_out
        out = tf.squeeze(out)
        return out
```

此外,还创建了 3 个空列表来保存训练损失、测试损失和步长:

```
train_loss = []
test_loss = []
step_list = []
```

利用下一个名为 train() 的方法来训练 LSTM 网络:

```python
def trainNetwork(train_x, train_y, test_x, test_y):
    with tf.Session() as sess:
        tf.get_variable_scope().reuse_variables()
        sess.run(tf.global_variables_initializer())
        max_patience = 3
        patience = max_patience
        min_test_err = float('inf')
        step = 0
        while patience > 0:
            _, train_err = sess.run([train_op, cost], feed_dict={x: train_x, y: train_y})
            if step % 100 == 0:
                test_err = sess.run(cost, feed_dict={x: test_x, y: test_y})
                print('step: {}\t\ttrain err: {}\t\ttest err: {}'.format(step, train_err, test_err))
                train_loss.append(train_err)
                test_loss.append(test_err)
                step_list.append(step)
                if test_err < min_test_err:
                    min_test_err = test_err
                    patience = max_patience
                else:
                    patience -= 1
            step += 1
        save_path = saver.save(sess, 'model.ckpt')
        print('Model saved to {}'.format(save_path))
```

下一个任务是创建成本优化器并实例化 training_op：

```python
cost = tf.reduce_mean(tf.square(LSTM_Model()- y))
train_op = tf.train.AdamOptimizer(learning_rate=0.003).minimize(cost)
```

另外，还定义了一个称为保存模型的辅助操作：

```python
saver = tf.train.Saver()
```

至此，已创建完模型，然后利用下一个名为 testLSTM() 的方法来在测试集上测试该模型的预测性能：

```python
def testLSTM(sess, test_x):
    tf.get_variable_scope().reuse_variables()
    saver.restore(sess, 'model.ckpt')
    output = sess.run(LSTM_Model(), feed_dict={x: test_x})
    return output
```

为绘制预测结果，采用了一个名为 plot_results() 的函数。具体如下：

```
def plot_results(train_x, predictions, actual, filename):
    plt.figure()
    num_train = len(train_x)
    plt.plot(list(range(num_train)), train_x, color='b',
label='training data')
    plt.plot(list(range(num_train, num_train + len(predictions))),
predictions, color='r', label='predicted')
    plt.plot(list(range(num_train, num_train + len(actual))), actual,
color='g', label='test data')
    plt.legend()
    if filename is not None:
        plt.savefig(filename)
    else:
        plt.show()
```

6.4.4 模型评估

为评估模型，采用了一个名为 main() 的方法，实际调用上述方法来创建和训练 LSTM 网络。代码的工作流程如下：

1）加载数据；
2）在时间序列数据中滑动窗口以构建训练数据集；
3）执行相同的窗口滑动策略以构建测试数据集；
4）在训练数据集上的训练模型；
5）可视化模型性能。

具体方法如下：

```
def main():
    data = tsp.load_series('international-airline-passengers.csv')
    train_data, actual_vals = tsp.split_data(data=data,
percent_train=0.75)
    train_x, train_y = [], []
    for i in range(len(train_data) - seq_size - 1):
        train_x.append(np.expand_dims(train_data[i:i+seq_size],
axis=1).tolist())
        train_y.append(train_data[i+1:i+seq_size+1])
    test_x, test_y = [], []
    for i in range(len(actual_vals) - seq_size - 1):
        test_x.append(np.expand_dims(actual_vals[i:i+seq_size],
axis=1).tolist())
        test_y.append(actual_vals[i+1:i+seq_size+1])
    trainNetwork(train_x, train_y, test_x, test_y)
    with tf.Session() as sess:
        predicted_vals = testLSTM(sess, test_x)[:,0]
        # 给定实际值，给出模型预测结果
        plot_results(train_data, predicted_vals, actual_vals,
'ground_truth_predition.png')
        prev_seq = train_x[-1]
        predicted_vals = []
```

```
            for i in range(1000):
                next_seq = testLSTM(sess, [prev_seq])
                predicted_vals.append(next_seq[-1])
                prev_seq = np.vstack((prev_seq[1:], next_seq[-1]))
        # 仅给定训练数据，给出模型预测结果
            plot_results(train_data, predicted_vals, actual_vals,
'prediction_on_train_set.png')
>>>
```

最后，调用 main() 方法来执行训练。训练完成后，进一步绘制模型的预测结果，包括实际值与预测结果（见图 6-17），其中只给定训练数据：

>>>

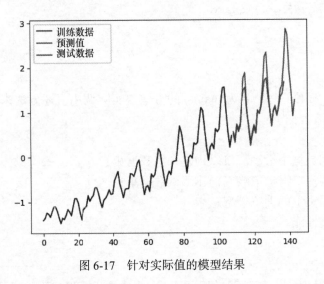

图 6-17　针对实际值的模型结果

图 6-18 显示了针对训练数据的预测结果。尽管该过程可用的信息较少，但仍可以很好地吻合数据趋势：

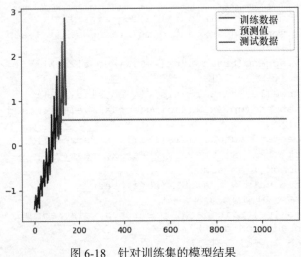

图 6-18　针对训练集的模型结果

下列方法可绘制训练结果和测试错误：

```
def plot_error():
    # 绘制随时间变化的训练损失
    plt.plot(step_list, train_loss, 'r--', label='LSTM training
loss per iteration', linewidth=4)
    plt.title('LSTM training loss per iteration')
    plt.xlabel('Iteration')
    plt.ylabel('Training loss')
    plt.legend(loc='upper right')
    plt.show()

    # 绘制随时间变化的测试损失
    plt.plot(step_list, test_loss, 'r--', label='LSTM test loss
per iteration', linewidth=4)
    plt.title('LSTM test loss per iteration')
    plt.xlabel('Iteration')
    plt.ylabel('Test loss')
    plt.legend(loc='upper left')
    plt.show()
```

现在，调用上述方法如下，如图 6-19 所示。

```
plot_error()
>>>
```

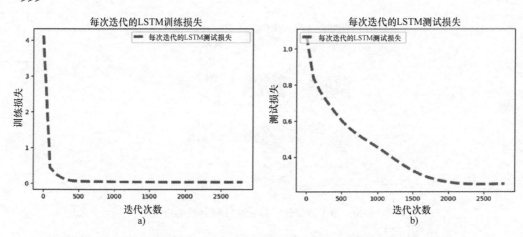

图 6-19　a）每次迭代的 LSTM 训练损失；b）每次迭代的 LSTM 测试损失

在此可通过时间序列预测器来重现数据的实际波动。这时就可以准备具体数据集并进行其他一些预测分析。下一个示例是关于作品和电影评论数据集的情感分析。同时还将学习如何使用 LSTM 网络开发更复杂的 RNN。

6.5　用于情感分析的 LSTM 预测模型

情感分析是 NLP 中应用最广泛的任务之一。LSTM 网络可用于将短文本分类为期望类别，即分类问题。例如，一组推文可分类为正能量或负能量。在本节中，将分析这样一个示例。

6.5.1 网络设计

所实现的 LSTM 网络具有 3 层：嵌入层、RNN 层和 softmax 层。图 6-20 给出了该网络的一个高级视图。在此，总结各个层的功能如下：

- 嵌入层：在第 8 章中将讨论一种文本数据集无法直接馈送到深度神经网络（DNN）的情况，因此需要一个称为嵌入层的附加层。对于该层，将每个输入（k 个单词的张量）变换为 k 个 N 维向量的张量。这称为单词嵌入，其中 N 是嵌入大小。每个单词都与在训练过程中需要学习的权重向量相关联。可以通过单词的向量表示来更深入地理解单词嵌入。

- RNN 层：构建完嵌入层后，紧接着是一个名为 RNN 层的新层，是由封装退出器的 LSTM 单元组成。如前几节所述，在训练过程中需要学习 LSTM 权重。动态展开 RNN 层（如图 6-4 所示），将 k 个嵌入的单词作为输入并输出 k 个 M 维向量，其中 M 是 LSTM 单元的隐层大小。

- softmax 或 sigmoid 层：RNN 层的输出是在 k 个时间步上的平均，得到一个大小为 M 的张量。最后，利用 softmax 层来计算分类概率。

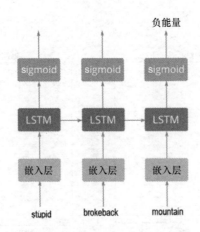

图 6-20　用于情绪分析的 LSTM 网络的高级视图

稍后将分析如何以交叉熵为损失函数，利用 RMSProp 优化器来实现损失最小化。

6.5.2 LSTM 模型训练

UMICH SI650—情感分类数据集（删除冗余）包含了密歇根大学提供的有关作品和电影评论的数据。在获取标记之前，已经清除了无用的或特殊字符（见 data.csv 文件）。

以下脚本还删除了停用词（见 data_preparation.py）。一些样本数据已标记为负能量或正能量信息（1 为正能量信息，0 为负能量信息），如表 6-1 所示。

表 6-1　情感数据集的样本

情感	情感文本
1	The Da Vinci Code book is just awesome.
1	I liked the Da Vinci Code a lot.
0	OMG, I HATE BROKEBACK MOUNTAIN.
0	I hate Harry Potter.

现在，分析如何针对该任务，具体训练 LSTM 网络的实现示例。首先，导入必要的模块和软件包（执行 train.py 文件）：

```
from data_preparation import Preprocessing
from lstm_network import LSTM_RNN_Network
import tensorflow as tf
import pickle
import datetime
import time
import os
import matplotlib.pyplot as plt
```

在上述导入声明中，data_preparation 和 lstm_network 是两个辅助性 Python 脚本，用于数据集准备和网络设计。稍后将更详细介绍。现在，定义 LSTM 的参数：

```
data_dir = 'data/' # 数据文件夹中包含 'data.csv'
stopwords_file = 'data/stopwords.txt' # 停用词文件的路径
n_samples= None # 设 n_samples=None 以使用整个数据集

# 保存TensorFlow汇总的文件夹
summaries_dir= 'logs/'
batch_size = 100 # 批大小
train_steps = 1000 # 训练步骤数
hidden_size= 75 # LSTM 层的隐藏大小
embedding_size = 75 # 嵌入层的大小
learning_rate = 0.01
test_size = 0.2
dropout_keep_prob = 0.5 # dropout-keep概率
sequence_len = None # 最大序列长度
validate_every = 100 # 步频验证
```

上述参数很直观易懂。下一个任务是准备 TensorBoard 所用的汇总数据：

```
summaries_dir = '{0}/{1}'.format(summaries_dir, datetime.datetime.
now().strftime('%d_%b_%Y-%H_%M_%S'))
train_writer = tf.summary.FileWriter(summaries_dir + '/train')
validation_writer = tf.summary.FileWriter(summaries_dir + '/
validation')
```

设置模型文件夹：

```
model_name = str(int(time.time()))
model_dir = '{0}/{1}'.format(checkpoints_root, model_name)
if not os.path.exists(model_dir):
    os.makedirs(model_dir)
```

接下来，准备数据并构建 TensorFlow 图（见 data_preparation.py 文件）：

```
data_lstm = Preprocessing(data_dir=data_dir,
            stopwords_file=stopwords_file,
            sequence_len=sequence_len,
            test_size=test_size,
            val_samples=batch_size,
            n_samples=n_samples,
            random_state=100)
```

在上述代码段中，Preprocessing 是一个继承了多个函数和构造函数的类（详见 data_preparation.py），这些函数有助于预处理训练集和测试集，以训练 LSTM 网络。在此，给出每个函数及其功能的代码。

该类的构造函数初始化数据预处理器。该类提供了一个加载和预处理数据并将数据拆分为训练集、验证集和测试集的接口。需要以下参数：

- data_dir：包含具有 SentimentText 和 Sentiment 列的数据集文件 data.csv 的一个数据文件夹。
- stopwords_file：可选。如果选择，则将丢弃原始数据中的每个停用词。
- sequence_len：可选。如果 m 是数据集中的最大序列长度，则需 sequence_len ⩾ m。如果 sequence_len 为 None，则自动分配给 m。
- n_samples：可选。是指从数据集加载的样本数（对大规模数据集非常有用）。如果 n_samples 为 None，则将加载整个数据集（注意，如果数据集很大，则可能需要一段时间来预处理每个样本）。
- test_size：可选。0 <test_size<1。表明包含在测试集中的数据集比例（默认值为 0.2）。
- val_samples：可选，可用于表示验证样本的绝对数量（默认值为 100）。
- random_state：这是随机种子的可选参数，用于将数据拆分为训练集、测试集和验证集（默认值为 0）。
- ensure_preprocessed：可选。如果 ensure_preprocessed = True，则确保数据集已经过预处理（默认值为 False）。

构造函数的代码如下：

```
def __init__(self, data_dir, stopwords_file=None,
sequence_len=None, n_samples=None, test_size=0.2, val_samples=100,
random_state=0, ensure_preprocessed=False):
    self._stopwords_file = stopwords_file
    self._n_samples = n_samples
    self.sequence_len = sequence_len
    self._input_file = os.path.join(data_dir, 'data.csv')
    self._preprocessed_file=os.path.join(data_dir,
```

```python
            "preprocessed_"+str(n_samples)+ ".npz")
        self._vocab_file = os.path.join(data_dir,
 "vocab_" + str(n_samples) + ".pkl")
        self._tensors = None
        self._sentiments = None
        self._lengths = None
        self._vocab = None
        self.vocab_size = None

        # 准备数据
        if os.path.exists(self._preprocessed_file)
 and os.path.exists(self._vocab_file):
            print('Loading preprocessed files ...')
            self.__load_preprocessed()
        else:
            if ensure_preprocessed:
                raise ValueError('Unable to find
 preprocessed files.')
            print('Reading data ...')
            self.__preprocess()
        # 将数据拆分为训练集、验证集和测试集
        indices = np.arange(len(self._sentiments))
        x_tv, self._x_test, y_tv, self._y_test,
 tv_indices, test_indices = train_test_split(
            self._tensors,
            self._sentiments,
            indices,
            test_size=test_size,
            random_state=random_state,
            stratify=self._sentiments[:, 0])
        self._x_train,self._x_val,self._y_train,
 self._y_val,train_indices,val_indices= train_test_split(x_tv,
 y_tv, tv_indices, test_size=val_samples,random_state = random_state,
            stratify=y_tv[:, 0])
        self._val_indices = val_indices
        self._test_indices = test_indices
        self._train_lengths = self._lengths[train_indices]
        self._val_lengths = self._lengths[val_indices]
        self._test_lengths = self._lengths[test_indices]
        self._current_index = 0
        self._epoch_completed = 0
```

现在，分析上述方法的具体内容。从 _preprocess() 方法开始，该方法从 data_dir / data.csv 加载数据，预处理每个加载的样本，并保存到中间文件以避免以后进行预处理。工作流程如下：

1）加载数据；

2）清理示例文本；

3）准备单词词典；

4）删除最不常见的单词（可能是语法错误），将样本编码为张量，并根据 sequence_len 用零来填充每个张量；

5）保存中间文件；

6）保存样本长度以备将来使用。

现在，查看下面的代码块，这实现了上述工作流程：

```
def __preprocess(self):
    data = pd.read_csv(self._input_file,
nrows=self._n_samples)
    self._sentiments =
np.squeeze(data.as_matrix(columns=['Sentiment']))
    self._sentiments = np.eye(2)[self._sentiments]
    samples = data.as_matrix(columns=['SentimentText'])[:, 0]
    samples = self.__clean_samples(samples)
    vocab = dict()
    vocab[''] = (0, len(samples))   # 添加空词
    for sample in samples:
        sample_words = sample.split()
        for word in list(set(sample_words)):   # 不同的词
            value = vocab.get(word)
            if value is None:
                vocab[word] = (-1, 1)
            else:
                encoding, count = value
                vocab[word] = (-1, count + 1)
    sample_lengths = []
    tensors = []
    word_count = 1
    for sample in samples:
        sample_words = sample.split()
        encoded_sample = []
        for word in list(set(sample_words)):   # 不同的词
            value = vocab.get(word)
            if value is not None:
                encoding, count = value
                if count / len(samples) > 0.0001:
                    if encoding == -1:
                        encoding = word_count
                        vocab[word] = (encoding, count)
                        word_count += 1
                    encoded_sample += [encoding]
                else:
                    del vocab[word]
        tensors += [encoded_sample]
        sample_lengths += [len(encoded_sample)]
```

```
        self.vocab_size = len(vocab)
        self._vocab = vocab
        self._lengths = np.array(sample_lengths)
        self.sequence_len, self._tensors = 
self.__apply_to_zeros(tensors, self.sequence_len)
        with open(self._vocab_file, 'wb') as f:
            pickle.dump(self._vocab, f)
        np.savez(self._preprocessed_file, tensors=self._tensors, 
lengths=self._lengths, sentiments=self._sentiments)
```

接下来,调用上述方法并加载中间文件,避免数据预处理:

```
def __load_preprocessed(self):
    with open(self._vocab_file, 'rb') as f:
        self._vocab = pickle.load(f)
    self.vocab_size = len(self._vocab)
    load_dict = np.load(self._preprocessed_file)
    self._lengths = load_dict['lengths']
    self._tensors = load_dict['tensors']
    self._sentiments = load_dict['sentiments']
    self.sequence_len = len(self._tensors[0])
```

预处理数据集后,下一个任务就是清理样本。工作流程如下:

1)准备正则表达式模式;
2)清理每个样本;
3)恢复 HTML 符号;
4)删除 @users 和 URL;
5)转换为小写;
6)删除标点符号;
7)用 C 替换 CC(C+)(一行中连续出现两次以上的字符);
8)删除停用词。

现在,编程实现上述步骤。为此,定义下列函数:

```
def __clean_samples(self, samples):
    print('Cleaning samples ...')
    ret = []
    reg_punct = '[' + 
re.escape(''.join(string.punctuation)) + ']'
    if self._stopwords_file is not None:
        stopwords = self.__read_stopwords()
        sw_pattern = re.compile(r'\b(' + 
'|'.join(stopwords) + r')\b')
    for sample in samples:
        text = html.unescape(sample)
        words = text.split()
        words = [word for word in words if not 
word.startswith('@') and not word.startswith('http://')]
```

```python
            text = ' '.join(words)
            text = text.lower()
            text = re.sub(reg_punct, ' ', text)
            text = re.sub(r'([a-z])\1{2,}', r'\1', text)
            if stopwords is not None:
                text = sw_pattern.sub('', text)
            ret += [text]
        return ret
```

__apply_to_zeros() 方法返回使用的 padding_length 和填充张量的 NumPy 数组。首先，找到最大长度 m，并确保 m>= sequence_len。然后根据 sequence_len 用零填充列表：

```python
    def __apply_to_zeros(self, lst, sequence_len=None):
        inner_max_len = max(map(len, lst))
        if sequence_len is not None:
            if inner_max_len > sequence_len:
                raise Exception('Error: Provided sequence length is not sufficient')
            else:
                inner_max_len = sequence_len
    result = np.zeros([len(lst), inner_max_len], np.int32)
    for i, row in enumerate(lst):
        for j, val in enumerate(row):
            result[i][j] = val
    return inner_max_len, result
```

接下来是删除所有停用词（在 data/StopWords.txt 文件中提供）。该方法返回停用词列表：

```python
    def __read_stopwords(self):
        if self._stopwords_file is None:
            return None
        with open(self._stopwords_file, mode='r') as f:
            stopwords = f.read().splitlines()
        return stopwords
```

next_batch() 方法将 batch_size>0 作为所包含的样本数，在周期完成后返回批大小样本（text_tensor、text_target、text_length），并随机地调整训练样本：

```python
    def next_batch(self, batch_size):
        start = self._current_index
        self._current_index += batch_size
        if self._current_index > len(self._y_train):
            self._epoch_completed += 1
            ind = np.arange(len(self._y_train))
            np.random.shuffle(ind)
            self._x_train = self._x_train[ind]
            self._y_train = self._y_train[ind]
            self._train_lengths = self._train_lengths[ind]
            start = 0
            self._current_index = batch_size
```

```
        end = self._current_index
        return self._x_train[start:end], self._y_train[start:end],
self._train_lengths[start:end]
```

然后采用一个名为 get_val_data() 的方法来得到在训练期间所用的验证集。输入原始文本并返回验证数据。默认情况下，返回 original_text（original_samples、text_tensor、text_target、text_length），否则返回 text_tensor、text_target、text_length：

```
    def get_val_data(self, original_text=False):
        if original_text:
            data = pd.read_csv(self._input_file,
nrows=self._n_samples)
            samples = data.as_matrix(columns=['SentimentText'])[:, 0]
            return samples[self._val_indices], self._x_val, self._y_val,
self._val_lengths
        return self._x_val, self._y_val, self._val_lengths
```

最后，定义一个名为 get_test_data() 的方法，用于准备将在模型评估期间所用的测试集：

```
    def get_test_data(self, original_text=False):
        if original_text:
            data = pd.read_csv(self._input_file,
nrows=self._n_samples)
            samples = data.as_matrix(columns=['SentimentText'])[:,
0]
            return samples[self._test_indices], self._x_test, self._y_
test, self._test_lengths
        return self._x_test, self._y_test, self._test_lengths
```

现在，准备数据，以便提供给 LSTM 网络：

```
lstm_model = LSTM_RNN_Network(hidden_size=[hidden_size],
                              vocab_size=data_lstm.vocab_size,
                              embedding_size=embedding_size,
                              max_length=data_lstm.sequence_len,
                              learning_rate=learning_rate)
```

在上述代码段中，LSTM_RNN_Network 是一个包含多个函数和构造函数的类，有助于构建 LSTM 网络。接下来的构造函数构建了一个 TensorFlow LSTM 模型。需要以下参数：

- hidden_size：一个包含 rnn 层 LSTM 单元中单元数的数组；
- vocab_size：样本中的词汇量大小；
- embedding_size：用该大小的向量对单词进行编码；
- max_length：输入张量的最大长度；
- n_classes：分类个数；
- learning_rate：RMSProp 算法的学习速率；
- random_state：退出的随机状态。

构造函数的代码如下：

```python
def __init__(self, hidden_size, vocab_size, embedding_size,
max_length, n_classes=2, learning_rate=0.01, random_state=None):
    # Build TensorFlow graph
    self.input = self.__input(max_length)
    self.seq_len = self.__seq_len()
    self.target = self.__target(n_classes)
    self.dropout_keep_prob = self.__dropout_keep_prob()
    self.word_embeddings = self.__word_embeddings(self.input,
vocab_size, embedding_size, random_state)
    self.scores = self.__scores(self.word_embeddings,
self.seq_len, hidden_size, n_classes, self.dropout_keep_prob,
                        random_state)
    self.predict = self.__predict(self.scores)
    self.losses = self.__losses(self.scores, self.target)
    self.loss = self.__loss(self.losses)
    self.train_step = self.__train_step(learning_rate, self.loss)
    self.accuracy = self.__accuracy(self.predict, self.target)
    self.merged = tf.summary.merge_all()
```

下一个函数是 _input()，接受一个 max_length 参数，这是输入张量的最大长度。然后返回一个用于 TensorFlow 计算的输入占位符，其维度为 [batch_size，max_length]：

```python
def __input(self, max_length):
    return tf.placeholder(tf.int32, [None, max_length],
name='input')
```

接下来，_seq_len() 函数返回一个序列长度占位符，其维度为 [batch_size]。保持给定批中每个张量的实际长度，允许动态序列长度：

```python
def __seq_len(self):
    return tf.placeholder(tf.int32, [None], name='lengths')
```

下一个是 _target() 函数。需要一个 n_classes 参数，其中包含分类个数。最后，返回一个维度为 [batch_size，n_classes] 的目标占位符：

```python
def __target(self, n_classes):
    return tf.placeholder(tf.float32, [None, n_classes],
name='target')
```

_dropout_keep_prob() 返回一个保存退出保持概率的占位符以减少过拟合：

```python
def __dropout_keep_prob(self):
    return tf.placeholder(tf.float32,
name='dropout_keep_prob')
```

_cell() 方法是用于构建一个包含退出封装器的 LSTM 单元。需要以下参数：
- hidden_size：是指 LSTM 单元中的单元数；
- dropout_keep_prob：表示保存退出保持概率的张量；
- seed：这是一个可选值，确保可重复计算退出封装器的随机状态。

最后，该函数返回一个包含退出封装器的 LSTM 单元：

```
def __cell(self, hidden_size, dropout_keep_prob, seed=None):
    lstm_cell = tf.nn.rnn_cell.LSTMCell(hidden_size,
state_is_tuple=True)
    dropout_cell = tf.nn.rnn_cell.DropoutWrapper(lstm_cell,
input_keep_prob=dropout_keep_prob, output_keep_prob = dropout_keep_
prob, seed=seed)
    return dropout_cell
```

创建完 LSTM 单元后，就可以创建输入标记的嵌入。为此，可采用 __word_embeddings() 来实现。该函数利用输入参数（如 x，这是一个维度为 [batch_size，max_length] 的输入）来创建一个维度为 [vocab_size, embedding_size] 的嵌入层。其中，vocab_size 是指词汇量大小，即样本中可能出现的单词数量。embedding_size 是指利用相同大小的一个向量所表示的单词，候选单词可选，但需确保嵌入初始化的随机状态。

最后，该函数返回维度为 [batch_size，max_length，embedding_size] 的嵌入查找张量：

```
def __word_embeddings(self, x, vocab_size, embedding_size, seed=None):
    with tf.name_scope('word_embeddings'):
        embeddings = tf.get_variable("embeddings",
shape=[vocab_size, embedding_size], dtype=tf.float32,
initializer=None, regularizer=None, trainable=True,
collections=None)
        embedded_words = tf.nn.embedding_lookup(embeddings, x)
    return embedded_words
```

__rnn_layer() 方法用于创建 LSTM 层。需要下列几个输入参数：
- hidden_size：是指 LSTM 单元中的单元数；
- x：是指具有一定维度的输入；
- seq_len：是指具有一定维度的序列长度张量；
- dropout_keep_prob：是指保存退出保持概率的张量；
- variable_scope：是变量取值范围的名称（默认层是 rnn_layer）；
- random_state：是退出封装器的随机状态。

最后，返回维度为 [batch_size，max_seq_len，hidden_size] 的输出：

```
def __rnn_layer(self, hidden_size, x, seq_len, dropout_keep_prob,
variable_scope=None, random_state=None):
    with tf.variable_scope(variable_scope,
default_name='rnn_layer'):
        lstm_cell = self.__cell(hidden_size, dropout_keep_prob,
random_state)
        outputs, _ = tf.nn.dynamic_rnn(lstm_cell, x,
dtype=tf.float32, sequence_length=seq_len)
    return outputs
```

_score() 方法用于计算网络输出。需要如下所示的几个输入参数：
- embedded_words：是指维度为 [batch_size，max_length，embedding_size] 的嵌入查找张量；

- seq_len：是指维度为 [batch_size] 的序列长度张量；
- hidden_size：一个包含每个 RNN 层的 LSTM 单元中单元个数的数组；
- n_classes：是分类类别个数；
- dropout_keep_prob：是保存退出保持概率的张量；
- random_state：这是一个可选参数，可用于确定退出封装器的随机状态。

最后，_score() 方法可返回每个类的维度为 [batch_size, n_classes] 的线性激活：

```
def __scores(self, embedded_words, seq_len, hidden_size,
n_classes, dropout_keep_prob, random_state=None):
    outputs = embedded_words
    for h in hidden_size:
        outputs = self.__rnn_layer(h, outputs, seq_len,
dropout_keep_prob)
    outputs = tf.reduce_mean(outputs, axis=[1])
    with tf.name_scope('final_layer/weights'):
        w = tf.get_variable("w", shape=[hidden_size[-1],
            n_classes], dtype=tf.float32, initializer=None,
            regularizer=None, trainable=True,
            collections=None)
        self.variable_summaries(w, 'final_layer/weights')
    with tf.name_scope('final_layer/biases'):
        b = tf.get_variable("b", shape=[n_classes],
            dtype=tf.float32, initializer=None,
            regularizer=None,trainable=True, collections=None)
        self.variable_summaries(b, 'final_layer/biases')
    with tf.name_scope('final_layer/wx_plus_b'):
        scores = tf.nn.xw_plus_b(outputs, w, b, name='scores')
        tf.summary.histogram('final_layer/wx_plus_b', scores)
    return scores
```

_predict() 方法将得分作为每个类的维度为 [batch_size, n_classes] 的线性激活，并返回形状为 [batch_size, n_classes] 的 softmax（归一化为 [0,1] 范围内的得分）激活：

```
def __predict(self, scores):
    with tf.name_scope('final_layer/softmax'):
        softmax = tf.nn.softmax(scores, name='predictions')
        tf.summary.histogram('final_layer/softmax', softmax)
    return softmax
```

_losses() 方法可返回维度为 [batch_size] 的交叉熵损失（这是因为在此采用 softmax 作为激活函数）。另外，还需要两个参数，即形状为 [batch_size, n_classes] 的作为每个类线性激活的得分和形状为 [batch_size, n_classes] 的目标张量：

```
def __losses(self, scores, target):
    with tf.name_scope('cross_entropy'):
        cross_entropy =
tf.nn.softmax_cross_entropy_with_logits_v2(logits=scores,
labels=target, name='cross_entropy')
    return cross_entropy
```

_loss() 函数用于计算并返回平均交叉熵损失，只需一个称为损失的参数，表示由上一函数计算而得的形状为 [batch_size] 的交叉熵损失：

```
def __loss(self, losses):
    with tf.name_scope('loss'):
        loss = tf.reduce_mean(losses, name='loss')
        tf.summary.scalar('loss', loss)
    return loss
```

现在，利用 _train_step() 计算并返回 RMSProp 训练步长操作。需要两个参数：表示 RMSProp 优化器学习速率的 learning_rate 和上一函数计算的平均交叉熵损失：

```
def __train_step(self, learning_rate, loss):
    return tf.train.RMSPropOptimizer(learning_rate).minimize(loss)
```

在进行性能评估时，_accuracy() 函数计算分类准确率。需要 3 个参数：其中 softmax 激活函数形状为 [batch_size, n_classes] 的预测；形状为 [batch_size, n_classes] 的目标张量和当前批所得到的平均准确率：

```
def __accuracy(self, predict, target):
    with tf.name_scope('accuracy'):
        correct_pred = tf.equal(tf.argmax(predict, 1), tf.argmax(target, 1))
        accuracy = tf.reduce_mean(tf.cast(correct_pred, tf.float32), name='accuracy')
        tf.summary.scalar('accuracy', accuracy)
    return accuracy
```

下一个函数是 initialize_all_variable()，顾名思义，是初始化所有变量：

```
def initialize_all_variables(self):
    return tf.global_variables_initializer()
```

最后，需要定义一个名为 variable_summaries() 的静态方法，将大量汇总数据附加到一个张量上以实现 TensorBoard 可视化。需要以下参数：

var：是指汇总数据的变量；
mean：是指汇总数据的平均值。

具体如下：

```
@staticmethod
def variable_summaries(var, name):
    with tf.name_scope('summaries'):
        mean = tf.reduce_mean(var)
        tf.summary.scalar('mean/' + name, mean)
        with tf.name_scope('stddev'):
            stddev = tf.sqrt(tf.reduce_mean(tf.square(var - mean)))
        tf.summary.scalar('stddev/' + name, stddev)
        tf.summary.scalar('max/' + name, tf.reduce_max(var))
        tf.summary.scalar('min/' + name, tf.reduce_min(var))
        tf.summary.histogram(name, var)
```

这时,需要在训练模型之前创建一个 TensorFlow 会话:

```
sess = tf.Session()
```

初始化所有变量:

```
init_op = tf.global_variables_initializer()
sess.run(init_op)
```

然后,保存 TensorFlow 模型以备将来使用:

```
saver = tf.train.Saver()
```

现在,准备训练集:

```
x_val, y_val, val_seq_len = data_lstm.get_val_data()
```

需记录 TensorFlow 图计算的日志:

```
train_writer.add_graph(lstm_model.input.graph)
```

此外,还可以创建一些空列表来保存训练损失、验证损失和步长,以便可以图的形式查看:

```
train_loss_list = []
val_loss_list = []
step_list = []
sub_step_list = []
step = 0
```

现在,开始训练。在每个步长中,记录训练误差。并在每个子步长中记录验证误差:

```
for i in range(train_steps):
    x_train, y_train, train_seq_len = data_lstm.next_batch(batch_size)
    train_loss, _, summary = sess.run([lstm_model.loss, lstm_model.train_step, lstm_model.merged],
                                      feed_dict={lstm_model.input: x_train,
                                                 lstm_model.target: y_train,
                                                 lstm_model.seq_len: train_seq_len,
                                                 lstm_model.dropout_keep_prob:dropout_keep_prob})
    train_writer.add_summary(summary, i)  # 记录训练汇总
for step i (TensorBoard visualization)
    train_loss_list.append(train_loss)
    step_list.append(i)
        print('{0}/{1} train loss: {2:.4f}'.format(i + 1, FLAGS.train_steps, train_loss))
    if (i + 1) %validate_every == 0:
        val_loss, accuracy, summary = sess.run([lstm_model.loss, lstm_model.accuracy, lstm_model.merged],
                                               feed_dict={lstm_model.input: x_val,
```

```
                                          lstm_model.
    target: y_val,
                                          lstm_model.
    seq_len: val_seq_len,
                                          lstm_model.
    dropout_keep_prob: 1})
        validation_writer.add_summary(summary, i)
        print('    validation loss: {0:.4f} (accuracy
{1:.4f})'.format(val_loss, accuracy))
        step = step + 1
        val_loss_list.append(val_loss)
        sub_step_list.append(step)
```

上述代码的输出如下：

```
>>>

1/1000 train loss: 0.6883
2/1000 train loss: 0.6879
3/1000 train loss: 0.6943

99/1000 train loss: 0.4870
100/1000 train loss: 0.5307
validation loss: 0.4018 (accuracy 0.9200)
…
199/1000 train loss: 0.1103
200/1000 train loss: 0.1032
validation loss: 0.0607 (accuracy 0.9800)
…
299/1000 train loss: 0.0292
300/1000 train loss: 0.0266
validation loss: 0.0417 (accuracy 0.9800)
…
998/1000 train loss: 0.0021
999/1000 train loss: 0.0007
1000/1000 train loss: 0.0004
validation loss: 0.0939 (accuracy 0.9700)
```

上述代码输出了训练误差和验证误差。在训练结束后，模型将会保存到具有唯一 ID 的检查点文件夹中：

```
checkpoint_file = '{}/model.ckpt'.format(model_dir)
save_path = saver.save(sess, checkpoint_file)
print('Model saved in: {0}'.format(model_dir))
```

上述代码的输出如下:

>>>
Model saved in checkpoints/1517781236

检查点文件夹至少会生成 3 个文件:
- config.pkl 包含用于训练模型的参数。
- model.ckpt 包含模型的权重。
- model.ckpt.meta 包含 TensorFlow 图定义。

接下来,分析一下是如何进行训练的,也就是说,训练损失和验证损失是什么情况:

```
# 绘制随时间变化的损失
plt.plot(step_list, train_loss_list, 'r--', label='LSTM training loss
per iteration', linewidth=4)
plt.title('LSTM training loss per iteration')
plt.xlabel('Iteration')
plt.ylabel('Training loss')
plt.legend(loc='upper right')
plt.show()

# 绘制随时间变化的准确率
plt.plot(sub_step_list, val_loss_list, 'r--', label='LSTM validation
loss per validating interval', linewidth=4)
plt.title('LSTM validation loss per validation interval')
plt.xlabel('Validation interval')
plt.ylabel('Validation loss')
plt.legend(loc='upper left')
plt.show()
```

上述代码的输出如图 6-21 所示。

>>>

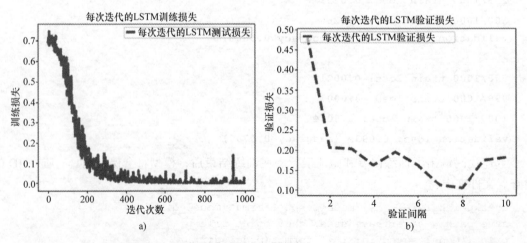

图 6-21　a)针对测试集,每次迭代的 LSTM 训练损失;b)每个验证间隔的 LSTM 验证损失

由图 6-21 可知，仅执行 1000 步的训练在训练阶段和验证阶段效果都很好。不过，建议读者增加训练步长，调整超参数，并观察其运行结果。

6.5.3　通过 TensorBoard 实现可视化

在此，分析 TensorBoard 上的 TensorFlow 计算图。只需执行以下命令并在 localhost：6006/ 上访问 TensorBoard：

```
tensorboard --logdir /home/logs/
```

图选项卡显示执行图（见图 6-22），包括所用的梯度、loss_op、准确率、最终层、所用的优化器（在本例中是 RMSProp）、LSTM 层（即 RNN 层）、嵌入层和 save_op。

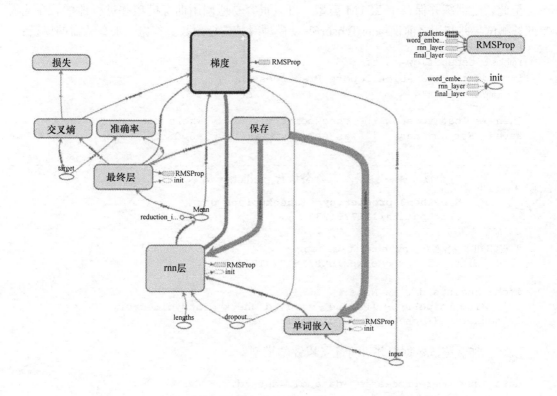

图 6-22　TensorBoard 上的执行图

执行图可直观显示为基于 LSTM 的分类器所进行的情感分析计算。同时，还可以观察各层中的验证损失、训练损失、准确率和操作，如图 6-23 所示。

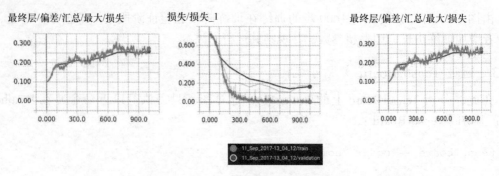

图 6-23 TensorBoard 上各层中的验证损失、训练损失、准确率和操作

6.5.4 LSTM 模型评估

至此，已训练并保存了 LSTM 模型。可以很容易地调用训练模型并进行评估。在此需要准备测试集并利用之前训练的 TensorFlow 模型对其进行预测。首先，加载所需的模型：

```
import tensorflow as tf
from data_preparation import Preprocessing
    import pickle
```

Then we load to show the checkpoint directory where the model was saved. For our case, it was checkpoints/1505148083.

 对于该步骤，按照以下命令执行 predict.py 脚本：

```
$ python3 predict.py --checkpoints_dir
checkpoints/1517781236
```

```
# 根据输出将路径变为 'python3 train.py'
checkpoints_dir = 'checkpoints/1517781236'

ifcheckpoints_dir is None:
    raise ValueError('Please, a valid checkpoints directory
is required (--checkpoints_dir <file name>)')
```

现在，加载测试数据集并进行准备以评估模型：

```
data_lstm = Preprocessing(data_dir=data_dir,
            stopwords_file=stopwords_file,
            sequence_len=sequence_len,
            n_samples=n_samples,
            test_size=test_size,
            val_samples=batch_size,
            random_state=random_state,
            ensure_preprocessed=True)
```

在上述代码中，完全按照训练步骤中的操作，利用以下参数：

```
data_dir = 'data/'  # 数据文件夹中包含 'data.csv'
stopwords_file = 'data/stopwords.txt'  # 停用词文件的路径
sequence_len = None  # 最大序列长度
n_samples= None  # 设n_samples=None以使用整个数据集
test_size = 0.2
batch_size = 100  # 批大小
random_state = 0  # 用于数据拆分的随机状态，默认值为0
```

模型评估方法的工作流程如下：

1）首先，导入元图并使用测试数据进行模型评估；
2）为计算创建 TensorFlow 会话；
3）导入图并调用其权重；
4）调用输入/输出张量；
5）执行预测；
6）最后，输出针对简单测试集的准确率和结果。

步骤1之前已经完成。下列代码执行步骤2~5：

```
original_text, x_test, y_test, test_seq_len = data_lstm.get_test_data(original_text=True)
graph = tf.Graph()
with graph.as_default():
    sess = tf.Session()
    print('Restoring graph ...')
    saver = tf.train.import_meta_graph("{}/model.ckpt.meta".format(FLAGS.checkpoints_dir))
    saver.restore(sess, ("{}/model.ckpt".format(checkpoints_dir)))
    input = graph.get_operation_by_name('input').outputs[0]
    target = graph.get_operation_by_name('target').outputs[0]
    seq_len = graph.get_operation_by_name('lengths').outputs[0]
    dropout_keep_prob = graph.get_operation_by_name('dropout_keep_prob').outputs[0]
    predict = graph.get_operation_by_name('final_layer/softmax/predictions').outputs[0]
    accuracy = graph.get_operation_by_name('accuracy/accuracy').outputs[0]
    pred, acc = sess.run([predict, accuracy],
                         feed_dict={input: x_test,
                                    target: y_test,
                                    seq_len: test_seq_len,
                                    dropout_keep_prob: 1})
    print("Evaluation done.")
```

上述代码的输出如下：

```
>>>
Restoring graph ...
The evaluation was done.
```

非常棒!至此已完成模型训练,接下来输出预测结果:

```
print('\nAccuracy: {0:.4f}\n'.format(acc))
for i in range(100):
    print('Sample: {0}'.format(original_text[i]))
    print('Predicted sentiment: [{0:.4f}, {1:.4f}]'.format(pred[i,
0], pred[i, 1]))
    print('Real sentiment: {0}\n'.format(y_test[i]))
```

上述代码的输出如下:

```
>>>
Accuracy: 0.9858


Sample: I loved the Da Vinci code, but it raises many theological
questions most of which are very absurd...
Predicted sentiment: [0.0000, 1.0000]
Real sentiment: [0. 1.]

…

Sample: I'm sorry I hate to read Harry Potter, but I love the movies!
Predicted sentiment: [1.0000, 0.0000]
Real sentiment: [1. 0.]

…

Sample: I LOVE Brokeback Mountain...
Predicted sentiment: [0.0002, 0.9998]
Real sentiment: [0. 1.]

…

Sample: We also went to see Brokeback Mountain which totally SUCKED!!!
Predicted sentiment: [1.0000, 0.0000]
Real sentiment: [1. 0.]
```

准确率高于98%。这太棒了!但是,还可以尝试利用调整后的超参数以更高的迭代次数进行迭代训练,可能会获得更高的准确率。在此留给读者自行完成。

在下一节中,将学习如何使用LSTM开发一个更高级的机器学习项目,称为基于智能手机数据集的人类行为识别。简而言之,就是所构建的机器学习模型能够将人类行为分为6类:行走、上楼、下楼、坐立、站立和躺着。

6.6 基于LSTM模型的人类行为识别

人类行为识别(HAR)数据库是通过对30名志愿者进行测量而建立的,这些志愿者是将具有内置惯性传感器的智能手机安置于腰部进行日常生活行为（ADL）。目的是将这些行为分为上述 6 种类别。

6.6.1 数据集描述

实验对象为年龄在 19~48 岁之间的 30 名志愿者。每个人都在腰部佩戴一部三星 Galaxy S II 智能手机完成 6 种行为（行走、上楼、下楼、坐立、站立和躺着）。实验人员使用加速度计和陀螺仪，以 50 Hz 的恒定速率捕获 3 轴线性加速度和 3 轴角速度。

在此，仅使用了加速度计和陀螺仪两种传感器。通过噪声滤波器对传感器信号进行预处理，然后每 2.56s 在重叠 50% 的固定宽度滑动窗口中采样。这样每个窗口可提供 128 个读数。通过 Butterworth 低通滤波器，将传感器加速度信号中的重力分量和人体运动分量分解为人体加速度分量和重力加速度分量。

更多信息，请参阅：Davide Anguita, Alessandro Ghio, Luca Oneto, Xavier Parra 和 Jorge L. Reyes-Ortiz, 基于智能手机进行人类行为识别的一个公共数据集，第 21 届欧洲人工神经网络，计算智能和机器学习研讨会，ESANN 2013，比利时布鲁日，2013 年 4 月 24-26 日。

为简单起见，假设重力仅具有少量低频分量。因此，采用截止频率为 0.3Hz 的滤波器。在每个窗口中，通过计算时域和频域变量来确定一个特征向量。

已经对实验进行了视频记录，以便于手动标记数据。数据集随机分为两组，其中 70% 的志愿者用于训练数据，30% 用于测试数据。浏览数据集，可见训练集和测试集具有以下文件结构：

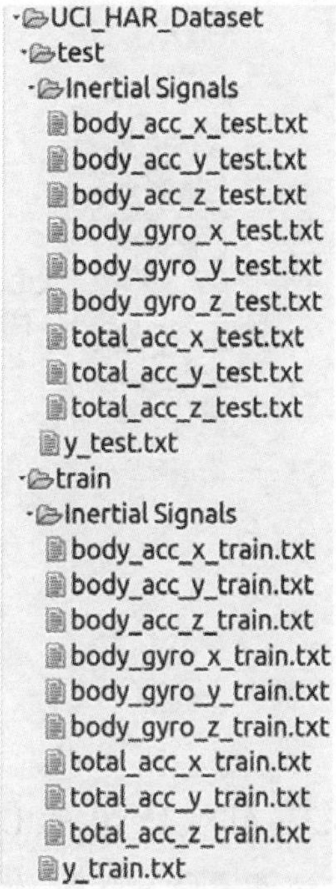

对于数据集（见图 6-24）中的每条记录，提供以下信息：
- 来自加速度计和人体估计加速度的 3 轴加速度；
- 来自陀螺仪传感器的 3 轴角速度；
- 一个具有时域和频域变量的 561 维特征向量；
- 行为标签；
- 实验对象的标识符。

图 6-24 HAR 数据集文件结构

综上，已知需要解决的问题。接下来就深入分析相关技术以及所面临的挑战。

6.6.2 针对 HAR 的 LSTM 模型工作流程

整个算法的工作流程如下：
1）加载数据；
2）定义超参数；
3）使用命令式编程和超参数建立 LSTM 模型；
4）按批进行训练，也就是说，选择一批数据，将其提供给模型，然后经过一定次数的迭代后，评估模型并输出批次损失和准确率；

5）输出训练误差和测试误差图。

根据上述步骤并构建一个执行流程，如图 6-25 所示。

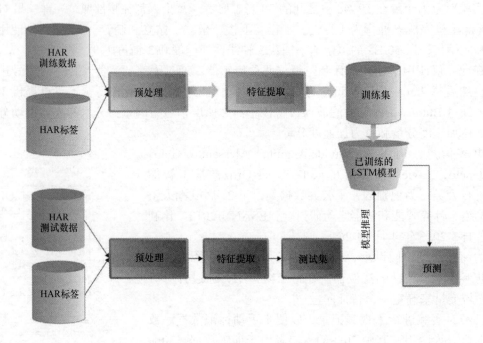

图 6-25　针对 HAR 的一个基于 LSTM 的执行流程

6.6.3　针对 HAR 的 LSTM 模型实现

首先，导入所需的软件包和模块：

```
import numpy as np
import matplotlib
import matplotlib.pyplot as plt
import tensorflow as tf
from sklearn import metrics
from tensorflow.python.framework import ops
import warnings
import random
warnings.filterwarnings("ignore")
os.environ['TF_CPP_MIN_LOG_LEVEL'] = '3'
```

如前所述，INPUT_SIGNAL_TYPES 中包含了一些有用的常量。这是用于神经网络的独立的归一化输入特征：

```
INPUT_SIGNAL_TYPES = [
    "body_acc_x_",
    "body_acc_y_",
    "body_acc_z_",
    "body_gyro_x_",
    "body_gyro_y_",
    "body_gyro_z_",
    "total_acc_x_",
    "total_acc_y_",
    "total_acc_z_"
]
```

在另一个数组中定义标签——这是用于学习如何分类的输出类：

```
LABELS = [
    "WALKING",
    "WALKING_UPSTAIRS",
    "WALKING_DOWNSTAIRS",
    "SITTING",
    "STANDING",
    "LAYING"
]
```

现在，假设已从 https://archive.ics.uci.edu/ml/machine-learning-databases/00240/UCI HAR Dataset.zip 下载了 HAR 数据集并保存在一个名为 UCIHARDataset 的文件夹（或命名一个更合适的文件夹名）。此外，还需要指定训练集和测试集的路径：

```
DATASET_PATH = "UCIHARDataset/"
print("\n" + "Dataset is now located at: " + DATASET_PATH)

TRAIN = "train/"
TEST = "test/"
```

然后，根据 INPUT_SIGNAL_TYPES 数组（Array [Array [Array [Float]]] 格式）定义的输入信号类型，加载并映射每个 .txt 文件中的数据。X 表示神经网络的训练\测试输入：

```
def load_X(X_signals_paths):
    X_signals = []

    for signal_type_path in X_signals_paths:
        file = open(signal_type_path, 'r')
        # Read dataset from disk, dealing with text files' syntax
        X_signals.append(
            [np.array(serie, dtype=np.float32) for serie in [
                row.replace('  ', ' ').strip().split(' ') for row
```

```
        in file
            ]]
        )
        file.close()

    return np.transpose(np.array(X_signals), (1, 2, 0))

X_train_signals_paths = [
    DATASET_PATH + TRAIN + "Inertial Signals/" + signal +
"train.txt" for signal in INPUT_SIGNAL_TYPES
]
X_test_signals_paths = [
    DATASET_PATH + TEST + "Inertial Signals/" + signal +
"test.txt" for signal in INPUT_SIGNAL_TYPES
]

X_train = load_X(X_train_signals_paths)
X_test = load_X(X_test_signals_paths)
```

接着,加载 y,神经网络的训练\测试输出的标签:

```
def load_y(y_path):
    file = open(y_path, 'r')
    # 从磁盘读取数据集,处理文本文件的语法
    y_ = np.array(
        [elem for elem in [
            row.replace('  ', ' ').strip().split(' ') for row in
file
        ]],
        dtype=np.int32
    )
    file.close()

    # 对基于0的索引,对每个输出类减1
    return y_ - 1

y_train_path = DATASET_PATH + TRAIN + "y_train.txt"
y_test_path = DATASET_PATH + TEST + "y_test.txt"

y_train = load_y(y_train_path)
y_test = load_y(y_test_path)
```

现在,分析数据集的统计数据,如训练序列的个数(如前所述,每个序列之间有50%的重叠)、测试序列的个数、每个序列的时间步个数以及每个时间步的输入参数个数:

```
training_data_count = len(X_train)
test_data_count = len(X_test)
n_steps = len(X_train[0])
n_input = len(X_train[0][0])
```

```
print("Number of training series: "+ trainingDataCount)
print("Number of test series: "+ testDataCount)
print("Number of timestep per series: "+ nSteps)
print("Number of input parameters per timestep: "+ nInput)
```

上述代码的输出如下：

```
>>>
Number of training series: 7352
Number of test series: 2947
Number of timestep per series: 128
Number of input parameters per timestep: 9
```

接着，定义训练中的一些核心参数。整个神经网络的结构可通过枚举这些参数和使用 LSTM 来确定：

```
n_hidden = 32 # 隐层特征数
n_classes = 6 # 总课程数（应该增加还是应该减少）

learning_rate = 0.0025
lambda_loss_amount = 0.0015
training_iters = training_data_count * 300 # 重复300次
batch_size = 1500
display_iter = 30000 # 训练过程中显示测试集准确率
```

这时已定义了所有核心参数和网络参数。这些参数值都是随机选择的。尽管没有调整超参数，但仍然运行良好。因此，建议采用网格搜索技术来调整这些超参数。网络上已提供了很多相关资料。

不过，在构建 LSTM 网络并开始训练之前，需要先输出一些调试信息，以确保执行过程不会中途停止：

```
print("Some useful info to get an insight on dataset's shape and normalization:")
print("(X shape, y shape, every X's mean, every X's standard deviation)")
print(X_test.shape, y_test.shape, np.mean(X_test), np.std(X_test))
print("The dataset is therefore properly normalized, as expected, but not yet one-hot encoded.")
```

上述代码的输出如下：

```
>>>
Some useful info to get an insight on dataset's shape and normalization:
(X shape, y shape, every X's mean, every X's standard deviation)
(2947, 128, 9) (2947, 1) 0.0991399 0.395671
```

这时，数据集已按预期进行了合理的归一化处理，但尚未进行 one-hot 编码。

现在，训练数据集已是经归一化且顺序正确的，接下来就可以构建 LSTM 网络了。下列函数可根据给定参数返回一个 TensorFlow LSTM 网络。此外，将两个 LSTM 单元层叠在一起，可增加神经网络的深度：

```
def LSTM_RNN(_X, _weights, _biases):
    _X = tf.transpose(_X, [1,0,2])# 排列 n_steps 和批大小
    _X = tf.reshape(_X, [-1, n_input])
    _X = tf.nn.relu(tf.matmul(_X, _weights['hidden']) + _biases['hidden'])
    _X = tf.split(_X, n_steps, 0)
    lstm_cell_1 = tf.nn.rnn_cell.BasicLSTMCell(n_hidden, forget_bias=1.0, state_is_tuple=True)
    lstm_cell_2 = tf.nn.rnn_cell.BasicLSTMCell(n_hidden, forget_bias=1.0, state_is_tuple=True)
    lstm_cells = tf.nn.rnn_cell.MultiRNNCell([lstm_cell_1, lstm_cell_2], state_is_tuple=True)
    outputs, states = tf.contrib.rnn.static_rnn(lstm_cells, _X, dtype=tf.float32)
    lstm_last_output = outputs[-1]
    return tf.matmul(lstm_last_output, _weights['out']) + _biases['out']
```

仔细分析上述代码段，可见对于一个"多对一"的样式分类器，得到了最后一个时间步的输出特征。那么，如果是一个多对一的 RNN 分类器，会是什么情况？与图 6-5 类似，取一个时间序列的特征向量（每个时间步一个向量），并将其转换为用于分类的输出概率向量。

这时已可以构建 LSTM 网络，但接下来还需要将训练数据分为一批。下列函数可从（X|y）_train 数据中获取 batch_size 数据：

```
def extract_batch_size(_train, step, batch_size):
    shape = list(_train.shape)
    shape[0] = batch_size
    batch_s = np.empty(shape)
    for i in range(batch_size):
        index = ((step-1)*batch_size + i) % len(_train)
        batch_s[i] = _train[index]
    return batch_s
```

之后，需要将输出标签从数值索引编码为二进制类别。然后，用 batch_size 执行训练。如 [[5], [0], [3]] 需转换为类似于 [[0, 0, 0, 0, 1], [1, 0, 0, 0, 0], [0, 0, 0, 1, 0, 0]] 的形式。这样就可以采用 one-hot 编码实现。下列方法执行了上述转换：

```
def one_hot(y_):
    y_ = y_.reshape(len(y_))
    n_values = int(np.max(y_)) + 1
    return np.eye(n_values)[np.array(y_, dtype=np.int32)]
```

非常棒！现在数据集已准备好了，可以开始构建网络了。首先，为输入和标签创建两个独立的占位符：

```
x = tf.placeholder(tf.float32, [None, n_steps, n_input])
y = tf.placeholder(tf.float32, [None, n_classes])
```

然后创建所需的权重向量：

```
weights = {
    'hidden': tf.Variable(tf.random_normal([n_input, n_hidden])),
    'out': tf.Variable(tf.random_normal([n_hidden, n_classes], mean=1.0))
}
```

创建所需的偏差向量：

```
biases = {
    'hidden': tf.Variable(tf.random_normal([n_hidden])),
    'out': tf.Variable(tf.random_normal([n_classes]))
}
```

最后，传入输入张量、权重向量和偏差向量来建模，如下所示：

```
pred = LSTM_RNN(x, weights, biases)
```

此外，还需要计算成本函数、正则化、优化器和评估。在此，采用 L2 损失来进行正则化，以防止对神经网络过于限制训练中的过拟合问题：

```
l2 = lambda_loss_amount * sum(tf.nn.l2_loss(tf_var) for tf_var in tf.trainable_variables())

cost = tf.reduce_mean(tf.nn.softmax_cross_entropy_with_logits_v2(labels=y, logits=pred)) + l2

optimizer = tf.train.AdamOptimizer(learning_rate=learning_rate).minimize(cost)
correct_pred = tf.equal(tf.argmax(pred,1), tf.argmax(y,1))
accuracy = tf.reduce_mean(tf.cast(correct_pred, tf.float32))
```

Great! So far, everything has been fine. Now we are ready to train the neural network. First, we create some lists to hold some training's performance:

```
test_losses = []
test_accuracies = []
train_losses = []
train_accuracies = []
```

接着，创建一个 TensorFlow 会话，启用图，并初始化全局变量：

```
sess = tf.InteractiveSession(config=tf.ConfigProto(log_device_placement=False))
init = tf.global_variables_initializer()
sess.run(init)
```

然后，在每个循环中使用 batch_size 大小的样本数据进行训练。首先用一批数据来拟合训练，然后，仅通过少量时间步来评估网络，以加快训练。此外，再针对测试集进行评估（在此，没有学习，只是对诊断进行评估）。最后，输出结果：

```
step = 1
while step * batch_size <= training_iters:
    batch_xs =  extract_batch_size(X_train, step, batch_size)
    batch_ys = one_hot(extract_batch_size(y_train, step,
batch_size))
    _, loss, acc = sess.run(
        [optimizer, cost, accuracy],
        feed_dict={
            x: batch_xs,
            y: batch_ys
        }
    )
    train_losses.append(loss)
    train_accuracies.append(acc)
    if (step*batch_size % display_iter == 0) or (step == 1) or
(step * batch_size > training_iters):
        print("Training iter #" + str(step*batch_size) + \
":   Batch Loss = " + "{:.6f}".format(loss) + \
", Accuracy = {}".format(acc))
        loss, acc = sess.run(
            [cost, accuracy],
            feed_dict={
                x: X_test,
                y: one_hot(y_test)
            }
        )
        test_losses.append(loss)
        test_accuracies.append(acc)
        print("PERFORMANCE ON TEST SET: " + \
            "Batch Loss = {}".format(loss) + \
            ", Accuracy = {}".format(acc))
    step += 1
print("Optimization Finished!")
one_hot_predictions, accuracy, final_loss = sess.run(
    [pred, accuracy, cost],
    feed_dict={
        x: X_test,
        y: one_hot(y_test)
    })
test_losses.append(final_loss)
test_accuracies.append(accuracy)
```

```
print("FINAL RESULT: " + \
      "Batch Loss = {}".format(final_loss) + \
      ", Accuracy = {}".format(accuracy))
```

上述代码的输出如下：

```
>>>
Training iter #1500:     Batch Loss = 3.266330, Accuracy =
0.15733332931995392
PERFORMANCE ON TEST SET: Batch Loss = 2.6498606204986572, Accuracy =
0.15473362803459167
Training iter #30000:    Batch Loss = 1.538126, Accuracy =
0.6380000114440918
…
PERFORMANCE ON TEST SET: Batch Loss = 0.5507552623748779, Accuracy =
0.8924329876899719
Optimization Finished!
FINAL RESULT: Batch Loss = 0.6077192425727844, Accuracy =
0.8686800003051758
```

非常棒！成功执行训练过程。不过，如果能够实现可视化会更好：

```
indep_train_axis = np.array(range(batch_size,
(len(train_losses)+1)*batch_size, batch_size))
plt.plot(indep_train_axis, np.array(train_losses),     "b--",
label="Train losses")
plt.plot(indep_train_axis, np.array(train_accuracies), "g--",
label="Train accuracies")
indep_test_axis = np.append(
    np.array(range(batch_size, len(test_losses)*display_iter,
    display_iter)[:-1]),
    [training_iters])
plt.plot(indep_test_axis, np.array(test_losses),     "b-", label="Test
losses")
plt.plot(indep_test_axis, np.array(test_accuracies), "g-", label="Test
accuracies")
plt.title("Training session's progress over iterations")
plt.legend(loc='upper right', shadow=True)
plt.ylabel('Training Progress (Loss or Accuracy values)')
plt.xlabel('Training iteration')
plt.show()
```

上述代码的输出（见图 6-26）如下：

>>>

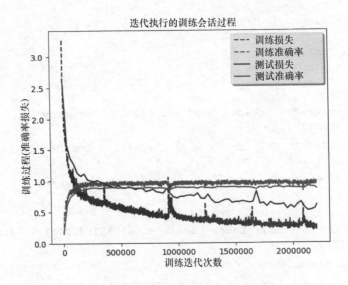

图 6-26 迭代执行的 LSTM 训练会话

另外，还需要计算其他性能指标，如准确率、精度、召回率和 f1 测度等：

```
predictions = one_hot_predictions.argmax(1)
print("Testing Accuracy: {}%".format(100*accuracy))
print("")
print("Precision: {}%".format(100*metrics.precision_score(y_test,
predictions, average="weighted")))
print("Recall: {}%".format(100*metrics.recall_score(y_test,
predictions, average="weighted")))
print("f1_score: {}%".format(100*metrics.f1_score(y_test,
predictions, average="weighted")))
```

上述代码的输出如下：

```
>>>
Testing Accuracy: 89.51476216316223%
Precision: 89.65053428376297%
Recall: 89.51476077366813%
f1_score: 89.48593061935716%
```

鉴于这是一个多类分类问题，因此需要绘制混淆矩阵：

```
print("")
print ("Showing Confusion Matrix")

cm = metrics.confusion_matrix(y_test, predictions)
df_cm = pd.DataFrame(cm, LABELS, LABELS)
plt.figure(figsize = (16,8))
plt.ylabel('True label')
plt.xlabel('Predicted label')
sn.heatmap(df_cm, annot=True, annot_kws={"size": 14}, fmt='g',
linewidths=.5)
plt.show()
```

上述代码的输出如图 6-27 所示。

>>>

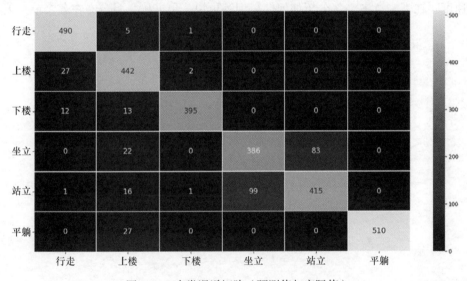

图 6-27 多类混淆矩阵（预测值与实际值）

在混淆矩阵中，训练数据和测试数据在不同类中分布不均匀，因此，超过六分之一的数据在最后一个类别中正确分类是正常的。尽管如此，仍成功达到了约 87% 的预测准确率。再进一步详细分析。发现本可以达到更高准确率，但由于是在 CPU 上进行训练的，因此，准确率有所降低，且需要更长的训练时间。为此，建议在 GPU 上训练以获得更好的结果。此外，调整超参数也是一个重要步骤。

6.7 小结

LSTM 网络具有特殊隐含单元，称为记忆单元，目的是可以长时记忆之前的输入。这些单元在每一时刻都将网络的先前状态和当前输入作为输入。通过将这些输入与当前记忆相结合，并由其他单元的门控机制决定在记忆中保留和删除哪些信息，由此证明，LSTM 是一种非常有效的长时依赖项学习方法。

在本章中，讨论了 RNN。分析了如何利用具有高度时间相关性的数据进行预测。学习了如何开发一些实际预测模型，使得更易于利用 RNN 及其不同架构的变体进行预测分析。本章首先介绍了 RNN 的理论背景知识。

然后分析了几个示例，介绍了一种系统性的方法来实现有关图像分类、电影和作品的情感分析，以及 NLP 中的垃圾邮件检测的预测模型。接着，学习了如何针对时间序列数据开发预测模型。最后，分析了 RNN 在人类行为识别中的一个更先进的应用，并得到约为 87% 的分类准确率。

DNN 是一种统一结构，因此，网络中的每层上，数千个相同的人工神经元执行相同的计算。由此，DNN 架构非常适用于 GPU 可有效执行的各种计算。与 CPU 相比，GPU 具有更多优势；其中包括具有更多的计算单元和更高的内容检索带宽。

此外，在需要大量计算负荷的深度学习应用中，可利用 GPU 的图形计算功能进一步加快计算速度。在下一章中，将分析如何使得训练更快、更准确，且分布在各个节点上。

第 7 章 异构和分布式计算

在 TensorFlow 下表示的计算可以几乎没有任何变化地在各种异构系统上执行，其中，包括移动设备（如手机、平板电脑）以及由数百台机器和数以千计的计算设备（如 GPU 卡）构成的大规模分布式系统。

本章将探讨有关 TensorFlow 的基本内容。尤其是，着重考虑在 GPU 卡以及分布式系统上执行 TensorFlow 模型的可行性。

GPU 具有 CPU 所不具备的一些优势，包括具有更多的计算单元和具有用于存储检索的更高带宽。此外，在许多需要大量计算负荷的深度学习应用中，GPU 图形化功能可进一步加快计算速度。

同时，如果必须处理庞大数据集来训练模型时，那么分布式计算策略非常有效。

本章的主要内容包括：
- GPGPU 计算；
- TensorFlow 下的 GPU 设置；
- 分布式计算；
- 分布式 TensorFlow 设置。

7.1 GPGPU 计算

近几十年来，一些原因促进了深度学习（DL）的发展并使其成为机器学习（ML）领域的核心。

其中一个最主要的原因是由于硬件在新型处理器上的飞速发展，如图形处理单元（GPU），可大大缩短网络训练所需的时间（缩短至 1/20~1/10）。

实际上，由于各个神经元之间的连接具有数值化估计权重以及通过适当校正权重的网络学习而增大网络复杂性，从而需要较高的计算能力，GPU 正好可以处理这些计算过程。

7.1.1 GPGPU 发展历史

GPGPU 是 General Purpose Computing on Graphics Processing Units（图形处理单元的通用计算）的缩写。目前的趋势是在除图形处理之外的应用上也采用 GPU 技术。直到 2006 年之前，图形 API OpenGL 和 DirectX 标准一直是 GPU 编程的唯一方式。在 GPU 上执行任何计算都受制于这些 API 的编程限制。

GPU 的设计是通过可编程算术单元（称为像素着色器）为屏幕上的每个像素生成颜色。如果程序人员意识到，输入的数值数据与像素颜色具有不同含义，那么就可以对像素着色器进行编程以执行任意计算。

由于存在内存限制，因此程序只能接收少量输入颜色和纹理单元作为输入数据。另外，由于几乎不可能预测 GPU 是如何处理浮点数据（假设可以处理）。因此，无法使用 GPU 进行许多科学计算。

任何想要求解数值问题的人都必须学习 OpenGL 或 DirectX，这是与 GPU 相互通信的唯一方式。

7.1.2 CUDA 架构

2006 年，NVIDIA 推出了第一款支持 DirectX 10 的 GPU。GeForce 8800GTX 也是第一款使用 CUDA 架构的 GPU。这种架构包括多个专为 GPU 计算而设计的新组件，且旨在消除以往 GPU 在非图形化计算应用上的局限性。实际上，GPU 上的执行单元可以读取并写入任意内存以及访问软件程序中的缓存（即共享内存）。

新增的这些架构特性使得 CUDA GPU 在处理通用计算以及传统图形化任务时效果显著。图 7-1 给出了 GPU 和 CPU 中各种组件之间的空间分配。由图可见，GPU 为数据处理增加了更多的元器件；这是一个高度并行、多线程多核处理器。

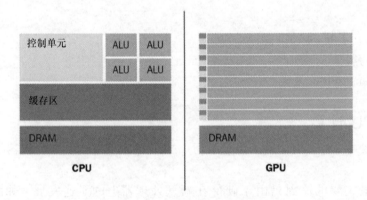

图 7-1　CPU 架构与 GPU 架构

值得注意的是，GPU 芯片中的几乎所有空间都是用于 ALU，而不是缓存区和控制单元，从而适用于大量的重复性数据计算。GPU 访问本地内存并通过总线（目前是 PCI Express）与系统和 CPU 连接。

图形处理芯片由一组多处理器组成，即流形多处理器（SM）。多处理器的个数取决于每个 GPU 的具体特性以及性能等级。

每个多处理器又是由流处理器（或核）组成。每一个处理器都可以对整数或单精度/双精度浮点数执行基本的算术运算。

7.1.3　GPU 程序设计模型

对此，有必要通过介绍一些基本概念来阐述 CUDA 的程序设计模型（见图 7-2）。

第一种区别就是主机和设备。

在主机上执行的代码是在 CPU 上执行的那部分代码，其中还包括了 RAM 和硬盘的相关代码。在设备上执行的代码是在图形处理卡上自动加载并运行的代码。

另一个重要概念是内核。这是指在主机上启动并在设备上执行的函数。在内核中定义的代码可在一系列线程中并行执行。

以下机制反映了 GPU 程序设计模型的工作原理。

- 正在运行的程序包含在 CPU 和 GPU 上执行的源代码；
- CPU 和 GPU 具有独立的运行内存；
- 数据是从 CPU 传输到 GPU 来进行计算；
- GPU 计算输出的数据再复制到 CPU 内存。

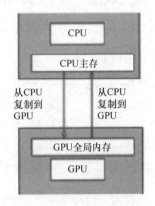

图 7-2　GPU 程序设计模型

7.2　TensorFlow 下的 GPU 设置

若在 TensorFlow 下使用 NVIDIA GPU，首先需安装 CUDA 工具包。

 了解更多信息，请访问 https://developer.nvidia.com/cuda-downloads。

安装完成 CUDA 工具包后，必须从 https://developer.nvidia.com/cudnn 中下载 Linux 版的 cuDNN v5.1 库。

cuDNN 是一个有助于加速深度学习框架（如 TensorFlow 和 Theano）的库。以下是 NVIDIA 网站上的简要说明：

"NVIDIA CUDA® 深度神经网络库（cuDNN）是一个专用于深度神经网络的 GPU 加速库。cuDNN 为标准执行流程（如前向/后向卷积层、池化层、归一化层和激活层）提供了可高度灵活调整的实现。cuDNN 是 NVIDIA 深度学习 SDK 中的一部分。"

在安装之前，需要先在 NVIDIA 的加速计算开发人员计划（Accelerated Computing Developer Program）上进行注册。注册后，登录并下载 cuDNN 5.1 到本地计算机。

下载后，解压缩文件并将其复制到 CUDA Toolkit 文件夹中（设路径为 /usr/local/cuda/）：

```
$ sudo tar -xvf cudnn-8.0-linux-x64-v5.1-rc.tgz -C /usr/local
```

7.2.1　TensorFlow 的更新

假设是使用 TensorFlow 构建深度神经网络模型。通过更新（upgrade）标志的 pip 可直接更新 TensorFlow。

设当前所用的是 TensorFlow 0.11：

```
pip install – upgrade https://storage.googleapis.com/tensorflow/linux/gpu/tensorflow-0.10.0rc0-cp27-none-linux_x86_64.whl
```

这样，就可以利用 GPU 运行一个模型了。

7.2.2 GPU 表示

在 TensorFlow 中，可用字符串表示支持的设备：
- "/cpu: 0"：机器的 CPU；
- "/gpu: 0"：机器的 GPU，如果有的话；
- "/gpu: 1"：机器的第二个 GPU，依此类推。

在为 GPU 设备分配一个操作时，执行流会排列优先级。

7.2.3 GPU 的使用

在 TensorFlow 程序中使用 GPU，只需输入以下内容：

```
with tf.device("/gpu:0"):
```

然后，需要进行设置操作。上列代码将创建一个新的内容管理器，提示 TensorFlow 在 GPU 上执行这些操作。

在此，以执行两个较大矩阵 A^n+B^n 的求和操作为例。

定义基本导入：

```
import numpy as np
import tensorflow as tf
import datetime
```

在此，可以配置一个 TensorFlow 程序来确定操作和张量分配给哪个设备。为此，创建一个会话，并设参数 log_device_placement 为 True：

```
log_device_placement = True
```

然后，设置一个参数 n，用于表示乘法执行次数：

```
n=10
```

接下来，构建两个较大的随机矩阵。在此，使用 NumPy 的 rand 函数来执行该操作：

```
A = np.random.rand(10000, 10000).astype('float32')
B = np.random.rand(10000, 10000).astype('float32')
```

A 和 B 的大小均为 10000×10000。

以下数组用于保存计算结果：

```
c1 = []
c2 = []
```

下一步，定义由 GPU 执行的内核矩阵乘法函数：

```
def matpow(M, n):
    if n == 1:
        return M
    else:
        return tf.matmul(M, matpow(M, n-1))
```

正如之前所述,必须配置 GPU 和 GPU 上所执行的操作:

GPU 将计算 A^n 和 B^n,并将结果保存在 c1 中:

```
with tf.device('/gpu:0'):
    a = tf.placeholder(tf.float32, [10000, 10000])
    b = tf.placeholder(tf.float32, [10000, 10000])
    c1.append(matpow(a, n))
    c1.append(matpow(b, n))
```

由 CPU 在 c1(A^n+B^n)中添加所有元素,由此定义如下:

```
with tf.device('/cpu:0'):
  sum = tf.add_n(c1)
```

datetime 类可用于评估计算时间:

```
t1_1 = datetime.datetime.now()
with tf.Session(config=tf.ConfigProto\
        (log_device_placement=log_device_placement)) as sess:
    sess.run(sum, {a:A, b:B})
t2_1 = datetime.datetime.now()
```

显示计算时间:

```
print("GPU computation time: " + str(t2_1-t1_1))
```

在本人笔记本电脑上,使用 GeForce 840M 图形处理卡,结果如下:

```
GPU computation time: 0:00:13.816644
```

7.2.4　GPU 内存管理

在某些情况下,希望上述过程中仅分配一个可用内存的子集,或只增加进程所需的内存使用量。

TensorFlow 在会话中提供了两个配置选项进行控制。

第一种方法是设置 allow_growth 选项,这是尝试基于运行时分配尽可能多的 GPU 内存:开始时,先分配很少的内存,随着会话执行,需要更多的 GPU 内存,这时不断扩展 TensorFlow 进程所需的 GPU 内存量。

注意,在此并不会释放内存,因为这会产生更多的内存碎片。要选择该选项,在 ConfigProto 中设置如下:

```
config = tf.ConfigProto()
config.gpu_options.allow_growth = True
session = tf.Session(config=config, ...)
```

第二种方法是 per_process_gpu_memory_fraction 选项，确定了为每个可见 GPU 应分配的整个内存量。例如，可以告知 TensorFlow 仅分配每个 GPU 全部内存的 40%，如下所示：

```
config = tf.ConfigProto()
config.gpu_options.per_process_gpu_memory_fraction = 0.4
session = tf.Session(config=config, ...)
```

如果要限制 TensorFlow 进程中可用的 GPU 内存量，这非常有用。

7.2.5 多 GPU 系统上的单个 GPU 分配

如果系统中有多个 GPU，则默认选中 ID 最小的 GPU。如果要在不同的 GPU 上运行会话，则需在配置中明确指定。

例如，可以更改上述代码中的 GPU 分配：

```
with tf.device('/gpu:1'):
    a = tf.placeholder(tf.float32, [10000, 10000])
    b = tf.placeholder(tf.float32, [10000, 10000])
    c1.append(matpow(a, n))
    c1.append(matpow(b, n))
```

通过这种方法，可明确由 gpu1 执行内核函数。若指定的设备不存在（如本例情况），则会产生错误 InvalidArgumentError：

```
InvalidArgumentError (see above for traceback): Cannot assign a device
to node 'Placeholder_1': Could not satisfy explicit device specification
'/device:GPU:1' because no devices matching that specification are
registered in this process; available devices: /job:localhost/replica:0/
task:0/cpu:0
    [[Node: Placeholder_1 = Placeholder[dtype=DT_FLOAT, shape=[100,100],
_device="/device:GPU:1"]()]]
```

如果希望在指定设备不存在的情况下 TensorFlow 能够自动选择现有的和可支持的设备来执行操作，可以在创建会话时，在配置选项中将 allow_soft_placement 设置为 True。

同样，再次为以下节点设置 '/gpu:1'：

```
with tf.device('/gpu:1'):
    a = tf.placeholder(tf.float32, [10000, 10000])
    b = tf.placeholder(tf.float32, [10000, 10000])
    c1.append(matpow(a, n))
    c1.append(matpow(b, n))
```

然后，在设置 allow_soft_placement 参数为 True 的情况下，创建一个会话：

```
with tf.Session(config=tf.ConfigProto\
                (allow_soft_placement=True,\
                log_device_placement=log_device_placement))\
                as sess:
```

这样，在运行会话时，就不会显示 InvalidArgumentError。这时会得到一个正确结果，不过有点延迟：

```
GPU computation time: 0:00:15.006644
```

7.2.6　具有软配置的 GPU 源代码

为清晰起见，完整源代码如下：

```
import numpy as np
import tensorflow as tf
import datetime

log_device_placement = True
n = 10

A = np.random.rand(10000, 10000).astype('float32')
B = np.random.rand(10000, 10000).astype('float32')

c1 = []
c2 = []


def matpow(M, n):
    if n == 1:
        return M
    else:
        return tf.matmul(M, matpow(M, n-1))

with tf.device('/gpu:0'):
    a = tf.placeholder(tf.float32, [10000, 10000])
    b = tf.placeholder(tf.float32, [10000, 10000])
    c1.append(matpow(a, n))
    c1.append(matpow(b, n))

with tf.device('/cpu:0'):
    sum = tf.add_n(c1)

t1_1 = datetime.datetime.now()
with tf.Session(config=tf.ConfigProto\
                (allow_soft_placement=True,\
                log_device_placement=log_device_placement))\
                as sess:
    sess.run(sum, {a:A, b:B})
t2_1 = datetime.datetime.now()
```

7.2.7　多 GPU 的使用

如果要在多个 GPU 上运行 TensorFlow，可以通过为一个 GPU 分配特定的代码块来构建具体模型。例如，如果有两个 GPU，可以按如下方式拆分之前的代码，其中，指定第一个 GPU 用于计算第一个矩阵：

```
with tf.device('/gpu:0'):
    a = tf.placeholder(tf.float32, [10000, 10000])
    c1.append(matpow(a, n))
```

第二个 GPU 用于计算第二个矩阵：

```
with tf.device('/gpu:1'):
    b = tf.placeholder(tf.float32, [10000, 10000])
    c1.append(matpow(b, n))
```

CPU 会有效处理计算结果。另外，注意，在此使用了共享的 c1 数组来保存：

```
with tf.device('/cpu:0'):
    sum = tf.add_n(c1)
```

在下面代码段中，给出了一个管理两个 GPU 的具体示例：

```
import numpy as np
import tensorflow as tf
import datetime

log_device_placement = True
n = 10

A = np.random.rand(10000, 10000).astype('float32')
B = np.random.rand(10000, 10000).astype('float32')

c1 = []

def matpow(M, n):
    if n == 1:
        return M
    else:
        return tf.matmul(M, matpow(M, n-1))

#第一个GPU
with tf.device('/gpu:0'):
    a = tf.placeholder(tf.float32, [10000, 10000])
    c1.append(matpow(a, n))

#第二个GPU
with tf.device('/gpu:1'):
    b = tf.placeholder(tf.float32, [10000, 10000])
    c1.append(matpow(b, n))


with tf.device('/cpu:0'):
```

```
        sum = tf.add_n(c1)

t1_1 = datetime.datetime.now()
with tf.Session(config=tf.ConfigProto\
                (allow_soft_placement=True,\
                log_device_placement=log_device_placement))\
                as sess:
    sess.run(sum, {a:A, b:B})
t2_1 = datetime.datetime.now()
```

7.3 分布式计算

必须针对大量数据对深度模型进行训练才能改进其性能。但是，训练具有数百万个参数的深度网络可能需要花费数天，甚至数周时间。在 *Large Scale Distributed Deep Network* 一文中，Dean 等人提出了两种范式，即模型并行性和数据并行性，以实现在多台物理机器上训练和使用神经网络模型。在下一节中，将介绍这些范式，并重点分析 TensorFlow 的分布式性能。

7.3.1 模型并行性

模型并行性是指为每个处理器提供相同数据，却采用不同的模型。如果网络模型太大而在一个机器内存中无法保存，那么可将模型的不同部分分配给不同的机器。一种可行的模型并行性方法是将第一层置于一个机器上（节点 1），第二层置于第二个机器上（节点 2），依此类推，如图 7-3 所示。不过，有时这并不是最佳方法，因为最后一层必须等待第一层计算完成后才能执行，并且在反向传播过程中，第一层又必须等待更深层执行完成。只有模型是并行的（如 GoogleNet）才可以在不会出现上述瓶颈的情况下在不同的机器上执行。

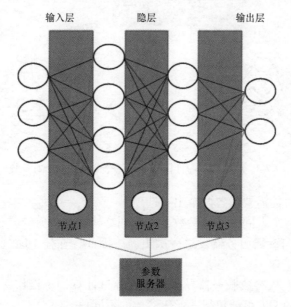

图 7-3　在模型并行性中，每个节点计算网络的不同部分

20年前从事神经网络训练的人员可能是模型并行性的最早实践者，因为需要训练和测试不同的神经网络模型，且以相同数据训练网络中的多个层。

7.3.2 数据并行性

数据并行性是指将单条指令应用于多个数据项。这是一种SIMD（单指令多数据）计算机的理想工作架构，是电子数字计算机中最古老且最简单的并行处理形式。

在这种方法中，网络模型适用于一台称为参数服务器的机器（见图7-4），而大多数计算工作都是由称为工人（worker）的多台机器完成：

- **参数服务器**：这是保存工人中所需变量的CPU。在本例中，在此定义为所需的权重变量。
- **工人**：在此完成大部分计算工作。

每个工人负责读取、计算和更新模型参数，并将其发送到参数服务器：

- 在正向传输中，工人从参数服务器中获取变量，并在工人那执行操作；
- 在反向传输中，工人将当前状态返回参数服务器，执行更新操作并提供新的权重。

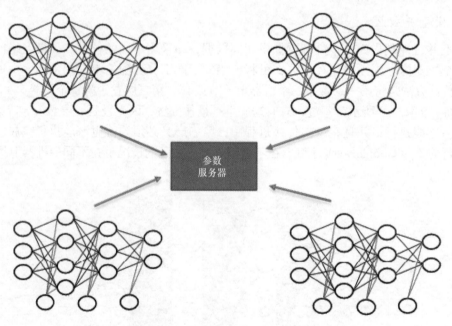

图7-4 在数据并行性模型中，每个节点计算所有参数

实现数据并行性可能需要设置两个主要选项：

- **同步训练**：所有工人同时读取参数，计算训练操作，并等待其他所有工人执行完成。然后，梯度平均，并向参数服务器发送一次更新。因此，在任一时刻，工人都会严格执行图形化参数的相同值。
- **异步训练**：工人从参数服务器异步读取，各自计算训练操作，并发送异步更新。在任一时刻，两个不同的工人可能执行图形化参数的不同值。

7.4 分布式 TensorFlow 设置

在本节中，将探讨 TensorFlow 的分布式计算机制问题。运行分布式 TensorFlow 的第一步是使用 tf.train.ClusterSpec 指定集群架构：

```
import tensorflow as tf

cluster = tf.train.ClusterSpec({"ps": ["localhost:2222"],\
                                "worker": ["localhost:2223",\
                                           "localhost:2224"]})
```

节点通常分为两种类型：作为主机变量的参数服务器（ps），和执行大量计算的工人（worker）。在前面的代码中，具有一个参数服务器和两个工人，以及每个节点的 IP 地址和端口。

然后，必须按之前的定义为每个参数服务器和工人创建一个 tf.train.Server：

```
ps = tf.train.Server(cluster, job_name="ps", task_index=0)

worker0 = tf.train.Server(cluster,\
                          job_name="worker", task_index=0)
worker1 = tf.train.Server(cluster,\
                          job_name="worker", task_index=1)
```

tf.train.Server 对象包含一组本地设备，一组与 tf.train.ClusterSpec 中其他任务的连接，以及可用于执行分布式计算的 tf.Session。创建目的是为了实现设备间的连接。

接下来，使用以下命令将模型变量分配给工人：

tf.device：

```
with tf.device("/job:ps/task:0"):
    a = tf.constant(3.0, dtype=tf.float32)
    b = tf.constant(4.0)
```

将上述指令复制到一个名为 main.py 的文件中。

在两个单独的文件 worker0.py 和 worker1.py 中，必须定义工人。在 worker0.py 中，将两个变量 a 和 b 相乘并输出计算结果：

```
import tensorflow as tf
from main import *

with tf.Session(worker0.target) as sess:
    init = tf.global_variables_initializer()
    add_node = tf.multiply(a,b)
    sess.run(init)
    print(sess.run(add_node))
```

在 worker1.py 中，首先更改 a 的值，然后将变量 a 和变量 b 相乘：

243

```
import tensorflow as tf
from main import *

with tf.Session(worker1.target) as sess:
    init = tf.global_variables_initializer()
    a = tf.constant(10.0, dtype=tf.float32)
    add_node = tf.multiply(a,b)
    sess.run(init)
    a = add_node
    print(sess.run(add_node))
```

执行本示例，首先从命令提示符运行 main.py 文件。可得结果如下：
```
>python main.py

Found device 0 with properties:
name: GeForce 840M
major: 5 minor: 0 memoryClockRate (GHz) 1.124
pciBusID 0000:08:00.0
Total memory: 2.00GiB
Free memory: 1.66GiB

    Started server with target: grpc://localhost:2222
```

然后，运行工人：
```
> python worker0.py

Found device 0 with properties:
name: GeForce 840M
major: 5 minor: 0 memoryClockRate (GHz) 1.124
pciBusID 0000:08:00.0
Total memory: 2.00GiB
Free memory: 1.66GiB

   Start master session 83740f48d039c97d with config:
   12.0
> python worker1.py

Found device 0 with properties:
name: GeForce 840M
major: 5 minor: 0 memoryClockRate (GHz) 1.124
pciBusID 0000:08:00.0
Total memory: 2.00GiB
Free memory: 1.66GiB


   Start master session 3465f63a4d9feb85 with config:
   40.0
```

7.5 小结

本章简单了解了与优化 DNN 计算相关的两个基本主题。

第一个主题阐述了如何使用 GPU 和 TensorFlow 来实现 DNN。应以完全一致的方式构建，以便在网络的每一层中，数千个完全相同的人工神经元执行相同的计算。因此，DNN 架构非常适合于可由 GPU 有效执行的各种计算。

第二个主题介绍了分布式计算。这最初是用于执行单台机器无法完成的非常复杂的计算任务。同样，在面对巨大挑战时，一种最好的策略是通过将任务分解到不同节点来快速分析大量数据。

同时，使用分布式计算还可以解决深度学习问题。深度学习计算可分解为多个活动（任务）；每个活动都会给定一小部分数据，并返回一个可与其他活动结果重新组合的结果。或者，在大多数复杂情况下，也可为每台机器分配不同的计算算法。

最后，在最后一个示例中，展示了如何在 TensorFlow 中进行分布计算。

第 8 章 TensorFlow 高级编程

在开发深度学习（DL）神经网络过程中，需要在测试新模型时进行快速的原型设计。为此，现已构建了一些基于 TensorFlow 的软件库，可抽象许多程序设计概念并提供高级构建块。

在此将通过一个应用示例来阐述每个软件库的主要特性。本章主要介绍以下 TensorFlow 高级 API 及其概述：

- tf.estimator；
- TFLearn；
- PrettyTensor；
- Keras。

8.1 tf.estimator

tf.estimator 是一个 TensorFlow 高级 API，可用于通过封装训练、评估、预测和导出等功能模块来创建和训练模型。TensorFlow 最近重命名并以 TF Estimator 新名称发布了 TF Learn 软件包，这可能是为了避免与 tflearn.org 的 TFLearn 软件包混淆。

tf.estimator 可允许开发人员通过使用现有的模块化组件和 TensorFlow 底层 API（作为机器学习算法的构建块），轻松扩展软件包并实现新的机器学习算法。一些具体的构建块包括度量评估、层、损失和优化器。

tf.estimator 所提供的主要功能将在下一节中介绍。

8.1.1 估计器

估计器是用于计算给定量的估计值的一种规则。这些估计器主要是用于训练和评估 TensorFlow 模型。每个估计器都是针对特定类型机器学习算法的一种实现。目前可支持回归和分类问题。可用的估计器包括线性回归器/分类器、DNN 回归器/分类器、DNN 线性组合回归器/分类器、Tensor 森林估计器、支持向量机、逻辑回归器，以及可用于为分类或回归问题构建自定义模型的通用估计器。这就提供了广泛的现有机器学习算法，以及用户构建自身算法所需的构建块。

8.1.2 图操作

图操作包含一个模型在分布式训练、推理和评估过程中的所有复杂逻辑。这是建立在

TensorFlow 底层 API 的基础之上；这些复杂性与用户无关，以便可专注于通过简化接口来进行相关研究。然后，通过多台机器和设备实现估计器的分布式应用，并且所有扩展估计器都可获得该功能。

例如，tf.estimator.RunConfig 指定了估计器运行的运行时配置，并提供所需参数，如所需的内核个数和 GPU 内存大小。另外，还包含一个 ClusterConfig，用于指定分布式运行的配置。其中，配置了任务、集群、主节点、参数服务器以及其他所有内容。

8.1.3 资源解析

与 pandas 等库类似，tf.estimator 中也包含了一个高级 DataFrame 模块，以便于完成许多常见的从 TensorFlow 等资源中数据读取／解析任务。

8.1.4 花卉预测

为了阐述 tf.estimator 模块的基本功能，首先构建一个基本的深度神经网络（DNN）模型，并通过 Iris 数据集对其进行训练，以实现根据萼片／花瓣的几何结构来预测花卉种类。Iris 数据集包含来自 3 个鸢尾属（见图 8-1）相关的 50 个样本的 150 行数据：山鸢尾、弗吉尼亚鸢尾和变色鸢尾。每行均包含每个花卉样本的以下数据：萼片长度、萼片宽度、花瓣长度、花瓣宽度和花卉种类。其中，花卉种类以整数表示，0 表示山鸢尾，1 表示变色鸢尾，2 表示弗吉尼亚鸢尾。

山鸢尾

变色鸢尾

弗吉尼亚鸢尾

图 8-1　Iris 数据集

本节中的示例 premade_estimator.py 可从 https://github.com/tensorflow/models/blob/master/samples/core/get_started/premade_estimator.py 下载。

要获取训练数据，需执行 iris_data.py 文件，可从 https://github.com/tensorflow/models/blob/master/samples/core/get_started/iris_data.py 下载。

在此，将 Iris 数据集随机分为两个单独的 CSV 文件；第一个文件是 120 个样本的训练集（iris_training.csv）：

```
TRAIN_URL = "http://download.tensorflow.org/data/iris_training.csv"
```

第二个文件是 30 个样本的测试集（iris_test.csv）：

```
TEST_URL = "http://download.tensorflow.org/data/iris_test.csv"
```

其中，特征字段如下：

```
CSV_COLUMN_NAMES = ['SepalLength', 'SepalWidth',
                    'PetalLength', 'PetalWidth', 'Species']
```

分类的种类为：

```
SPECIES = ['Setosa', 'Versicolor', 'Virginica']
```

通过 iris_data.load_data() 函数可加载训练数据和测试数据：

```
(train_x, train_y), (test_x, test_y) = iris_data.load_data()
```

tf.estimator 提供了各种预定义的估计器，可用于对输入数据进行训练和评估。

在此，将针对 Iris 数据配置一个 DNN 分类器模型。利用 tf.estimator，只需几行代码即可实例化 tf.estimator.DNNClassifier。下列代码定义了模型特性，即指定数据集中特征的数据类型：

```
my_feature_columns = []
for key in train_x.keys():
 my_feature_columns.append(tf.feature_column.numeric_column(key=key
))
```

所有特征数据都是连续的，因此 tf.feature_column.numeric_column 函数可用于构造特征列。数据集中有 4 个特征（萼片宽度、萼片高度、花瓣宽度和花瓣高度），因此所有数据结构的形式必须设置为参考文献 [4] 所示形式。

现在通过 DNNClassifier 模型来构建一个分类器：

```
classifier = tf.estimator.DNNClassifier(
        feature_columns=my_feature_columns,
        hidden_units=[10, 10],
        n_classes=3)
```

DNNClassifier 模型的参数如下：

- `feature_columns= my_feature_columns`：一组之前定义的特征列；
- `hidden_units=[10, 10]`：两个隐层，分别包含 10 个神经元；
- `n_classes=3`：3 个目标类别，表示 3 种鸢尾种类。

定义输入通道（input_fn），并采用 train 方法对数据进行训练。训练步个数为 1000：

```
classifier.train(
        input_fn=lambda:iris_data.train_input_fn(train_x, train_y,
                                                args.batch_size),
        steps=args.train_steps)
```

采用 evaluate 方法对模型准确性进行评估：

```
eval_result = classifier.evaluate(
        input_fn=lambda:iris_data.eval_input_fn(test_x, test_y,
                                                args.batch_size))


print('\nTest set accuracy: {accuracy:0.3f}\n'.format(**eval_result))
```

与 train 方法训练一样，evaluate 方法也通过一个输入函数来构建其输入通道，并返回一个包含评估结果的 dict。

示例代码（premade_estimator.py）可输出训练日志，然后是针对测试集的一些预测结果：

```
INFO:tensorflow:loss = 120.53493, step = 1
INFO:tensorflow:global_step/sec: 437.609
INFO:tensorflow:loss = 14.973656, step = 101 (0.291 sec)
INFO:tensorflow:global_step/sec: 369.482
INFO:tensorflow:loss = 8.025629, step = 201 (0.248 sec)
INFO:tensorflow:global_step/sec: 267.963
INFO:tensorflow:loss = 7.3872843, step = 301 (0.364 sec)
INFO:tensorflow:global_step/sec: 337.761
INFO:tensorflow:loss = 7.1775312, step = 401 (0.260 sec)
INFO:tensorflow:global_step/sec: 684.081
INFO:tensorflow:loss = 6.1282234, step = 501 (0.146 sec)
INFO:tensorflow:global_step/sec: 686.175
INFO:tensorflow:loss = 7.441858, step = 601 (0.146 sec)
INFO:tensorflow:global_step/sec: 731.402
INFO:tensorflow:loss = 4.633889, step = 701 (0.137 sec)
INFO:tensorflow:global_step/sec: 687.698
INFO:tensorflow:loss = 8.395943, step = 801 (0.145 sec)
INFO:tensorflow:global_step/sec: 687.174
INFO:tensorflow:loss = 6.0668287, step = 901 (0.146 sec)
INFO:tensorflow:Saving checkpoints for 1000 into C:\Users\GIANCA~1\AppData\Local\Temp\tmp9yaobdrg\model.ckpt.
INFO:tensorflow:Loss for final step: 7.467471.
INFO:tensorflow:Starting evaluation at 2018-03-03-14:11:13
INFO:tensorflow:Restoring parameters from C:\Users\GIANCA~1\AppData\Local\Temp\tmp9yaobdrg\model.ckpt-1000
INFO:tensorflow:Finished evaluation at 2018-03-03-14:11:14
INFO:tensorflow:Saving dict for global step 1000: accuracy =
```

```
0.96666664, average_loss = 0.060853884, global_step = 1000, loss =
1.8256165

Test set accuracy: 0.967

INFO:tensorflow:Restoring parameters from C:\Users\GIANCA~1\AppData\
Local\Temp\tmp9yaobdrg\model.ckpt-1000
```

可根据一些未标记的测量值,利用训练模型来预测鸢尾花的种类。

接下来,以下列花卉样品为例:

```
expected = ['Setosa', 'Versicolor', 'Virginica']
    predict_x = {
        'SepalLength': [5.1, 5.9, 6.9],
        'SepalWidth': [3.3, 3.0, 3.1],
        'PetalLength': [1.7, 4.2, 5.4],
        'PetalWidth': [0.5, 1.5, 2.1],
    }
```

与训练和评估过程一样,也是通过 predict 方法调用一个 function 来进行预测:

```
    predictions = classifier.predict(
        input_fn=lambda:iris_data.eval_input_fn(predict_x,
                                                labels=None,
         batch_size=args.batch_size))

    for pred_dict, expec in zip(predictions, expected):
        template = ('\nPrediction is "{}" ({:.1f}%), expected
"{}"')
        class_id = pred_dict['class_ids'][0]
        probability = pred_dict['probabilities'][class_id]
        print(template.format(iris_data.SPECIES[class_id],
                              100 * probability, expec))
```

上述代码的输出结果如下:

```
Prediction is "Setosa" (99.8%), expected "Setosa"

Prediction is "Versicolor" (99.8%), expected "Versicolor"

Prediction is "Virginica" (97.4%), expected "Virginica"
```

8.2 TFLearn

TFLearn 是一个通过简洁熟悉的 scikit-learn API 封装了许多新的 TensorFlow API 的软件库。TensorFlow 是关于图的构建和执行的。这是一个非常重要的概念,不过启动也很麻烦。在 TFLearn 框架下,在此仅利用了 3 个部分:

• 层(layers):一组高级的 TensorFlow 函数,可允许轻松构建复杂的图,包括从全连接层、卷积层、批归一化到损失和优化。

- **图操作（graph_actions）**：用于对 TensorFlow 图执行训练、评估和运行推理的一组工具。
- **估计器（Estimator）**：将所有内容封装成一个符合 scikit-learn 接口的类，并提供一种轻松构建和训练自定义 TensorFlow 模型的方法。

8.2.1 安装

要安装 TFLearn，最简单的方法是直接运行以下命令：

```
pip install git+https://github.com/tflearn/tflearn.git
```

对于最新的稳定版本，采用以下命令：

```
pip install tflearn
```

另外，也可以通过运行以下命令从源文件（源文件夹）进行安装：

```
python setup.py install
```

8.2.2 泰坦尼克号生存预测器

在本示例中，将学习使用 TFLearn 和 TensorFlow，利用乘客个人信息（如性别和年龄）来对泰坦尼克号上乘客的生存机会进行建模。为完成这一经典的机器学习任务，需要构建一个 DNN 分类器。

首先查看数据集（TFLearn 将自动下载）。

对于每位乘客，提供的信息如下：

survived	是否幸存（0 = No；1 = Yes）
pclass	乘客等级（1 = 一等舱；2 = 二等舱；3 = 三等舱）
name	姓名
sex	性别
age	年龄
sibsp	船上的兄弟姐妹 / 配偶人数
parch	船上的父母 / 子女人数
ticket	票号
fare	乘客票价

以下是数据集中的一些样本：

survived	pclass	name	sex	age	sibsp	parch	ticket	fare
1	1	Aubart, Mme. Leontine Pauline	女	24	0	0	PC 17477	69.3000
0	2	Bowenur, Mr. Solomon	男	42	0	0	211535	13.0000
1	3	Baclini, Miss. Marie Catherine	女	5	2	1	2666	19.2583
0	3	Youseff, Mr. Gerious	男	45.5	0	0	2628	7.2250

在该任务中具有两种分类：未幸存（class=0）和幸存（class=1）。而乘客数据具有 8 种特性。泰坦尼克号数据集保存在一个 CSV 文件中，因此可通过 TFLearn load_csv() 函数将

文件中的数据加载到一个 Python 列表中。在此，指定 target_column 参数来表明标签（是否幸存）位于第一列（id:0）。该函数会返回一个元组：（数据，标签）。

首先导入 NumPy 和 TFLearn 库：

```
import numpy as np
import tflearn as tfl
```

下载泰坦尼克号数据集：

```
from tflearn.datasets import titanic
titanic.download_dataset('titanic_dataset.csv')
```

加载 CSV 文件，并指定第一列是表示标签：

```
from tflearn.data_utils import load_csv
data, labels = load_csv('titanic_dataset.csv', target_column=0,
                       categorical_labels=True, n_classes=2)
```

在用于 DNN 分类器之前需要对数据进行预处理。在此，必须删除对分析没有任何用处的列字段。为此，删除姓名和票价字段，这是因为一般认为乘客姓名和票价与其幸存机会无关：

```
def preprocess(data, columns_to_ignore):
```

在预处理阶段，首先对 ID 进行降序排列并删除列字段：

```
    for id in sorted(columns_to_ignore, reverse=True):
        [r.pop(id) for r in data]
    for i in range(len(data)):
```

将性别字段转换为浮点型（便于处理）：

```
        data[i][1] = 1. if data[i][1] == 'female' else 0.
    return np.array(data, dtype=np.float32)
```

如前所述，在分析过程中，将忽略姓名和票价字段：

```
to_ignore=[1, 6]
```

然后，调用 preprocess 程序：

```
data = preprocess(data, to_ignore)
```

接下来，指定输入数据的形式。输入样本共有 6 种特征，且需分批处理样本以节省内存，因此，数据输入形式为 [None, 6]。参数 None 表示维度未知，因此，可以更改批处理的样本总数：

```
net = tfl.input_data(shape=[None, 6])
```

最后，根据下列语句构建一个 3 层神经网络：

```
net = tfl.fully_connected(net, 32)
net = tfl.fully_connected(net, 32)
net = tfl.fully_connected(net, 2, activation='softmax')
net = tfl.regression(net)
```

TFLearn 提供了一个模型封装器，DNN 可自动执行神经网络分类器任务：

```
model = tfl.DNN(net)
```

在此，运行 10 个周期，且批大小为 16：

```
model.fit(data, labels, n_epoch=10, batch_size=16,
show_metric=True)
```

在运行模型时，可得输出结果如下：

```
Training samples: 1309
Validation samples: 0
--
Training Step: 82  | total loss: 0.64003
| Adam | epoch: 001 | loss: 0.64003 - acc: 0.6620 -- iter: 1309/1309
--
Training Step: 164  | total loss: 0.61915
| Adam | epoch: 002 | loss: 0.61915 - acc: 0.6614 -- iter: 1309/1309
--
Training Step: 246  | total loss: 0.56067
| Adam | epoch: 003 | loss: 0.56067 - acc: 0.7171 -- iter: 1309/1309
--
Training Step: 328  | total loss: 0.51807
| Adam | epoch: 004 | loss: 0.51807 - acc: 0.7799 -- iter: 1309/1309
--
Training Step: 410  | total loss: 0.47475
| Adam | epoch: 005 | loss: 0.47475 - acc: 0.7962 -- iter: 1309/1309
--
Training Step: 574  | total loss: 0.48988
| Adam | epoch: 007 | loss: 0.48988 - acc: 0.7891 -- iter: 1309/1309
--
Training Step: 656  | total loss: 0.55073
| Adam | epoch: 008 | loss: 0.55073 - acc: 0.7427 -- iter: 1309/1309
--
Training Step: 738  | total loss: 0.50242
| Adam | epoch: 009 | loss: 0.50242 - acc: 0.7854 -- iter: 1309/1309
--
Training Step: 820  | total loss: 0.41557
| Adam | epoch: 010 | loss: 0.41557 - acc: 0.8110 -- iter: 1309/1309
--
```

模型准确率约为 81%，这意味着可以对 81% 的乘客正确预测结果（即乘客是否幸存）。

8.3 PrettyTensor

PrettyTensor 允许开发人员封装 TensorFlow 操作以快速链接任意数量的层来定义神经网络。接下来是关于 PrettyTensor 功能的一个简单示例：将一个标准的 Tensor 对象 Pretty 封装成一个与库兼容的对象；然后将其馈入 3 个全连接层，最后输出一个 softmax 分布：

```
pretty = tf.placeholder([None, 784], tf.float32)
softmax = (prettytensor.wrap(examples)
    .fully_connected(256, tf.nn.relu)
    .fully_connected(128, tf.sigmoid)
    .fully_connected(64, tf.tanh)
    .softmax(10))
```

PrettyTensor 的安装非常简单，只需通过 pip 安装程序即可：

sudo pip install prettytensor

8.3.1 链层

PrettyTensor 具有 3 种操作模式，且可共享链方法功能。

8.3.2 正常模式

在正常模式下，每次调用方法时，都会创建一个新的 PrettyTensor。这样就可轻松实现链接，并且仍可以多次使用任何特定对象。这使得易于分解网络。

8.3.3 顺序模式

在顺序模式中，一个内部变量（head）跟踪最近的输出张量，从而允许通过调用链来分解为多个语句。

一个简单的示例如下：

```
seq = pretty_tensor.wrap(input_data).sequential()
seq.flatten()
seq.fully_connected(200, activation_fn=tf.nn.relu)
seq.fully_connected(10, activation_fn=None)
result = seq.softmax(labels, name=softmax_name))
```

8.3.4 分支和连接

也可以使用一类分支和连接方法来构建复杂网络：

- 分支是创建一个单独的 PrettyTensor 对象，当调用时，指向当前 head，这样就允许用户定义一个单独的塔式结构，要么是最终实现回归目标，要么输出结果，要么重新连接到网络。重新连接可允许用户定义复合层，如起始层。
- 连接用于连接多个输入或重新连接到一个复合层。

8.3.5 数字分类器

在本例中，将定义并训练一个两层模型和一个形式为 LeNet5 的卷积模型：

```
import tensorflow as tf
import prettytensor as pt
from prettytensor.tutorial import data_utils
```

```
tf.app.flags.DEFINE_string('save_path',\
                    None, \
                    'Where to save the model checkpoints.')

FLAGS = tf.app.flags.FLAGS

BATCH_SIZE = 50
EPOCH_SIZE = 60000
TEST_SIZE = 10000
```

由于输入的数据作为 NumPy 数组，因此需要在图中创建占位符。然后，必须利用 dict 语句来输入：

```
image_placeholder = tf.placeholder\
                (tf.float32, [BATCH_SIZE, 28, 28, 1])

labels_placeholder = tf.placeholder\
                (tf.float32, [BATCH_SIZE, 10])
```

接下来，创建一个 multilayer_fully_connected 函数。前两层是全连接层（100 个神经元），最后一层是 softmax 结果层。由此可见，链层是一个非常简单的操作：

```
def multilayer_fully_connected(images, labels):
    images = pt.wrap(images)
    with pt.defaults_scope\
            (activation_fn=tf.nn.relu,l2loss=0.00001):

        return (images.flatten().\
                fully_connected(100).\
                fully_connected(100).\
                softmax_classifier(10, labels))
```

现在，构建一个多层卷积网络：该架构类似于 LeNet 5。在此需更改该架构，以便可采用其他架构进行实验：

```
def lenet5(images, labels):
    images = pt.wrap(images)
    with pt.defaults_scope\
            (activation_fn=tf.nn.relu, l2loss=0.00001):

        return (images.conv2d(5, 20).\
                max_pool(2, 2).\
                conv2d(5, 50).\
                max_pool(2, 2).\
                flatten().\
                fully_connected(500).\
                softmax_classifier(10, labels))
```

根据所选模型，可以有一个两层分类器（multilayer_fully_connected）或一个卷积分类器：

```
def make_choice():
    var = int(input('(1) = multy layer model    (2) = lenet 5 '))
    print(var)
    if var == 1:
        result = multilayer_fully_connected\
                    (image_placeholder,labels_placeholder)
        run_model(result)
    elif var == 2:
        result = lenet5\
                    (image_placeholder,labels_placeholder)
        run_model(result)
    else:
        print ('incorrect input value')
```

最后，定义所选模型的准确率：

```
def run_model(result):
    accuracy = result.softmax.evaluate_classifier\
                    (labels_placeholder,phase=pt.Phase.test)
```

接下来，创建训练集和测试集：

```
  train_images, train_labels = data_utils.mnist(training=True)
  test_images, test_labels = data_utils.mnist(training=False)
```

在此，采用梯度下降优化器程序并将其应用到图中。在 pt.apply_optimizer 函数上增加了正则化损失并设置了一个步计数器：

```
  optimizer = tf.train.GradientDescentOptimizer(0.01)
  train_op = pt.apply_optimizer\
                    (optimizer,losses=[result.loss])
```

可以在运行会话中设置一个 save_path，以便每隔一段时间自动保存一次进度。否则，模型将在会话结束时丢失：

```
runner = pt.train.Runner(save_path=FLAGS.save_path)
with tf.Session():
    for epoch in range(0,10):
```

随机产生训练数据：

```
            train_images, train_labels = \
                    data_utils.permute_data\
                    ((train_images, train_labels))

            runner.train_model(train_op,result.\
                        loss,EPOCH_SIZE,\
                        feed_vars=(image_placeholder,\
                                    labels_placeholder),\
                        feed_data=pt.train.\
                        feed_numpy(BATCH_SIZE,\
```

```
                                train_images,\
                                train_labels),\
                    print_every=100)

        classification_accuracy = runner.evaluate_model\
                                (accuracy,\
                                 TEST_SIZE,\
                                 feed_vars=(image_placeholder,\
                                            labels_placeholder),\
                                 feed_data=pt.train.\
                                 feed_numpy(BATCH_SIZE,\
                                            test_images,\
                                            test_labels))
    print("epoch" , epoch + 1)
    print("accuracy", classification_accuracy )

if __name__ == '__main__':
    make_choice()
```

运行示例时，必须选择要训练的模型：

(1) = multylayer model   (2) = lenet 5

若选择多层模型，则准确率为 95.5%：

```
Extracting /tmp/data\train-images-idx3-ubyte.gz
Extracting /tmp/data\train-labels-idx1-ubyte.gz
Extracting /tmp/data\t10k-images-idx3-ubyte.gz
Extracting /tmp/data\t10k-labels-idx1-ubyte.gz
epoch 1
accuracy [0.8969]
epoch 2
accuracy [0.914]
epoch 3
accuracy [0.9188]
epoch 4
accuracy [0.9306]
epoch 5
accuracy [0.9353]
epoch 6
accuracy [0.9384]
epoch 7
accuracy [0.9445]
epoch 8
accuracy [0.9472]
epoch 9
accuracy [0.9531]
epoch 10
accuracy [0.9552]
```

而对于 LeNet5，准确率应为 98.8%：

```
Extracting /tmp/data\train-images-idx3-ubyte.gz
Extracting /tmp/data\train-labels-idx1-ubyte.gz
Extracting /tmp/data\t10k-images-idx3-ubyte.gz
Extracting /tmp/data\t10k-labels-idx1-ubyte.gz

epoch 1
accuracy [0.9686]
epoch 2
accuracy [0.9755]
epoch 3
accuracy [0.983]
epoch 4
accuracy [0.9841]
epoch 5
accuracy [0.9844]
epoch 6
accuracy [0.9863]
epoch 7
accuracy [0.9862]
epoch 8
accuracy [0.9877]
epoch 9
accuracy [0.9855]
epoch 10
accuracy [0.9886]
```

8.4 Keras

Keras 是一个利用 Python 编写的开源神经网络软件库。其特点是模块化、最小化和可扩展性，设计目的是快速实现 DNN。

该软件库的主要开发人员和维护人员是一位名为 François Chollet 的谷歌工程师，这是作为 ONEIROS（开放式神经电子智能机器人操作系统）项目的一部分研究工作而开发的。

Keras 的开发遵循以下设计原则：

- **模块化**：一个模型可看作是独立的、完全可配置模块的一个序列或图，并可以在尽可能少的限制条件下连接在一起。神经层、成本函数、优化器、初始化方案和激活函数都是可经过组合来创建新模型的独立模块。
- **最小化**：每个模块都必须简短（几行代码）。对于未处理读数，源代码应是透明的。
- **可扩展性**：新模块应易于添加（如新的类和函数），且现有模块为新模块提供了一些基础示例。轻松创建新模块能提高整体表现力，从而使得 Keras 适用于高级研究。

Keras 可以嵌入式版本形式用作 TensorFlow API，也可作为一个软件库使用：

- tf.keras，来自 https://www.tensorflow.org/api_docs/python/tf/keras；
- Keras 2.1.4 版（有关更新和安装指南，请参阅 https://keras.io）。

在下面的内容中，将分析如何分别作为 API 和软件库来应用。

8.4.1　Keras 编程模型

Keras 的核心数据结构是一个模型，这是一种层的组织方法。现有两种模型类型：
- **序列模型**：这是用于实现简单模型的线性层叠。
- **功能 API**：这是用于更复杂的架构，如具有多输出和有向非循环图的模型。

8.4.1.1　序列模型

在本节中，将通过代码快速阐述序列模型的工作原理。首先通过 TensorFlow API 导入和构建 Keras 的 Sequential 模型：

```
import tensorflow as tf
from tensorflow.python.keras.models import Sequential
model = Sequential()
```

定义模型后，就可添加一个或多个层。由 add() 语句实现层叠操作：

```
from keras.layers import Dense, Activation
```

例如，首先添加第一层全连接神经网络层及其激活函数：

```
model.add(Dense(output_dim=64, input_dim=100))
model.add(Activation("relu"))
```

然后，添加第二层 softmax 层：

```
model.add(Dense(output_dim=10))
model.add(Activation("softmax"))
```

如果模型性能良好，则必须通过 compile() 函数来编译模型，并指定所用的损失函数和优化器：

```
model.compile(loss='categorical_crossentropy',\
              optimizer='sgd',\
              metrics=['accuracy'])
```

现在可以配置优化器。Keras 试图使得编程非常简单，以允许用户在需要时完全控制。一旦编译完成后，模型必须能够对数据拟合：

```
model.fit(X_train, Y_train, nb_epoch=5, batch_size=32)
```

或者，也可以手动将批数据输入模型：

```
model.train_on_batch(X_batch, Y_batch)
```

经过训练，就可以利用该模型针对新数据进行预测：

```
classes = model.predict_classes(X_test, batch_size=32)
proba = model.predict_proba(X_test, batch_size=32)
```

电影评论的情感分类

在本例中，将 Keras 序列模型应用于一个情感分析问题。情感分析是解读书面或口头文本中观点的一种方式。该方法的主要目的是识别词汇所表达的情感（或倾向），可能具有中立、积极或消极 3 种含义。在此要解决的问题是 IMDB 电影评论中的情感分类问题：每条电影评论都是一个可变的词条序列，需要对每条电影评论的情感（积极或消极）进行分类。

上述问题非常复杂，因为序列长度可变，且包含大量输入符号的词汇表。解决方案需要模型了解输入序列中符号之间的长时依赖关系。

IMDB 数据集中包含了 25000 条用于训练的倾向性电影评论（正面或负面），以及同样的数量用于测试。这些数据是由斯坦福大学的研究人员收集整理的，并在 2011 年发表的一篇论文中使用，其中用于训练和测试的数据各占一半。在论文中，准确率可达到 88.89%。

明确要解决的问题后，准备开发一个 LSTM 序列模型来对电影评论的情感进行分类。针对 IMDB 问题，可快速开发一个 LSTM，并获得良好的准确率。首先导入该模型所需的类和函数，并将随机数生成器初始化为一个常量值，以确保易于重现结果。

在本例中，将在 TensorFlow API 中采用嵌入式 Keras：

```
import numpy
from tensorflow.python.keras.models import Sequential
from tensorflow.python.keras.datasets import imdb
from tensorflow.python.keras.layers import Dense
from tensorflow.python.keras.layers import LSTM
from tensorflow.python.keras.layers import Embedding
from tensorflow.python.keras.preprocessing import sequence
numpy.random.seed(7)
```

加载 IMDB 数据集。在此，限制取数据集的前 5000 个词汇。同时，将数据集分为训练集（50%）和测试集（50%）。

Keras 提供了对 IMDB 数据集的内置访问。imdb.load_data() 函数可允许以神经网络和深度学习模型的适用格式来加载数据集。单词可由指示数据集中每个词汇有序频率的整数替换。因此，每条评论中的语句是由一个整数序列组成。

代码如下：

```
top_words = 5000
(X_train, y_train), (X_test, y_test) = \
                    imdb.load_data(num_words=top_words)
```

接下来，需要截断和填充输入序列，以实现在建模时具有相同长度。该模型将学习不具有任何信息的零值，因此在内容方面，序列长度会有所不同，但在 Keras 中计算时，向量长度必须相同。每条评论中的序列长度也各不相同，因此，在此将每条评论限制为 500 个字，截断较长评论并用零值填充较短评论：

具体代码如下：

```
max_review_length = 500
X_train = sequence.pad_sequences\
                    (X_train, maxlen=max_review_length)
X_test = sequence.pad_sequences\
                    (X_test, maxlen=max_review_length)
```

这时就可以定义、编译和拟合 LSTM 模型。

为解决情感分类问题，在此将采用单词嵌入技术。该方法由连续向量空间中的单词表示组成，而连续向量空间是一个将语义相似的单词映射到相邻点的区域。单词嵌入方法是基于分布式假设，即给定上下文中出现的单词必须具有相同的语义。然后，每条电影评论都会映射到一个实数向量域中，其中，单词含义的相似性可转化为向量空间中的紧密性。Keras 提供了一种通过嵌入层将单词正整数表示转换为单词嵌入的简便方法。

在此，定义嵌入向量长度和模型：

```
embedding_vector_length = 32
model = Sequential()
```

第一层是嵌入层。采用 32 个长度向量来表示每个单词：

```
model.add(Embedding(top_words, \
                    embedding_vector_length,\
                    input_length=max_review_length))
```

下一层是具有 100 个记忆单元的 LSTM 层。最后，由于这是一个分类问题，采用一个具有单神经元的密集输出层和 sigmoid 激活函数来对该问题进行预测分类（正面和负面）：

```
model.add(LSTM(100))
model.add(Dense(1, activation='sigmoid'))
```

另外，由于这是一个二元分类问题，在此采用 binary_crossentropy（二元交叉熵）作为损失函数，而所用的优化器是 adam 优化算法（在之前的 TensorFlow 实现中已介绍过）：

```
model.compile(loss='binary_crossentropy',\
              optimizer='adam',\
              metrics=['accuracy'])
print(model.summary())
```

在此，仅进行了 3 个周期的拟合，因为模型很快就过拟合了。批大小为 64 条评论，用于实现权重更新：

```
model.fit(X_train, y_train, \
          validation_data=(X_test, y_test),\
          num_epochs=3, \
          batch_size=64)
```

然后，利用其余评论来评估模型性能：

```
scores = model.evaluate(X_test, y_test, verbose=0)
print("Accuracy: %.2f%%" % (scores[1]*100))
```

运行该示例将生成以下输出：

```
Epoch 1/3
16750/16750 [==============================] - 107s - loss: 0.5570 - acc: 0.7149
Epoch 2/3
16750/16750 [==============================] - 107s - loss: 0.3530 - acc: 0.8577
```

```
Epoch 3/3
16750/16750 [==============================] - 107s - loss: 0.2559 -
acc: 0.9019

Accuracy: 86.79%
```

由此可见，这个简单的 LSTM 模型几乎没有进行任何调整，就可以对 IMDB 问题取得接近最好的预测结果。更重要的是，这是一个模板，可以将其应用于具体序列分类问题的 LSTM 网络。

8.4.1.2 功能 API

对于构建复杂网络，在此介绍的功能性方法非常有用。正如在第 4 章中所述，最常用的神经网络（AlexNet、VGG 等）是由一个或多个重复多次的小神经网络组成。功能 API 正是将神经网络看作一个可多次调用的函数。这种方法非常便于计算，因为构建一个神经网络，即使是一个复杂网络，只需几行代码。

在以下示例中，采用的是来自 https://keras.io 的 Keras V2.1.4。

接下来，分析该 Keras 是如何工作的。首先，需要导入 Model 模块：

```
from keras.models import Model
```

接着为模型指定输入。在此，通过 Input() 函数声明一个形状为 28×28×1 的张量：

```
from keras.layers import Input
digit_input = Input(shape=(28, 28,1))
```

这是序列模型和功能 API 之间的显著差异之一。然后，利用 Conv2D 和 MaxPooling2D API，构建一个卷积层：

```
x = Conv2D(64, (3, 3))(digit_input)

x = Conv2D(64, (3, 3))(x)

x = MaxPooling2D((2, 2))(x)

out = Flatten()(x)
```

注意，变量 x 指定了哪一层所用的变量。最后，通过具体的输入和输出来定义模型：

```
vision_model = Model(digit_input, out)
```

当然，还需要利用拟合和编译方法来指定损失函数、优化器等，正如在序列模型中的具体过程。

SqueezeNet

在本例中，介绍一种称为 SqueezeNet 的小型 CNN 架构，可在 ImageNet 上以少于 50 倍的参数实现 AlexNet 级别的准确率。该架构是受 GoogleNet 中初始模块的启发，并发表于论文 *SqueezeNet: AlexNet-level accuracy with 50x fewer parameters and < 1MB model size*。

SqueezeNet 的思想是减少压缩方案中所需的参数数量。具体策略是采用较少的滤波器来减少参数数量。通过将挤压层馈入到所谓的扩展层来实现。挤压层和扩展层构成了所谓的 Fire 模块，如图 8-2 所示。

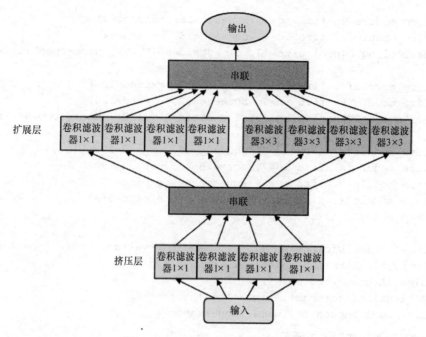

图 8-2 SqueezeNet 中的 Fire 模块

fire_module 由卷积滤波器 1×1 和 ReLU 操作组成：

```
x = Convolution2D(squeeze,(1,1),padding='valid', name='fire2/
squeeze1x1')(x)
x = Activation('relu', name='fire2/relu_squeeze1x1')(x)
```

扩展层包括两部分：左侧和右侧。

左侧执行了 1×1 卷积，称为扩展 1×1：

```
left = Conv2D(expand, (1, 1), padding='valid', name=s_id + exp1x1)(x)
left = Activation('relu', name=s_id + relu + exp1x1)(left)
```

右侧执行了 3×3 卷积，称为扩展 3×3。这两个部分之后是一个 ReLU 层：

```
right = Conv2D(expand, (3, 3), padding='same', name=s_id + exp3x3)(x)
right = Activation('relu', name=s_id + relu + exp3x3)(right)
```

fire_module 的最终输出是左侧和右侧的串联：

```
x = concatenate([left, right], axis=channel_axis, name=s_id +
'concat')
```

然后，重复利用 fire_module 以构建完整网络，如下所示：

```
x = Convolution2D(64,(3,3),strides=(2,2), padding='valid',\
                                        name='conv1')(img_input)
x = Activation('relu', name='relu_conv1')(x)
x = MaxPooling2D(pool_size=(3, 3), strides=(2, 2), name='pool1')(x)
```

```
x = fire_module(x, fire_id=2, squeeze=16, expand=64)
x = fire_module(x, fire_id=3, squeeze=16, expand=64)
x = MaxPooling2D(pool_size=(3, 3), strides=(2, 2), name='pool3')(x)

x = fire_module(x, fire_id=4, squeeze=32, expand=128)
x = fire_module(x, fire_id=5, squeeze=32, expand=128)
x = MaxPooling2D(pool_size=(3, 3), strides=(2, 2), name='pool5')(x)

x = fire_module(x, fire_id=6, squeeze=48, expand=192)
x = fire_module(x, fire_id=7, squeeze=48, expand=192)
x = fire_module(x, fire_id=8, squeeze=64, expand=256)
x = fire_module(x, fire_id=9, squeeze=64, expand=256)
x = Dropout(0.5, name='drop9')(x)

x = Convolution2D(classes, (1, 1), padding='valid', name='conv10')(x)
x = Activation('relu', name='relu_conv10')(x)
x = GlobalAveragePooling2D()(x)
x = Activation('softmax', name='loss')(x)
model = Model(inputs, x, name='squeezenet')
```

SqueezeNet 架构如图 8-3 所示。

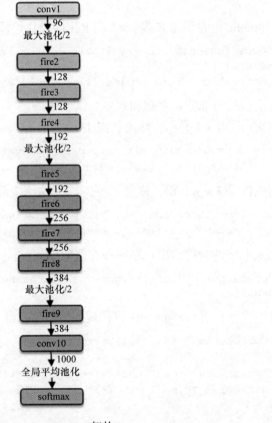

图 8-3　SqueezeNet 架构

然后，利用 squeeze_test.jpg（227×227）图像（见图 8-4）来测试模型。

图 8-4　SqueezeNet 测试图像

只需以下几行代码即可完成：

```
import os
import numpy as np
import squeezenet as sq
from keras.applications.imagenet_utils import preprocess_input
from keras.applications.imagenet_utils import preprocess_input, decode_predictions
from keras.preprocessing import image


model = sq.SqueezeNet()
img = image.load_img('squeeze_test.jpg', target_size=(227, 227))
x = image.img_to_array(img)
x = np.expand_dims(x, axis=0)
x = preprocess_input(x)

preds = model.predict(x)
print('Predicted:', decode_predictions(preds))
```

正如下面所示，运行结果非常良好：

```
Predicted: [[('n02504013', 'Indian_elephant', 0.64139527),
('n02504458', 'African_elephant', 0.22846894), ('n01871265', 'tusker',
0.12922771), ('n02397096', 'warthog', 0.00037213496), ('n02408429',
'water_buffalo', 0.00032306617)]]
```

8.5 小结

本章学习了用于深度学习研究和开发的一些基于 TensorFlow 的软件库。其中，介绍了 tf.estimator，这是一个简化的深度学习/机器学习接口，且已是 TensorFlow 中的一部分，另外，也是一个高级的机器学习 API，可以方便地训练、配置和评估各种机器学习模型。在此，利用估计器特性实现了一个针对 Iris 数据集的分类器。

此外，还介绍了 TFLearn 库，其中包含了许多 TensorFlow API。在示例中，利用 TFLearn 估计了泰坦尼克号上乘客的幸存机会。为解决该问题，构建了一个 DNN 分类器。

然后，介绍了 PrettyTensor，可允许封装 TensorFlow 操作以链接任意数量的层，并以 LeNet 样式实现了一个卷积模型，以快速求解手写体分类模型问题。

接下来，简要介绍了针对最小化和模块化而设计的 Keras，可允许用户快速定义深度学习模型。利用 Keras，学习了如何针对 IMDB 电影评论的情感分类问题开发一个简单的单层 LSTM 模型。在最后一个示例中，利用 Keras 的功能 API 从一个预训练的初始模型开始构建了一个 SqueezeNet 神经网络。

第 10 章将介绍强化学习，探讨强化学习的基本原理和算法。另外，还将分析一些使用 TensorFlow 和 OpenAI Gym 框架（这是一个开发和比较强化学习算法的功能强大的工具包）的应用示例。

第 9 章
基于因子分解机的推荐系统

因子分解模型在推荐系统中应用非常广泛，这是因为其可用来揭示两种不同实体之间交互的潜在特性。在本章中，将提供几个关于如何开发预测分析推荐系统的示例。

在此将了解推荐算法的理论背景知识，如矩阵分解。在本章的后面部分，还将学习如何采用协同方法来开发一种电影推荐系统。最后，将学习如何利用因子分解机（FM）及其改进版本来开发鲁棒性更强的推荐系统。

总的来说，本章主要内容包括：
- 推荐系统；
- 基于协同过滤方法的电影推荐系统；
- 类似电影聚类的 K-means 算法；
- 基于 FM 的推荐系统；
- 基于改进 FM 的电影推荐。

9.1 推荐系统

推荐技术实质上是一个试图预测用户可能感兴趣的物品并向目标用户推荐最佳物品的信息智能体。这些技术可根据所用的信息资源来分类。例如，用户特征（年龄、性别、收入和居住地），物品特征（关键词和类型），用户 - 物品评级（明确的评级和交易数据），以及对推荐系统有用的其他有关用户和物品的信息。

因此，推荐系统（也称为推荐引擎或 RE）是信息过滤系统的一个子类，有助于针对某一物品根据用户提供的评级来预测等级评价或偏好。近年来，推荐系统得到了广泛应用。

例如，在亚马逊网站，向正确用户推荐恰当物品的重要性可以通过 35% 的销售额是由推荐引擎生成的这一事实来衡量。因此，亚马逊目前投入了大量的人才和资源来提高人工智能水平——尤其是"深度学习"技术——从而让推荐引擎能够更有效地学习和扩展。

由此，推荐系统应用于诸多领域，如电影、音乐、新闻、图书、研究报告、搜索查询、社会标签、产品、笑话、餐饮、服装、金融服务、人寿保险和交友网站等。

现有多种开发推荐引擎以生成推荐列表的方法。如协同过滤和基于内容的过滤、基于知识或基于个性的方法。

9.1.1 协同过滤方法

利用协同过滤方法，可根据用户过去的行为习惯构建一个推荐引擎。实现对消费品进行数字评级。有时，还可根据经常购买相同商品的其他用户所做的决定，采用一些广泛使用的数据挖掘算法，如 Apriori 或 FP-growth（频繁模式增长）。在图 9-1 中，可以了解一些不同的推荐系统。

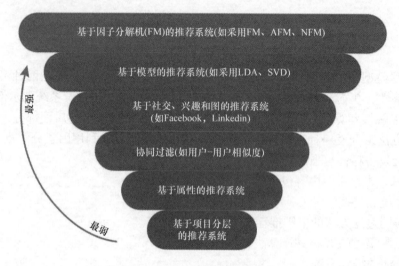

图 9-1　不同推荐系统的对比

基于协同过滤的方法通常会遇到以下 3 个问题：
- **冷启动**：在需要大量用户数据来构建更精确的推荐系统时，有时会陷入困境。
- **可扩展性**：在具有数百万条用户和商品的数据集中计算推荐结果时，通常需要强大的计算能力。
- **稀疏性**：在主要电子商务平台上出售海量商品时，众包数据集往往会发生这种情况。在某种意义上，所有推荐数据集都是众包的。对几乎所有的推荐系统而言，这是一个普遍问题，即足够多的物品数据提供给足够多的用户，且不能仅限于电子商务网站。

在这种情况下，活跃用户可能只会对销售的全部商品中的一小部分进行评级，从而造成最畅销的商品反而评级很少。因此，用户 - 项目矩阵会变得非常稀疏。换句话说，处理大尺度稀疏矩阵在计算上非常困难。

为克服上述问题，一种特殊的协作过滤算法采用了矩阵分解，这是一种低阶矩阵逼近技术。在后面的章节中将会分析这样一个示例。

9.1.2 基于内容的过滤方法

在基于内容的过滤方法中，可利用项目的一系列离散特性来推荐具有类似属性的其他项目。有时，也可基于项目的描述和用户的偏好配置来实现。这些方法都是试图推荐一个用户过去喜欢或最近正在使用的类似项目。

基于内容的过滤方法的一个关键问题是，系统是否能够从用户对一个内容资源的行为操作中学习用户偏好，并将其与其他内容类型一起使用。在配置部署这种类型的 RE 之后，就可用于对用户可能感兴趣的项目进行预测和评级。

9.1.3 混合推荐系统

正如所见，协同过滤方法和基于内容的过滤方法都各有优缺点。因此，为克服这两种方法的局限性，近来的研究趋势表明采用混合方法可更加有效和准确。有时，还利用因子分解矩阵（FM）和奇异值分解（SVD）等因子分解方法使其更具鲁棒性。混合方法可通过以下几种方式实现：

- 分别计算基于内容和协同的两种预测，然后合并到一个模型中。在这种方法中，通常采用的是 FM 和 SVD。
- 基于内容的功能添加到协同过滤方法中，反之亦然。同样，也是采用 FM 和 SVD 来实现更好的预测。

Netflix 是一个采用混合方法为用户推荐的完美示例。该网站通过两种方式进行推荐：

- **协同过滤**：通过比较相似用户的查看和搜索习惯来推荐影片。
- **基于内容的过滤**：通过用户评级较高的电影特性来推荐影片。

9.1.4 基于模型的协同过滤方法

协同过滤方法可归类于基于记忆的方法，即基于用户的算法和基于模型的协同过滤（内核映射推荐）。在基于模型的协同过滤技术中，用户和产品由少量因子描述，也称为潜在因子（LF）。

然后，利用 LF 来预测缺失的条目，并采用交替最小二乘（ALS）算法来学习这些潜在因子。该方法具有以下优点：

- 与基于记忆的方法相比，基于模型的方法可以更好地处理原始矩阵的稀疏问题。
- 采用这种方法，所生成的模型要比实际数据集小得多，从而赋予整个系统可扩展性。
- 基于模型的系统比基于记忆的系统更快，这是因为生成的模型要比查询整个数据集所需的模型小得多。
- 采用这种方法，相对更易于避免过拟合。

而存在的缺点是，基于模型的方法不灵活，适应性不强，这是因为很难在模型中添加数据。预测质量取决于建模方法，但由于该方法不够灵活，不能有效利用所有数据。这意味着可能不会得到很高的预测准确率。

9.2 基于协同过滤方法的电影推荐系统

在这一节中，将学习如何利用协同过滤方法来开发一个推荐引擎。不过在此之前，首先讨论偏好的效用矩阵。

9.2.1 效用矩阵

在基于协同过滤的推荐系统中，存在的实体维度是：用户和项目（项目是指产品，如电影、游戏和歌曲）。作为用户，可能更偏好于某些特定项目。因此，必须从有关项目、用户或评级的数据中提取这些偏好。这些数据表示为一个效用矩阵，如用户 - 项目对。这种类型的值可以表示用户对特定项目的偏好程度。

矩阵中的条目可来自于一个有序集合。例如，整数 1~5 可用于表示用户在对项目评级时给出的星级个数。由上述已知，很多用户可能不会经常对项目进行评级，因此大多数条目都是未知的。因此，对未知项目设置为 0 不妥，这也意味着矩阵可能是稀疏的。未知的评级意味着无法获得用户关于项目的明确偏好信息。

表 9-1 展示了一个效用矩阵示例。该矩阵表示用户对电影的 1~5 级评级，其中，5 是最高评级。空白条目表示特定用户没有对特定电影提供任何评级。HP1、HP2、HP3 分别是《哈利·波特》第一、二、三部的首字母缩写，TW 代表《Twilight》⊖，SW1、SW2 和 SW3 分别表示《星球大战》第一、二、三部。A、B、C、D 代表用户。

表 9-1 效用矩阵（用户 - 电影矩阵）

	HP1	HP2	HP3	TW	SW1	SW2	SW3
A	4				5	1	
B	5	5	4				
C				2	4	5	
D			3				3

表中存在许多用户 - 电影对的空白条目。这意味着用户没有对这些电影进行评级。在现实场景中，矩阵甚至可能更稀疏，通常用户评级仅占所有电影的极小部分。通过该矩阵，目的是预测效用矩阵中的空白条目。现在，以一个示例为例。假设想知道用户 A 是否会喜欢 SW2。这很难确定，因为在表 9-1 的矩阵中，没有提供足够的数据。

为此，在实际应用中，可以开发一个电影推荐引擎来考虑电影的其他属性，如制片人、导演、主演，甚至片名的相似性。这样就可以计算电影 SW1 和 SW2 的相似性。通过这种相似性可推断出 A 不喜欢 SW1，那么也不会喜欢 SW2。

但是，对于较大规模的数据集，这可能不起作用。因此，在更多数据的基础上，可以观察到，对 SW1 和 SW2 均进行评级的用户一般倾向于给出近似的评级。最后，可得出结论，类似于对 SW1 的评级，A 也会给 SW2 一个较低的评级。

在下一节，将学习如何利用协同过滤方法来开发一个电影推荐引擎。同时，也会了解如何利用这种类型的矩阵。

⊖ 2008 年上映的美国电影。——译者注

第 9 章
基于因子分解机的推荐系统

如何使用 repo 代码：在 repo 代码中包含 8 个 Python 脚本。首先，执行对数据集探索性分析的 eda.py。然后，调用 train.py 脚本进行训练。最后，通过 test.py 对模型进行推理和评估。

下面是每个脚本的具体功能：

- eda.py：用于对 MovieLens 数据集（1M）进行探索性分析。
- train.py：进行训练和验证。然后输出验证误差。最后创建一个用户 - 项目密集表。
- test.py：恢复在训练中生成的用户 - 项目表，然后评估所有模型。
- run.py：用于模型推理和预测。
- kmean.py：对相似电影进行聚类。
- main.py：计算前 k 部电影，创建用户评级，查找前 k 个相似项，计算用户相似度，计算项目相关性和用户皮尔逊相关性。
- readers.py：读取评级和电影数据，并进行相关预处理。最后为批训练提供数据集。
- model.py：创建模型并计算训练 / 验证损失。

具体工作流程如下：

1）首先，利用现有评级训练模型。
2）其次，利用训练模型来预测在用户 - 电影矩阵中缺失的评级。
3）然后，根据所有预测评级，创建一个新的用户 - 电影矩阵，并保存在一个 .pkl 格式的文件中。
4）接着，利用该矩阵预测特定用户的评级。
5）最后，训练 K-means 模型对相关电影进行聚类。

9.2.2 数据集的描述

在实现电影推荐引擎之前，首先查看一下所用的数据集。从 MovieLens 网站 http://files.grouplens.org/datasets/movielens/ml-1m.zip 下载 MovieLens 数据集（1M）。

在此，诚挚感谢 F.Maxwell Harper 和 Joseph A.Konstan 提供可用的数据集。该数据集发布于 MovieLens Dataset: History and Context. ACM Transactions on Interactive Intelligent Systems (TiiS) 5, 4, Article 19 (2015 年 11 月), 19 页。

数据集中包含 3 个文件，分别与电影、评级和用户相关。这些文件中包含了由 6040 名 MovieLens 用户在 2000 年对大约 3900 部电影进行的 1000209 条匿名评级。

9.2.2.1 评级数据

所有评级都包含在 ratings.dat 文件中，且格式为 UserID::MovieID::Rating::Timestamp：

- UserID 取值范围在 1~6040 之间；
- MovieID 取值范围在 1~3952 之间；
- Rating 按五星进行评级；

- Timestamp 单位为秒（s）。

值得注意的是，每个用户至少对 20 部电影进行评级。

9.2.2.2 电影数据

电影信息保存在 movies.dat 文件中，其格式为 MovieID::Title::Genres。

- 片名与 IMDB 提供的片名一致（包括上映年份）。
- 类型由（::）分隔，每部电影可归类为动作类、冒险类、动画类、儿童类、喜剧类、犯罪类、戏剧类、战争类、纪录片类、魔幻类、黑色类、恐怖类、音乐类、推理类、浪漫类、科幻类、惊悚类和西部片类。

9.2.2.3 用户数据

用户信息位于 users.dat 文件中，其格式为 UserID::Gender::Age::Occupation::Zip-code。

所有人群统计信息都是用户自愿提供的，且未经正确性检查。只有自愿提供人群统计信息的用户才会收录在数据集中。M 表示男性，F 表示女性。

年龄选择范围为：

- 1:18 岁以下；
- 18:18~24；
- 25:25~34；
- 35:35~44；
- 45:45~49；
- 50:50~55；
- 56:56 岁以上。

职业选项为：

0：其他或未指定；

1：学者 / 教育工作者；

2：艺术家；

3：文秘 / 行政人员；

4：本科生 / 研究生；

5：客户服务；

6：医生 / 卫生保健；

7：经理 / 管理人员；

8：农民；

9：家庭主妇；

10：K-12 学生；

11：律师；

12：程序员；

13：退休人员；

14：销售 / 市场营销；

15：科学家；

16：自由职业者；

17：技术人员/工程师；

18：商人/工匠；

19：失业者；

20：作家。

9.2.3　MovieLens 数据集的探索性分析

本节在开始开发 RE 之前，将对数据集进行探索性描述。假设读者们已经从网站 http://files.grouplens.org/datasets/movielens/ml-1m.zip 下载了 MovieLens 数据集（1M），并将其解压缩到 repo 代码的输入文件夹中。现在，在终端执行 $ python3 eda.py 命令：

1）首先，导入必需的库和包。

```
import matplotlib.pyplot as plt
import seaborn as sns
import pandas as pd
import numpy as np
```

2）现在加载用户、评级和电影数据集，然后创建一个 pandas DataFrame：

```
ratings_list = [i.strip().split("::") for i in open('Input/
ratings.dat', 'r').readlines()]
users_list = [i.strip().split("::") for i in open('Input/users.
dat', 'r').readlines()]
movies_list = [i.strip().split("::") for i in open('Input/movies.
dat', 'r',encoding='latin-1').readlines()]
ratings_df = pd.DataFrame(ratings_list, columns = ['UserID',
'MovieID', 'Rating', 'Timestamp'], dtype = int)
movies_df = pd.DataFrame(movies_list, columns = ['MovieID',
'Title', 'Genres'])
user_df=pd.DataFrame(users_list, columns=['UserID','Gender','Age',
'Occupation','ZipCode'])
```

3）接下来利用内置的 to_numeric()pandas 函数将类别列（如 MovieID、UserID 和 Age）转换为数值。

```
movies_df['MovieID'] = movies_df['MovieID'].apply(pd.to_numeric)
user_df['UserID'] = user_df['UserID'].apply(pd.to_numeric)
user_df['Age'] = user_df['Age'].apply(pd.to_numeric)
```

4）用户表中一些示例如下：

```
print("User table description:")
print(user_df.head())
print(user_df.describe())
>>>
```

```
User table description:
UserID Gender  Age    Occupation ZipCode
     1      F    1            10    48067
     2      M   56            16    70072
     3      M   25            15    55117
     4      M   45             7    02460
     5      M   25            20    55455
              UserID              Age
count    6040.000000      6040.000000
mean     3020.500000        30.639238
std      1743.742145        12.895962
min         1.000000         1.000000
25%      1510.750000        25.000000
50%      3020.500000        25.000000
75%      4530.250000        35.000000
max      6040.000000        56.000000
```

5）评级数据集中的一些信息如下：

```
print("Rating table description:")
print(ratings_df.head())
print(ratings_df.describe())
>>>
Rating table description:
UserID  MovieID  Rating  Timestamp
     1     1193       5   978300760
     1      661       3   978302109
     1      914       3   978301968
     1     3408       4   978300275
     1     2355       5   978824291

              UserID         MovieID         Rating       Timestamp
count    1.000209e+06    1.000209e+06   1.000209e+06    1.000209e+06
mean     3.024512e+03    1.865540e+03   3.581564e+00    9.722437e+08
std      1.728413e+03    1.096041e+03   1.117102e+00    1.215256e+07
min      1.000000e+00    1.000000e+00   1.000000e+00    9.567039e+08
25%      1.506000e+03    1.030000e+03   3.000000e+00    9.653026e+08
50%      3.070000e+03    1.835000e+03   4.000000e+00    9.730180e+08
75%      4.476000e+03    2.770000e+03   4.000000e+00    9.752209e+08
max      6.040000e+03    3.952000e+03   5.000000e+00    1.046455e+09
```

6）电影数据集中的一些信息如下：

```
>>>
print("Movies table description:")
print(movies_df.head())
print(movies_df.describe())
>>>
```

```
Movies table description:
   MovieID              Title                                    Genres
0        1              Toy Story (1995)         Animation|Children's|Comedy
1        2              Jumanji (1995)           Adventure|Children's|Fantasy
2        3              Grumpier Old Men (1995)  Comedy|Romance
3        4              Waiting to Exhale (1995) Comedy|Drama
4        5              Father of the Bride Part II (1995)  Comedy
             MovieID
count     3883.000000
mean      1986.049446
std       1146.778349
min          1.000000
25%        982.500000
50%       2010.000000
75%       2980.500000
max       3952.000000
```

7）排名前 10[⊖] 的电影为：

```
print("Top ten most rated movies:")
print(ratings_df['MovieID'].value_counts().head())
>>>
Top 10 most rated movies with title and rating count:

American Beauty (1999)                              3428
Star Wars: Episode IV - A New Hope (1977)           2991
Star Wars: Episode V - The Empire Strikes Back (1980)    2990
Star Wars: Episode VI - Return of the Jedi (1983)   2883
Jurassic Park (1993)                                2672
Saving Private Ryan (1998)                          2653
Terminator 2: Judgment Day (1991)                   2649
Matrix, The (1999)                                  2590
Back to the Future (1985)                           2583
Silence of the Lambs, The (1991)                    2578
```

⊖ 原书此处为前 5，有误，应为前 10。——译者注

8)接下来,查看一下电影评级分布情况。对此,用直方图(见图9-2)表示,这是表明投票正态分布的一种重要模式。

normally:
```
plt.hist(ratings_df.groupby(['MovieID'])['Rating'].mean().sort_
values(axis=0, ascending=False))
plt.title("Movie rating Distribution")
plt.ylabel('Count of movies')
plt.xlabel('Rating');
plt.show()
>>>
```

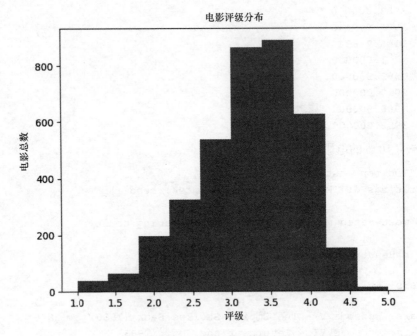

图9-2 电影评级分布

9)不同年龄组的评级情况(见图9-3):
```
user_df.Age.plot.hist()
plt.title("Distribution of users (by ages)")
plt.ylabel('Count of users')
plt.xlabel('Age');
plt.show()
>>>
```

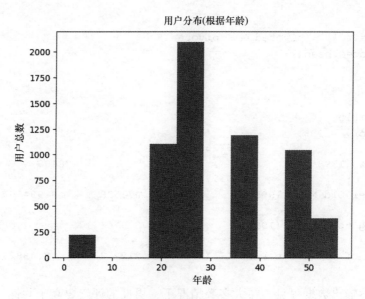

图 9-3 根据年龄的用户分布

10）至少具有 150 条评级的评级最高电影：

```
movie_stats = df.groupby('Title').agg({'Rating': [np.size,
np.mean]})
print("Highest rated movie with minimum 150 ratings")
print(movie_stats.Rating[movie_stats.Rating['size'] > 150].sort_
values(['mean'],ascending=[0]).head())
>>>
Top 5 and a highest rated movie with a minimum of 150 ratings
-----------------------------------------------------------
Title
                                           size      mean
Seven Samurai (The Magnificent Seven)      628     4.560510
Shawshank Redemption, The (1994)           2227    4.554558
Godfather, The (1972)                      2223
4.524966
Close Shave, A (1995)                      657
4.520548
Usual Suspects, The (1995)                 1783    4.517106
```

11）现在查看电影评级中的性别偏见，即根据观众的不同性别来比较电影评级情况：

```
>>>
pivoted = df.pivot_table(index=['MovieID', 'Title'],
columns=['Gender'], values='Rating', fill_value=0)
print("Gender biasing towards movie rating")
print(pivoted.head())
```

12）现在观察不同性别在电影评级中的倾向和不同，即男性和女性对电影评级如何不同：

```
pivoted['diff'] = pivoted.M - pivoted.F
print(pivoted.head())
>>>
Gender                                                    F
M                       diff
MovieID Title
1   Toy Story (1995)                              4.87817
4.130552                -0.057265
2   Jumanji (1995)                                3.278409
3.175238                -0.103171
3   Grumpier Old Men (1995)          3.073529    2.994152
-0.079377
4   Waiting to Exhale (1995)         2.976471    2.482353
-0.494118
5   Father of the Bride Part II (1995)  3.212963 2.888298
-0.324665
```

13）由上述输出数据可见，在大多数情况下，男性的评级要高于女性。现在已获取了关于数据集的一些信息和统计数据，那么就可以构建 TensorFlow 推荐模型了。

9.2.4 电影推荐引擎实现

在本例中，将讨论如何推荐前 k 部电影（其中，k 是电影个数），预测用户评级并推荐前 k 部类似电影（k 是电影个数），然后学习如何计算用户相似度。

接着，将采用皮尔逊相关性算法计算项目-项目间的相关性和用户-用户间的相关性。最后，将分析如何用 K-means 算法对类似电影进行聚类。

也就是说，将采用协同过滤方法创建一个电影推荐引擎，并通过 K-means 算法对类似电影进行聚类。

距离计算：还有一些其他方法可计算距离。

例如：

1）Chebyshev 距离是通过仅考虑最显著维度来测量距离。

2）Hamming 距离可判别两个字符串之间的不同。

3）Mahalanobis 距离可用于归一化协方差矩阵。

4）Manhattan 距离是通过仅考虑轴线方向来测量距离。

5）Haversine 距离是用于测量从当前位置到一个球体上两点之间的大圆距离。

综合考虑上述常用的距离测量算法，显然 Euclidean 距离算法是在之前介绍过的算法中最适合于求解 K-means 算法中距离计算的目的。

总的来说，建立该模型的工作流程如下：

1）首先，利用现有评级训练模型。

2）利用训练模型来预测用户-电影矩阵中缺失的评级。

3）根据所有预测评级，用户-电影矩阵变为经训练的用户-电影矩阵，并将其保存在一个 .pkl 格式的文件中。

4）然后，利用用户-电影矩阵，或结合训练参数的训练后用户-电影矩阵，进行进一步处理。

在训练模型之前，首先要利用所有可用数据集来准备训练集。

9.2.4.1 根据现有评级进行模型训练

在此，需采用 train.py 脚本，其依赖于其他脚本。接下来，分析一下依赖关系：

1）首先导入所需的包和模块。

```
from collections import deque
from six import next
import readers
import os
import tensorflow as tf
import numpy as np
import model as md
import pandas as pd
import time
import matplotlib.pyplot as plt
```

2）然后设置随机种子以实现再现性：

```
np.random.seed(12345)
```

3）下一步是定义训练参数。在此定义所需的数据参数，如评级数据集位置、批大小、SVD 维度、最大周期数和检查点文件夹：

```
data_file ="Input/ratings.dat"# 输入用户-电影评级
information file
batch_size = 100 # 批大小（默认值：100）
dims =15 # SVD 维度（默认值：15）
max_epochs = 50 # 最大周期数（默认值：25）
checkpoint_dir ="save/" # 训练运行的检查点文件夹
 val = True # 如果是多个文件则为True，若是单个文件则为False
is_gpu = True # 需要利用GPU进行模型训练
```

4）另外，还需设置一些其他参数，如允许动态分配 GPU 内存和输出设备信息。

```
allow_soft_placement = True # 允许动态分配GPU内存
log_device_placement=False # 设备操作日志信息
```

5）在此，不想用旧的元数据或检查点和模型文件覆盖新的训练结果。因此，如果存在上述情况，需进行删除：

```
print("Start removing previous Files ...")
if os.path.isfile("model/user_item_table.pkl"):
    os.remove("model/user_item_table.pkl")
```

```
    if os.path.isfile("model/user_item_table_train.pkl"):
        os.remove("model/user_item_table_train.pkl")
    if os.path.isfile("model/item_item_corr.pkl"):
        os.remove("model/item_item_corr.pkl")
    if os.path.isfile("model/item_item_corr_train.pkl"):
        os.remove("model/item_item_corr_train.pkl")
    if os.path.isfile("model/user_user_corr.pkl"):
        os.remove("model/user_user_corr.pkl")
    if os.path.isfile("model/user_user_corr_train.pkl"):
        os.remove("model/user_user_corr_train.pkl")
    if os.path.isfile("model/clusters.csv"):
        os.remove("model/clusters.csv")
    if os.path.isfile("model/val_error.pkl"):
        os.remove("model/val_error.pkl")
print("Done ...")
>>>
Start removing previous Files...
Done...
```

6）定义检查点文件夹。TensorFlow 假设该文件夹已存在，因此需创建：

```
checkpoint_prefix = os.path.join(checkpoint_dir, "model")
if not os.path.exists(checkpoint_dir):
    os.makedirs(checkpoint_dir)
```

7）在分析数据之前，需设置批样本个数、数据维度和网络可查看所有训练数据的次数：

```
batch_size =batch_size
dims =dims
max_epochs =max_epochs
```

8）指定用于进行所有 TensorFlow 计算的设备，如 CPU 或 GPU：

```
if is_gpu:
    place_device = "/gpu:0"
else:
    place_device="/cpu:0"
```

9）通过 get_data() 函数读取带分隔符：：的评级文件。一个样本列包括用户 ID、项目 ID、评级和时间戳。如：3：：1196：：4：：978297539。然后，代码执行按位置选择的纯整数位置索引。之后，将数据分为训练集和测试集，其中，75% 用于训练，25% 用于测试。最后，通过索引来分割数据并返回用于训练的数据帧：

```
def get_data():
    print("Inside get data ...")
    df = readers.read_file(data_file, sep="::")
    rows = len(df)
    df = df.iloc[np.random.permutation(rows)].reset_index(drop=True)
    split_index = int(rows * 0.75)
    df_train = df[0:split_index]
```

```
        df_test = df[split_index:].reset_index(drop=True)
        print("Done !!!")
        print(df.shape)
        return df_train, df_test,df['user'].max(),df['item'].max()
```

10）接着在数组中限定取值范围：给定一个取值区间，超出区间的值限定为区间极值。例如，若指定区间为 [0,1]，则小于 0 的值取为 0，大于 1 的值取为 1：

```
def clip(x):
    return np.clip(x, 1.0, 5.0)
```

然后，调用 read_data() 方法从评级文件中读取数据，以构建一个 TensonFlow 模型：

```
df_train, df_test,u_num,i_num = get_data()
>>>
Inside get data...
Done!!!
```

1）定义数据集中对电影进行评级的观众数量以及数据集中的电影数量：

```
u_num = 6040  # 数据集中的观众个数
i_num = 3952  # 数据集中的电影数量
```

2）生成批样本数量：

```
samples_per_batch = len(df_train) // batch_size
print("Number of train samples %d, test samples %d, samples per batch %d" % (len(df_train), len(df_test), samples_per_batch))
>>>
Number of train samples 750156, test samples 250053, samples per batch 7501
```

3）使用随机迭代器，生成随机批数据。在训练过程中，这有助于防止有偏差结果以及过拟合。

```
iter_train = readers.ShuffleIterator([df_train["user"], df_train["item"],df_train["rate"]], batch_size=batch_size)
```

4）关于该类的更多内容，参见 readers.py 脚本。为方便起见，在此给出该类的源代码：

```
class ShuffleIterator(object):
    def __init__(self, inputs, batch_size=10):
        self.inputs = inputs
        self.batch_size = batch_size
        self.num_cols = len(self.inputs)
        self.len = len(self.inputs[0])
        self.inputs = np.transpose(np.vstack([np.array(self.inputs[i]) for i in range(self.num_cols)]))
    def __len__(self):
        return self.len
    def __iter__(self):
        return self
```

```python
    def __next__(self):
        return self.next()
    def next(self):
        ids = np.random.randint(0, self.len, (self.batch_size,))
        out = self.inputs[ids, :]
        return [out[:, i] for i in range(self.num_cols)]
```

5）按顺序生成用于测试的同一周期的批数据（见 train.py）：

```python
iter_test = readers.OneEpochIterator([df_test["user"], df_
test["item"], df_test["rate"]], batch_size=-1)
```

6）关于该类的更多内容，参见 readers.py 脚本。为方便起见，在此给出该类的源代码：

```python
class OneEpochIterator(ShuffleIterator):
    def __init__(self, inputs, batch_size=10):
        super(OneEpochIterator, self).__init__(inputs, batch_
size=batch_size)
        if batch_size > 0:
            self.idx_group = np.array_split(np.arange(self.len),
np.ceil(self.len / batch_size))
        else:
            self.idx_group = [np.arange(self.len)]
        self.group_id = 0
    def next(self):
        if self.group_id >= len(self.idx_group):
            self.group_id = 0
            raise StopIteration
        out = self.inputs[self.idx_group[self.group_id], :]
        self.group_id += 1
        return [out[:, i] for i in range(self.num_cols)]
```

7）现在，创建 TensonFlow 占位符：

```python
user_batch = tf.placeholder(tf.int32, shape=[None], name="id_
user")
item_batch = tf.placeholder(tf.int32, shape=[None], name="id_
item")
rate_batch = tf.placeholder(tf.float32, shape=[None])
```

8）训练集和占位符已准备好保存训练批数据后，就可以实例化模型。在此，采用 model() 方法并执行 L2 正则化以避免过拟合（见 model.py 脚本）：

```python
infer, regularizer = md.model(user_batch, item_batch, user_num=u_
num, item_num=i_num, dim=dims, device=place_device)
```

model() 方法具体如下：

```python
def model(user_batch, item_batch, user_num, item_num, dim=5,
device="/cpu:0"):
    with tf.device("/cpu:0"):
        # 利用全局偏差项
        bias_global = tf.get_variable("bias_global", shape=[])
```

```
        # 用户和项目的偏差变量: get_variable: 以当前变量作用域作为名称前缀并执行重用性检查
        w_bias_user = tf.get_variable("embd_bias_user", 
shape=[user_num])
        w_bias_item = tf.get_variable("embd_bias_item", 
shape=[item_num])

        # 嵌入查找表: 在嵌入张量列表中查找"ids"
        # 给定批数据, 用户和项目的偏差嵌入
        bias_user = tf.nn.embedding_lookup(w_bias_user, user_
batch, name="bias_user")
        bias_item = tf.nn.embedding_lookup(w_bias_item, item_
batch, name="bias_item")

        # 用户和项目的权重变量
        w_user = tf.get_variable("embd_user", shape=[user_num, 
dim],
                                initializer=tf.truncated_normal_
initializer(stddev=0.02))
        w_item = tf.get_variable("embd_item", shape=[item_num, 
dim],
                                initializer=tf.truncated_normal_
initializer(stddev=0.02))

        # 给定批数据, 用户和项目的权重嵌入
        embd_user = tf.nn.embedding_lookup(w_user, user_batch, 
name="embedding_user")
        embd_item = tf.nn.embedding_lookup(w_item, item_batch, 
name="embedding_item")

        # 计算张量维度上的元素之和
        infer = tf.reduce_sum(tf.multiply(embd_user, embd_item), 
1)
        infer = tf.add(infer, bias_global)
        infer = tf.add(infer, bias_user)
        infer = tf.add(infer, bias_item, name="svd_inference")

        # 计算无sqrt的张量L2范数的1/2
        regularizer = tf.add(tf.nn.l2_loss(embd_user), tf.nn.l2_
loss(embd_item), name="svd_regularizer")
    return infer, regularizer
```

9)定义训练操作(详见 models.py 脚本):

```
_, train_op = md.loss(infer, regularizer, rate_batch, learning_
rate=0.001, reg=0.05, device=place_device)
```

Loss() 方法具体如下:

```python
def loss(infer, regularizer, rate_batch, learning_rate=0.1, reg=0.1,
device="/cpu:0"):
    with tf.device(device):
        cost_l2 = tf.nn.l2_loss(tf.subtract(infer, rate_batch))
        penalty = tf.constant(reg, dtype=tf.float32, shape=[],
name="l2")
        cost = tf.add(cost_l2, tf.multiply(regularizer, penalty))
        train_op = tf.train.FtrlOptimizer(learning_rate).
minimize(cost)
    return cost, train_op
```

1)实例化模型和训练操作后,可将模型保存以备后用:

```
saver = tf.train.Saver()
init_op = tf.global_variables_initializer()
session_conf = tf.ConfigProto(
  allow_soft_placement=allow_soft_placement, log_device_
placement=log_device_placement)
```

2)开始训练模型:

```
with tf.Session(config = session_conf) as sess:
    sess.run(init_op)
    print("%s\t%s\t%s\t%s" % ("Epoch", "Train err", "Validation
err", "Elapsed Time"))
    errors = deque(maxlen=samples_per_batch)
    train_error=[]
    val_error=[]
    start = time.time()

    for i in range(max_epochs * samples_per_batch):
        users, items, rates = next(iter_train)
        _, pred_batch = sess.run([train_op, infer], feed_
dict={user_batch: users, item_batch: items, rate_batch: rates})
        pred_batch = clip(pred_batch)
        errors.append(np.power(pred_batch - rates, 2))

        if i % samples_per_batch == 0:
            train_err = np.sqrt(np.mean(errors))
            test_err2 = np.array([])
            for users, items, rates in iter_test:
                pred_batch = sess.run(infer, feed_dict={user_
batch: users, item_batch: items})
                pred_batch = clip(pred_batch)
                test_err2 = np.append(test_err2, np.power(pred_
batch - rates, 2))
            end = time.time()

            print("%02d\t%.3f\t\t%.3f\t\t%.3f secs" % (i //
samples_per_batch, train_err, np.sqrt(np.mean(test_err2)), end -
start))
```

```
            train_error.append(train_err)
            val_error.append(np.sqrt(np.mean(test_err2)))
            start = end

    saver.save(sess, checkpoint_prefix)
    pd.DataFrame({'training error':train_error,'validation 
error':val_error}).to_pickle("val_error.pkl")
    print("Training Done !!!")

sess.close()
```

3）预测代码执行训练过程并将误差保存在 pickle 文件中。最后，输出训练/验证误差和实际执行时间：

```
>>>
Epoch      Train err       Validation err        Elapsed Time
00         2.816           2.812                 0.118 secs
01         2.813           2.812                 4.898 secs
...        ...             ...                   ...
48         2.770           2.767                 1.618 secs
49         2.765           2.760                 1.678 secs
```

训练完成。

在此，删减了部分结果，仅显示了少量执行步。现在，以图形化方式（见图 9-4）查看误差：

```
error = pd.read_pickle("val_error.pkl")
error.plot(title="Training vs validation error (per epoch)")
plt.ylabel('Error/loss')
plt.xlabel('Epoch');
plt.show()
>>>
```

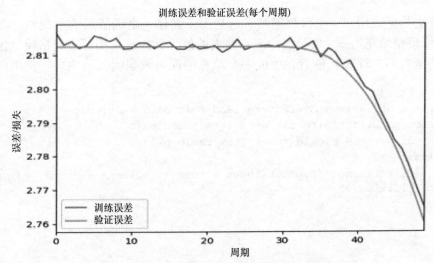

图 9-4　每个周期的训练误差与验证误差

图 9-4 表明随着时间的推移，训练误差和验证误差均有所减小，这意味着趋势正确。不过，仍可以尝试增加执行步，观察是否可以继续下降，意味着可获得更高的准确率。

9.2.4.2 保存模型的推理

下列代码利用所保存的模型进行模型推理，并输出整体验证误差：

```
if val:
    print("Validation ...")
    init_op = tf.global_variables_initializer()
    session_conf = tf.ConfigProto(
      allow_soft_placement=allow_soft_placement,
      log_device_placement=log_device_placement)
    with tf.Session(config = session_conf) as sess:
        new_saver = tf.train.import_meta_graph("{}.meta".format(checkpoint_prefix))
        new_saver.restore(sess, tf.train.latest_checkpoint(checkpoint_dir))
        test_err2 = np.array([])
        for users, items, rates in iter_test:
            pred_batch = sess.run(infer, feed_dict={user_batch: users, item_batch: items})
            pred_batch = clip(pred_batch)
            test_err2 = np.append(test_err2, np.power(pred_batch - rates, 2))
            print("Validation Error: ",np.sqrt(np.mean(test_err2)))
    print("Done !!!")
sess.close()
>>>
Validation Error:  2.14626890224
Done!!!
```

9.2.4.3 生成用户 - 项目表

以下方法是生成用户 - 项目数据帧。这是用于创建一个训练后的数据帧。在此，利用 SVD 训练模型填充用户 - 项目表中所有缺失的值。具体是采用评级数据帧，保存对于全部电影的所有用户评级。最后，生成一个填充的评级数据帧，其中，行是用户，列是项目：

```
def create_df(ratings_df=readers.read_file(data_file, sep="::")):
    if os.path.isfile("model/user_item_table.pkl"):
        df=pd.read_pickle("user_item_table.pkl")
    else:
        df = ratings_df.pivot(index = 'user', columns ='item', values = 'rate').fillna(0)
```

```python
        df.to_pickle("user_item_table.pkl")

    df=df.T
    users=[]
    items=[]
    start = time.time()
    print("Start creating user-item dense table")
    total_movies=list(ratings_df.item.unique())

    for index in df.columns.tolist():
        #rated_movies=ratings_df[ratings_df['user']==index].drop(['st', 'user'], axis=1)
        rated_movie=[]
        rated_movie=list(ratings_df[ratings_df['user']==index].drop(['st', 'user'], axis=1)['item'].values)
        unseen_movies=[]
        unseen_movies=list(set(total_movies) - set(rated_movie))

        for movie in unseen_movies:
            users.append(index)
            items.append(movie)
    end = time.time()

    print(("Found in %.2f seconds" % (end-start)))
    del df
    rated_list = []

    init_op = tf.global_variables_initializer()
    session_conf = tf.ConfigProto(
      allow_soft_placement=allow_soft_placement,
      log_device_placement=log_device_placement)

    with tf.Session(config = session_conf) as sess:
        #sess.run(init_op)
        print("prediction started ...")
        new_saver = tf.train.import_meta_graph("{}.meta".format(checkpoint_prefix))
        new_saver.restore(sess, tf.train.latest_checkpoint(checkpoint_dir))
        test_err2 = np.array([])
        rated_list = sess.run(infer, feed_dict={user_batch: users, item_batch: items})
        rated_list = clip(rated_list)
        print("Done !!!")
```

```
        sess.close()
        
        df_dict={'user':users,'item':items,'rate':rated_list}
        df = ratings_df.drop(['st'],axis=1).append(pd.DataFrame(df_dict)).
pivot(index = 'user', columns ='item', values = 'rate').fillna(0)
        df.to_pickle("user_item_table_train.pkl")
        return df
```

现在，调用预测方法来生成作为一个 pandas 数据帧的用户 - 项目表：

```
create_df(ratings_df = readers.read_file(data_file, sep="::"))
```

这行代码将为数据集创建用户 - 项目表，并将数据帧保存在特定目录下的 user_item_table_train.pkl 文件中。

9.2.4.4 类似电影聚类

这一部分主要是介绍 kmean.py 脚本。该脚本将评级数据文件作为输入，并返回电影及其各自聚类。

从技术上而言，这一部分的目的是寻找相似的电影；例如，用户 1 喜欢电影 1，且由于电影 1 与电影 2 类似，因此，用户 1 可能也会喜欢电影 2。接下来导入所需的包和模块。

```
import tensorflow as tf
import numpy as np
import pandas as pd
import time
import readers
import matplotlib.pyplot as plt
import seaborn as sns
from sklearn.decomposition import PCA
```

现在，定义所用的数据参数：评级数据文件路径、聚类个数 K、最大迭代次数。此外，还需定义是否需要训练后的用户 - 项目矩阵：

```
data_file = "Input/ratings.dat" # 正面数据的数据源
K = 5 # 聚类个数
MAX_ITERS =1000 # 最大迭代次数
TRAINED = False # 采用 TRAINED 用户-项目矩阵
```

然后，定义 k_mean_clustering() 方法。该方法可返回电影及其各自聚类。取评价数据集为输入，其中 ratings_df 是一个评价数据帧。接着保存针对每一部电影的所有用户评级，K 是聚类个数，MAX_ITERS 是最大推荐个数，TRAINED 是一个表明是否需要训练好的用户 - 项目表的布尔类型。

如何寻找最佳 K 值

在此直接设置一个 K 值。然而，为了调节聚类性能，可采用一种称为 Elbow 的启发式方法。从 K=2 开始，通过增大 K 值来执行 K-means 算法，并通过 WCSS 观察成本函数（CF）。在达到某一值时，CF 将大幅下降。但随着 K 值的继续增大，不再有太大改进。综上，可以在最后一次 WCSS 大幅下降后选择一个 K 值作为最佳值。

最后，k_mean_clustering() 函数可返回一个电影/项目列表和一个聚类列表：

```python
def k_mean_clustering(ratings_df,K,MAX_ITERS,TRAINED=False):
    if TRAINED:
        df=pd.read_pickle("user_item_table_train.pkl")
    else:
        df=pd.read_pickle("user_item_table.pkl")
    df = df.T
    start = time.time()
    N=df.shape[0]

    points = tf.Variable(df.as_matrix())
    cluster_assignments = tf.Variable(tf.zeros([N], dtype=tf.int64))
    centroids = tf.Variable(tf.slice(points.initialized_value(),
[0,0], [K,df.shape[1]]))
    rep_centroids = tf.reshape(tf.tile(centroids, [N, 1]), [N, K,
df.shape[1]])
    rep_points = tf.reshape(tf.tile(points, [1, K]), [N, K,
df.shape[1]])
    sum_squares = tf.reduce_sum(tf.square(rep_points - rep_
centroids),reduction_indices=2)

    best_centroids = tf.argmin(sum_squares, 1)    did_assignments_
change = tf.reduce_any(tf.not_equal(best_centroids, cluster_
assignments))
    means = bucket_mean(points, best_centroids, K)

    with tf.control_dependencies([did_assignments_change]):
        do_updates = tf.group(
            centroids.assign(means),
            cluster_assignments.assign(best_centroids))

    init = tf.global_variables_initializer()
    sess = tf.Session()
    sess.run(init)
    changed = True
    iters = 0

    while changed and iters < MAX_ITERS:
        iters += 1
        [changed, _] = sess.run([did_assignments_change, do_updates])
    [centers, assignments] = sess.run([centroids, cluster_
assignments])
    end = time.time()

    print (("Found in %.2f seconds" % (end-start)), iters,
"iterations")
    cluster_df=pd.DataFrame({'movies':df.index.
```

```
        values,'clusters':assignments})
    cluster_df.to_csv("clusters.csv",index=True)
    return assignments,df.index.values
```

在上述代码中,某种程度上进行了简单初始化,即采用第一个 K 值作为初始聚类中心。在实际情况下,该值可进一步改进。

在上述程序块中,为每个聚类中心复制了 N 个副本,而为每个数据点复制了 K 个副本。然后减去并计算距离的二次方和。接着,利用 argmin 选择最短距离点。但是,并未指定聚类变量,直到经计算后赋值发生变化(因此具有依赖性)。

如果仔细观察上述代码,发现具有一个名为 bucket_mean() 的函数。该函数以数据点、最佳聚类中心和临时聚类个数 K 为输入,并计算用于聚类计算的均值。

```
def bucket_mean(data, bucket_ids, num_buckets):
    total = tf.unsorted_segment_sum(data, bucket_ids, num_buckets)
    count = tf.unsorted_segment_sum(tf.ones_like(data), bucket_ids, num_buckets)
    return total / count
```

训练完成 K-means 模型后,下一步工作是可视化类似电影的聚类。为此,调用一个名为 showClusters() 的函数,该函数的输入为用户-项目表,写入 CSV 文件中的聚类数据(clusters.csv)、主成分个数(默认为 2)和 SVD 求解器(可能的值是随机且完整的)。

问题是在一个 2D 空间中很难绘制表示电影聚类的所有数据点。为此,采用主成分分析(PCA)法在不牺牲质量的前提下降低维度:

```
user_item=pd.read_pickle(user_item_table)
cluster=pd.read_csv(clustered_data, index_col=False)
user_item=user_item.T
pcs = PCA(number_of_PCA_components, svd_solver)
cluster['x']=pcs.fit_transform(user_item)[:,0]
cluster['y']=pcs.fit_transform(user_item)[:,1]
fig = plt.figure()
ax = plt.subplot(111)
ax.scatter(cluster[cluster['clusters']==0]['x'].values,cluster[cluster['clusters']==0]['y'].values,color="r", label='cluster 0')
ax.scatter(cluster[cluster['clusters']==1]['x'].values,cluster[cluster['clusters']==1]['y'].values,color="g", label='cluster 1')
ax.scatter(cluster[cluster['clusters']==2]['x'].values,cluster[cluster['clusters']==2]['y'].values,color="b", label='cluster 2')
ax.scatter(cluster[cluster['clusters']==3]['x'].values,cluster[cluster['clusters']==3]['y'].values,color="k", label='cluster 3')
ax.scatter(cluster[cluster['clusters']==4]['x'].values,cluster[cluster['clusters']==4]['y'].values,color="c", label='cluster 4')
ax.legend()
plt.title("Clusters of similar movies using K-means")
plt.ylabel('PC2')
plt.xlabel('PC1');
plt.show()
```

接下来，将评估模型并在评估步骤中绘制聚类。

9.2.4.5 用户实现的电影分级预测

为实现这一目的，专门编写了一个称为 prediction() 的函数。该函数以用户和项目（在本例中是电影）的样本数据为输入，并由图的名称创建 TensorFlow 占位符。然后评估这些张量。在下列代码中，需要注意的是，TensorFlow 假设已存在检查点目录，因此一定要确保存在。具体细节，参见 run.py 文件。注意，该脚本并未显示任何结果，只是在 main.py 脚本中进一步调用了该脚本中一个名为 prediction 的函数来进行预测：

```
def prediction(users=predicted_user, items=predicted_item, allow_soft_
placement=allow_soft_placement,\
log_device_placement=log_device_placement, checkpoint_dir=checkpoint_
dir):
    rating_prediction=[]
    checkpoint_prefix = os.path.join(checkpoint_dir, "model")
    graph = tf.Graph()
    with graph.as_default():
        session_conf = tf.ConfigProto(allow_soft_placement=allow_soft_
placement,log_device_placement=log_device_placement)
        with tf.Session(config = session_conf) as sess:
            new_saver = tf.train.import_meta_graph("{}.meta".
format(checkpoint_prefix))
            new_saver.restore(sess, tf.train.latest_
checkpoint(checkpoint_dir))
            user_batch = graph.get_operation_by_name("id_user").
outputs[0]
            item_batch = graph.get_operation_by_name("id_item").
outputs[0]
            predictions = graph.get_operation_by_name("svd_
inference").outputs[0]
            pred = sess.run(predictions, feed_dict={user_batch: users,
item_batch: items})
            pred = clip(pred)
        sess.close()
    return pred
```

在此，将学习如何利用这些方法来预测前 k 部电影以及用户对这些电影的评级。在上述代码段中，clip() 是用户自定义函数，用于限制数组中的值。具体实现过程如下：

```
def clip(x):
    return np.clip(x, 1.0, 5.0)   # 评级1~5
```

现在，分析如何利用 prediction() 方法来生成一组用户对电影的评级预测：

```
def user_rating(users,movies):
    if type(users) is not list: users=np.array([users])
    if type(movies) is not list:
        movies=np.array([movies])
    return prediction(users,movies)
```

上述函数返回了每个用户的用户评级。其输入为一个或多个用户 ID 列表（一个或多个数值列表）和一个或多个电影 ID 列表（一个或多个数值列表）。最终，返回一个预测电影列表。

9.2.4.6 前 k 部热门电影推荐

以下方法可提取用户未观看的前 k 部热门电影，其中，k 是任意整数，如 10。函数名称为 top_k_movies()。可为特定用户返回前 k 部电影。输入为用户 ID 列表和评级数据帧。然后保存这些电影的所有用户评级。输出是一个包含以用户 ID 为键和以针对用户前 k 部电影列表为值的文件夹。

```
def top_k_movies(users,ratings_df,k):
    dicts={}
    if type(users) is not list:
        users = [users]
    for user in users:
        rated_movies = ratings_df[ratings_df['user']==user].drop(['st', 'user'], axis=1)
        rated_movie = list(rated_movies['item'].values)
        total_movies = list(ratings_df.item.unique())
        unseen_movies = list(set(total_movies) - set(rated_movie))
        rated_list = []
        rated_list = prediction(np.full(len(unseen_movies),user),np.array(unseen_movies))
        useen_movies_df = pd.DataFrame({'item': unseen_movies,'rate':rated_list})
        top_k = list(useen_movies_df.sort_values(['rate','item'], ascending=[0, 0])['item'].head(k).values)
        dicts.update({user:top_k})
    result = pd.DataFrame(dicts)
    result.to_csv("user_top_k.csv")
    return dicts
```

9.2.4.7 前 k 部类似电影预测

在此编写了一个称为 top_k_similar_items() 的函数，可计算并返回与某一特定电影相似的 k 部电影。该函数以数值列表或数值、电影 ID 列表和评级数据帧为输入。保存这些电影的所有用户评级，且取 k 为一个自然数。

TRAINED 的值既可以是 True 也可以是 False，用于指定是否使用训练后的或未训练的用户-项目表。最终返回与输入相似的一个 k 部电影列表。

```
def top_k_similar_items(movies,ratings_df,k,TRAINED=False):
    if TRAINED:
        df=pd.read_pickle("user_item_table_train.pkl")
    else:
        df=pd.read_pickle("user_item_table.pkl")
    corr_matrix=item_item_correlation(df,TRAINED)
```

```
        if type(movies) is not list:
            return corr_matrix[movies].sort_values(ascending=False).
drop(movies).index.values[0:k]
        else:
            dict={}
            for movie in movies:           dict.update({movie:corr_
matrix[movie].sort_values(ascending=False).drop(movie).index.
values[0:k]})
            pd.DataFrame(dict).to_csv("movie_top_k.csv")
            return dict
```

在上述代码中，item_item_correlation() 函数是用户自定义的函数，是用于在预测前 k 部相似电影时，计算电影 - 电影间的相关性。方法具体如下：

```
def item_item_correlation(df,TRAINED):
    if TRAINED:
        if os.path.isfile("model/item_item_corr_train.pkl"):
            df_corr=pd.read_pickle("item_item_corr_train.pkl")
        else:
            df_corr=df.corr()
            df_corr.to_pickle("item_item_corr_train.pkl")
    else:
        if os.path.isfile("model/item_item_corr.pkl"):
            df_corr=pd.read_pickle("item_item_corr.pkl")
        else:
            df_corr=df.corr()
            df_corr.to_pickle("item_item_corr.pkl")
    return df_corr
```

9.2.4.8 计算用户 - 用户间的相似度

为计算用户 - 用户间的相似度，专门编写了一个 user_similarity() 函数，可返回两个用户之间的相似度。该函数具有 3 个参数：用户 1，用户 2；评级数据帧；既可以是 True 也可以是 False 的 TRAINED 值，用于指定是否使用训练后的或未训练的用户 - 项目表。最后，计算得出用户间的皮尔逊相关系数（值在 −1~1 之间）。

```
def user_similarity(user_1,user_2,ratings_df,TRAINED=False):
    corr_matrix=user_user_pearson_corr(ratings_df,TRAINED)
    return corr_matrix[user_1][user_2]
```

在上述函数中，user_user_pearson_corr() 是计算用户 - 用户间皮尔逊相关系数的函数。

```
def user_user_pearson_corr(ratings_df,TRAINED):
    if TRAINED:
        if os.path.isfile("model/user_user_corr_train.pkl"):
            df_corr=pd.read_pickle("user_user_corr_train.pkl")
        else:
            df =pd.read_pickle("user_item_table_train.pkl")
            df=df.T
```

```
                df_corr=df.corr()
                df_corr.to_pickle("user_user_corr_train.pkl")
    else:
        if os.path.isfile("model/user_user_corr.pkl"):
            df_corr=pd.read_pickle("user_user_corr.pkl")
        else:
            df = pd.read_pickle("user_item_table.pkl")
            df=df.T
            df_corr=df.corr()
            df_corr.to_pickle("user_user_corr.pkl")
    return df_corr
```

9.2.5 推荐系统评估

在本节中,将通过绘制聚类的方式来评估聚类,以观察电影是如何在不同聚类之间传播的。

然后,分析前 k 部电影,用户 - 用户间的相似度以及之前讨论的其他指标。现在,首先导入所需的库:

```
import tensorflow as tf
import pandas as pd
import readers
import main
import kmean as km
import numpy as np
```

接下来,定义评估所需的数据参数:

```
DATA_FILE = "Input/ratings.dat" # 正类数据的数据源
K = 5 # 聚类个数
MAX_ITERS = 1000 # 最大迭代次数
TRAINED = False # 采用 TRAINED 用户-项目矩阵
USER_ITEM_TABLE = "user_item_table.pkl"
COMPUTED_CLUSTER_CSV = "clusters.csv"
NO_OF_PCA_COMPONENTS = 2 # 主成分个数
SVD_SOLVER = "randomized" #svd 求解器,例如 randomized、 full 等
```

现在,加载在 k_mean_clustering() 方法中调用的评级数据集:

```
ratings_df = readers.read_file("Input/ratings.dat", sep="::")
clusters,movies = km.k_mean_clustering(ratings_df, K, MAX_ITERS, TRAINED = False)
cluster_df=pd.DataFrame({'movies':movies,'clusters':clusters})
```

现在,观察简单输入的一些聚类(电影及其各自相应的聚类):

```
print(cluster_df.head(10))
>>>
  clusters  movies
0    0       0
1    4       1
2    4       2
3    3       3
4    4       4
5    2       5
6    4       6
7    3       7
8    3       8
9    2       9
print(cluster_df[cluster_df['movies']==1721])
>>>
      clusters  movies
1575     2      1721
print(cluster_df[cluster_df['movies']==647])
>>>
     clusters  movies
627     2      647
```

接下来，观察电影是在聚类中如何分布的（见图 9-5）：

```
km.showClusters(USER_ITEM_TABLE, COMPUTED_CLUSTER_CSV, NO_OF_PCA_
COMPONENTS, SVD_SOLVER)
>>>
```

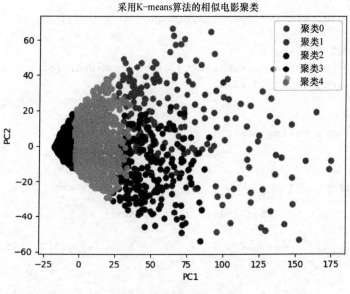

图 9-5　相似电影的聚类

由图 9-5 可见，显然数据点在聚类 3 和 4 中更为准确。而聚类 0、1、2 较为分散，聚类效果不佳。

在此并未计算任何精度指标，这是因为训练数据未标记。现在，给定相应电影名称，计算前 k 部类似电影，并输出：

```
ratings_df = readers.read_file("Input/ratings.dat", sep="::")
topK = main.top_k_similar_items(9,ratings_df = ratings_df,k = 10,TRAINED = False)
print(topK)
>>>
[1721, 1369, 164, 3081, 732, 348, 647, 2005, 379, 3255]
```

上述是针对电影 9：: sudden Death(1995)::Action 计算而得的前 k 部类似电影的结果。如果观察 movies.dat 文件，会发现下列电影的确与之相似：

```
1721::Titanic (1997)::Drama|Romance
1369::I Can't Sleep (J'ai pas sommeil) (1994)::Drama|Thriller
164::Devil in a Blue Dress (1995)::Crime|Film-Noir|Mystery|Thriller
3081::Sleepy Hollow (1999)::Horror|Romance
732::Original Gangstas (1996)::Crime
348::Bullets Over Broadway (1994)::Comedy
647::Courage Under Fire (1996)::Drama|War
2005::Goonies, The (1985)::Adventure|Children's|Fantasy
379::Timecop (1994)::Action|Sci-Fi
3255::League of Their Own, A (1992)::Comedy|Drama
```

接下来，计算用户 - 用户间的皮尔逊相关性。在运行这一用户相似度方法时，第一次运行时会花费一点时间得到输出，但之后再运行，会实时响应。

```
print(main.user_similarity(1,345,ratings_df))
>>>
0.15045477803357316
Now let's compute the aspect rating given by a user for a movie:
print(main.user_rating(0,1192))
>>>
4.25545645
print(main.user_rating(0,660))
>>>
3.20203304
```

观察为用户推荐的前 k 部电影：

```
print(main.top_k_movies([768],ratings_df,10))
>>>
{768: [2857, 2570, 607, 109, 1209, 2027, 592, 588, 2761, 479]}
print(main.top_k_movies(1198,ratings_df,10))
>>>
{1198: [2857, 1195, 259, 607, 109, 2027, 592, 857, 295, 479]}
```

到目前为止，已了解如何利用电影和评级数据集来开发一个简单的推荐引擎。然而，许多推荐问题都假设已有一个由元组（用户、项目、评级）集合构成的消费/评级数据集。这是大多数协同过滤改进算法的出发点，且已证明可产生更好的结果。但在许多应用中，还有大量项目元数据（标签、类别和类型）也可用于进行更好的预测。

这是采用具有特征丰富数据集的推荐系统的一个优点，因为具有一种自然方式可将附加特征包含在模型中，并可利用维度参数 d 对高阶交互进行建模（有关更多详细信息，参见图9-6）。

近期的一些研究表明，特征丰富的数据集可提供更好的预测：i）Xiangnan He 和 Tat-Seng Chua，*Neural Factorization Machines for Sparse Predictive Analytics*，SIGIR'17 会议，新宿，东京，日本，2017 年 8 月 7 日—11 日；ii）Jun Xiao,Hao Ye,Xiangnan He,Hanwang Zhang,Fei Wu 和 Tat-Seng Chua（2017）*Attentional Factorization Machines：Learning the Weight of Feature Interactions via Attention Network*，IJCAI，墨尔本，澳大利亚，2017 年 8 月 19 日—25 日。

上述论文阐述了如何由现有数据生成一个特征丰富的数据集，以及如何在数据集上实现 FM。因此，研究人员正试图利用 FM 来开发更准确且更鲁棒的推荐引擎。在下一节，将讨论一些 FM 及其改进的应用示例。

9.3 用于推荐系统的因子分解机

在本节中，将讨论利用 FM 开发一个更鲁棒推荐系统的两个示例。首先，简要介绍 FM 及其在冷启动推荐问题上的应用。

然后，介绍一个利用 FM 开发实际应用中推荐系统的简单示例。之后，分析一个利用称为神经因子分解机（NFM）的 FM 改进算法的应用示例。

9.3.1 因子分解机

基于 FM 的方法是一种个性化前沿技术。现已证明其功能极其强大，具有足够的表达能力来泛化现有模型，如矩阵/张量因子分解和多项式内核回归。换句话说，该算法是一种监督式学习方法，通过结合矩阵分解算法中不具备的二阶特征交互来提高线性模型的性能。

现有的推荐算法需要元组（用户、项目、评级）形式的消费（产品）或评级（电影）数据集。这种类型的数据集大多用于协同过滤（CF）改进算法。CF 算法已获得广泛应用，且已证明可产生良好的效果。然而，在很多实例情况下，还有大量的项目元数据（标签、类别和类型）可用于进行更好的预测。不过遗憾的是，CF 算法并未利用这些类型的元数据。

FM 可以充分利用这些特征丰富（元数据）的数据集。一个 FM 可通过指定维度参数 d 利用这些额外特征来对高阶交互进行建模。最重要的是，FM 还经过优化以处理大规模稀疏数据集。因此，一个二阶 FM 模型就已足够，因为没有足够信息来估计更复杂的交互作用。

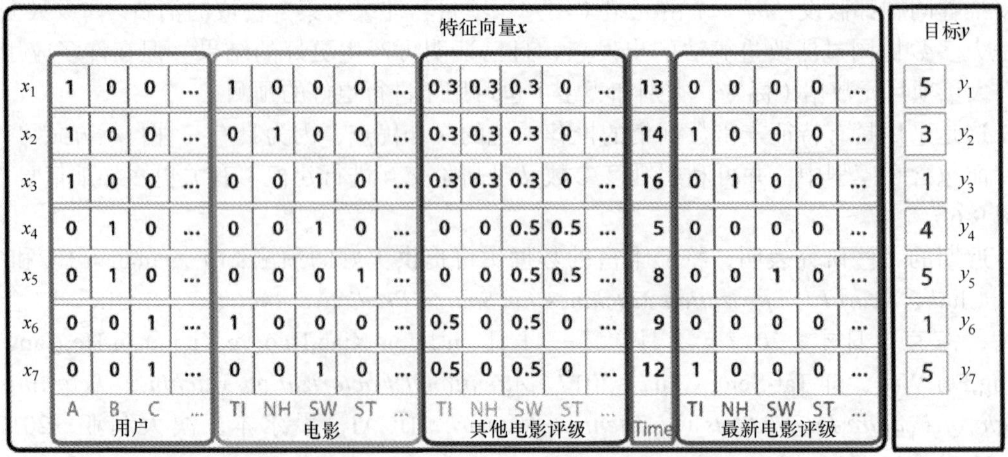

	特征向量 x																			目标 y	
x_1	1	0	0	...	1	0	0	0	...	0.3	0.3	0.3	0	...	13	0	0	0	0	5	y_1
x_2	1	0	0	...	0	1	0	0	...	0.3	0.3	0.3	0	...	14	1	0	0	0	3	y_2
x_3	1	0	0	...	0	0	1	0	...	0.3	0.3	0.3	0	...	16	0	1	0	0	1	y_3
x_4	0	1	0	...	0	0	1	0	...	0	0	0.5	0.5	...	5	0	0	0	0	4	y_4
x_5	0	1	0	...	0	0	0	1	...	0	0	0.5	0.5	...	8	0	0	1	0	5	y_5
x_6	0	0	1	...	1	0	0	0	...	0.5	0	0.5	0	...	9	0	0	0	0	1	y_6
x_7	0	0	1	...	0	0	1	0	...	0	0	0.5	0	...	12	0	1	0	0	5	y_7
	A	B	C	...	TI	NH	SW	ST	...	TI	NH	SW	ST	...	Time	TI	NH	SW	ST		
	用户				电影					其他电影评级						最新电影评级					

图 9-6 一个由特征向量 *x* 和目标 *y* 表征个性化问题的训练数据集示例
（其中，行表示电影，列表示导演、演员和类型信息）

假设一个预测问题的数据集是由矩阵 $X \in \mathbb{R}^{n \times p}$ 描述，如图 9-6 所示。在图中，第 i 行，$x_i \in \mathbb{R}^p$，表示一种情况，其中，p 是一个实数变量。另一方面，y_i 表示第 i 种情况的预测目标。或者，可将该集合表征为元组 (x, y) 的集合 S，其中（同样），$x \in \mathbb{R}^p$ 是一个特征向量，而 y 是相应的目标或标签。

换句话说，在图 9-6 中，每一行表示一个特征向量 x_i 及其相应的目标 y_i。FM 算法利用下列因子分解交互参数对 x 中输入变量 p 之间的所有嵌套交互进行建模（最高为 d 阶）：

$$\hat{y}(x) = w_o + \sum_{i=1}^{n} w_i x_i + \sum_{i=1}^{n} \sum_{j=i+1}^{n} \langle v_i, v_j \rangle x_i x_j \quad ⊖$$

式中，v 是与每个变量（用户和项目）关联的 k 维潜在向量；尖括号运算符是内积。这种由数据矩阵和特征向量表示的方法在许多机器学习方法中很常见，如线性回归或支持向量积（SVM）。

不过，如果熟悉矩阵分解（MF）模型，那么也会熟悉上式：其中包含了一种全局偏差以及用户 / 项目特定偏差，另外还包括用户 - 项目交互。现在，假设每个 $x(j)$ 向量在位置 u 和 i 处都是非零的，由此可得经典的 MF 模型：

$$\hat{y}(x) = w_o + w_i + w_u + \langle v_i, v_j \rangle$$

然而，用于推荐系统的 MF 模型经常会遇到冷启动问题。在下一节将详细讨论该问题。

9.3.1.1 冷启动问题和协同过滤方法

冷启动一词听起来很有趣，顾名思义，这源于汽车。假设是居住在阿拉斯加。由于非常寒冷，汽车发动机可能无法平稳启动，但一旦达到最佳工作温度，就会启动、运行，正

⊖ 原书第一个 ∑ 下为 *i=i*，有误。——译者注

常工作。

在推荐发动机领域,冷启动一词是指发动机尚未达到最佳以提供可能结果的情况。在电子商务平台中,冷启动有两种截然不同的类别:产品冷启动和用户冷启动。

冷启动是涉及一定程度自动化数据建模的计算机信息系统中的一个潜在问题。具体来说,涉及的问题是系统无法对尚未收集到足够信息的用户或项目进行任何推断。

冷启动问题在推荐系统中最为普遍。在协同过滤方法中,推荐系统将识别与活跃用户共享偏好的用户,并提供志趣相投的用户所青睐的项目(活跃用户尚未看到)。由于冷启动问题,该方法将无法考虑尚未经过评级的项目。

采用基于内容匹配和协同过滤的混合方法可有效缓解冷启动问题。尚未得到任何用户评级的新项目会根据其他类似项目的评级自动分配一个评级。项目相似度可根据项目基于内容的特征来确定。

采用基于CF(成本函数)的方法的推荐发动机可根据用户行为推荐每一个项目。用户操作越多的项目,就越容易了解哪些用户可能会对其感兴趣,以及哪些其他项目与之类似。随着时间的推移,系统就能够提供越来越准确的推荐。在某个阶段,当在用户-项目矩阵中添加新用户或项目时,会产生冷启动问题(见图9-7)。

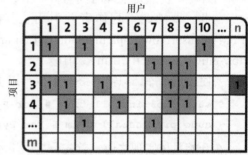

图9-7 用户-项目矩阵有时会导致冷启动问题

在这种情况下,RE对这一新用户或新项目尚未具备足够的信息。类似于FM,基于内容的过滤方法是一种可用于缓解冷启动问题的有效方法。

上述两个方程的主要区别在于FM引入了受分类或标记数据影响的潜在向量相关的高阶交互。这意味着模型超出了以在每个特征的潜在表示间找到更强关系的共现性。

9.3.2 问题定义及表示形式

给定用户在电子商务网站上一个典型会话期间所执行的一系列单击操作,目标是预测用户是否要购买某些商品,以及如果要购买的话,会购买哪些商品。为此,上述任务可分为两个子目标:

- 用户是否要在该会话中购买商品?
- 如果是,将要购买什么商品?

为了预测在会话中购买商品的数量,一个鲁棒分类器可有助于预测用户是否会购买该商品。在实现基本的FM之后,训练数据应结构化如下(见图9-8):

	用户				项目				类别			历史			数量	
x_1	1	0	1	...	0	1	0	...	1	2	3	...	1	1	0	3	y_1
x_2	0	0	1	...	1	0	1	...	8	9	6	...	0	1	0	7	y_2
x_3	0	1	1	...	1	0	0	...	5	2	7	...	1	1	1	9	y_3
...	...	...	...	...	...	...	...	...	...	...	...	...	...	...	...	...	...
x_n	1	0	1	...	1	1	0	...	2	4	6	...	0	1	1	8	y_n

图9-8 用于训练推荐模型的一个用户-项目/类别/历史表

为了准备上述训练集，可采用 pandas 中的 get_dummies() 方法将所有列转换为分类数据，这是因为 FM 模型只能处理整数表示的分类数据。

在此，采用两种方法（TFFMClassifier 和 TFFMRegressor）进行预测（见 items.py）并计算各自的 MSE［见 ttfm 库（基于 MIT 许可）中的 quantity.py 脚本］。ttfm 是一个基于 TensonFlow 实现的 FM，且在 pandas 下进行数据预处理和结构化。这种基于 TensorFlow 的实现提供了一个任意阶次的（>=2）的因子分解机，支持：

- 密集和稀疏输入；
- 各种（基于梯度的）优化方法；
- 通过不同损失函数实现分类/回归（执行逻辑和 mse 计算）；
- 通过 TensorBoard 记录日志文件。

另外一个优点是推理时间与特征个数成线性比例关系。

在此，要感谢下列作者并引用了其研究成果：Mikhail Trofimov, Alexander Novikov, TFFM: TensorFlow implementation of an arbitrary order Factorization Machines，GitHub 库，https//github.com/geffy/tffm，2016。

要使用这个库，只需在终端上执行以下命令：

```
$ sudo pip3 install tffm # For Python3.x
$ sudo pip install tffm # For Python 2.7.x
```

在开始具体实现之前，首先分析一下本例中所用到的数据集。

9.3.3 数据集描述

在本例中，将采用 RecSys2015 挑战赛中的数据集来阐述如何拟合一个 FM 模型以得到个性化推荐。数据包括在电子商务网站上的单击和购买事件，以及附加的项目品类数据。数据集大小为 275MB，可从 https://s3-eu-west-1.amazonaws.com/yc-rdata/yoochoose-data.7z 下载。

其中，有 3 个文件和一个 readme 文件；在此，仅使用 youchoose-buys.dat（购买事件）和 youchoose-clicks.dat（单击事件）：

- youchoose-clicks.dat：文件中的每一条记录/行都具有以下字段：
  - 会话 ID：一个会话中的一次或多次单击；
  - 时间戳：单击发生的时间；
  - 项目 ID：项目的唯一标识符；
  - 类别：项目类别。
- youchoose-buys.dat：文件中的每一条记录/行都具有以下字段：
  - 会话 ID：一个会话中的一次或多次购买事件；
  - 时间戳：购买事件的发生时间；
  - 项目 ID：项目的唯一标识符；
  - 价格：项目的价格；
  - 数量：该项目购买了多少件。

youchoose-clicks.dat 中的会话 ID 也存在于 youchoose-buys.dat 文件中。这意味着具有同一会话 ID 的记录构成了会话期间某个用户的单击事件序列。

该会话可能很短（几分钟）也可能很长（几个小时），其中，可能发生一次单击或上百次单击。这都取决于用户的行为操作。

9.3.3.1 实现工作流程

在此，开发一个可预测和生成 solution.data 文件的推荐模型。基本的工作流程如下（见图 9-9）：

1）下载和加载 RecSys2015 挑战赛数据集，并复制到本章代码库的"data"文件夹中。

2）购买数据包含会话 ID、时间戳、项目 ID、类别和数量。另外，youchoose-clicks.dat 文件中包含会话 ID、时间戳、项目 ID 和类别。在此并未使用时间戳。为此，删除时间戳，对所有列 one-hot 编码，并合并购买数据集和单击数据集以形成特征丰富的数据集。

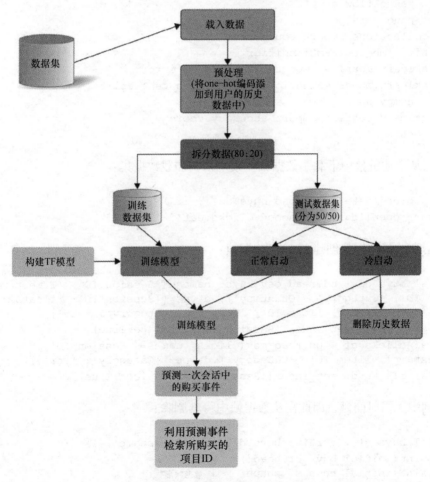

图 9-9　采用 FM 预测一次会话中购买项目列表的工作流程

3）为简便起见，仅考虑前 10000 个会话，并将数据集分为训练集（75%）和测试集（25%）。

4）接下来，将测试集分为正常启动（保留历史数据）和冷启动（删除历史数据）以区分有历史记录和无历史记录的用户/项目模型。

5）然后，采用 tffm 来训练 FM 模型，这是 FM 在 TensorFlow 中的实现，并用训练数据对模型进行训练。

6）最后，在正常启动和冷启动数据集上对模型进行评估。

9.3.4 预处理

如果要充分利用类别数据和扩展的历史数据，需要加载并将数据转换为正确格式。因此，在准备训练集之前需要进行一些预处理。首先导入所需的包和模块：

```python
import tensorflow as tf
import pandas as pd
from collections import Counter
from tffm import TFFMClassifier
from sklearn.metrics import mean_squared_error
from sklearn.model_selection import train_test_split
import numpy as np
from sklearn.metrics import accuracy_score
import os
```

假设已从上述链接中下载了数据集。接下来，加载数据集：

```python
buys = open('data/yoochoose-buys.dat', 'r')
clicks = open('data/yoochoose-clicks.dat', 'r')
```

为单击和购买数据集创建 pandas 数据帧：

```python
initial_buys_df = pd.read_csv(buys, names=['Session ID', 'Timestamp',
'Item ID', 'Category', 'Quantity'], dtype={'Session ID': 'float32',
'Timestamp': 'str', 'Item ID': 'float32','Category': 'str'})
initial_buys_df.set_index('Session ID', inplace=True)
initial_clicks_df = pd.read_csv(clicks, names=['Session ID',
'Timestamp', 'Item ID', 'Category'],dtype={'Category': 'str'})
initial_clicks_df.set_index('Session ID', inplace=True)
```

在本例中无需时间戳，因此需从数据帧中将其删除：

```python
initial_buys_df = initial_buys_df.drop('Timestamp', 1)
    print(initial_buys_df.head())    # 前5条记录
    print(initial_buys_df.shape)     # 数据帧形状
>>>
```

	会话 ID	时间戳	项目 ID	类	数量
0	420374.0	2014-04-06T18:44:58.314Z	214537888.0	12462	1
1	420374.0	2014-04-06T18:44:58.325Z	214537856.0	10471	1
2	281626.0	2014-04-06T09:40:13.032Z	214535648.0	1883	1
3	420368.0	2014-04-04T06:13:28.848Z	214530576.0	6073	1
4	420368.0	2014-04-04T06:13:28.858Z	214835024.0	2617	1

(1150753, 5)

```
initial_clicks_df = initial_clicks_df.drop('Timestamp', 1)
print(initial_clicks_df.head())
print(initial_clicks_df.shape)
>>>
```

	会话 ID	时间戳	项目 ID	类
0	1	2014-04-07T10:51:09.277Z	214536502	0
1	1	2014-04-07T10:54:09.868Z	214536500	0
2	1	2014-04-07T10:54:46.998Z	214536506	0
3	1	2014-04-07T10:57:00.306Z	214577561	0
4	2	2014-04-07T13:56:37.614Z	214662742	0

(33003944, 4)

由于在本例中无需时间戳，因此从数据帧（df）中删除时间戳列：

```
initial_buys_df = initial_buys_df.drop('Timestamp', 1)
print(initial_buys_df.head(n=5))
print(initial_buys_df.shape)
>>>
```

会话 ID	项目 ID	类	数量
420374.0	214537888.0	12462	1
420374.0	214537856.0	10471	1
281626.0	214535648.0	1883	1
420368.0	214530576.0	6073	1
420368.0	214835024.0	2617	1

(1150753, 3)

```
initial_clicks_df = initial_clicks_df.drop('Timestamp', 1)
print(initial_clicks_df.head(n=5))
print(initial_clicks_df.shape)
>>>
```

会话 ID	项目 ID	类
1	214536502	0
1	214536500	0
1	214536506	0
1	214577561	0
2	214662742	0

(33003944, 2)

观察前 10000 名购买用户：

```
x = Counter(initial_buys_df.index).most_common(10000)
top_k = dict(x).keys()
initial_buys_df = initial_buys_df[initial_buys_df.index.isin(top_k)]
    print(initial_buys_df.head())
    print(initial_buys_df.shape)
>>>
```

会话 ID	项目 ID	类	数量
420471.0	214717888.0	2092	1
420471.0	214821024.0	1570	1
420471.0	214829280.0	837	1
420471.0	214819552.0	418	1
420471.0	214746384.0	784	1

(106956, 3)

```
initial_clicks_df = initial_clicks_df[initial_clicks_df.index.isin(top_k)]
    print(initial_clicks_df.head())
    print(initial_clicks_df.shape)
>>>
```

会话 ID	项目 ID	类
932	214826906	0
932	214826906	0
932	214826906	0
932	214826955	0
932	214826955	0

(209024, 2)

在此，创建一个索引副本，因为要对其进行 one-hot 编码：

```
initial_buys_df['_Session ID'] = initial_buys_df.index
print(initial_buys_df.head())
print(initial_buys_df.shape)
>>>
```

会话 ID	项目 ID	类	数量	会话 ID
420471.0	214717888.0	2092	1	420471.0
420471.0	214821024.0	1570	1	420471.0
420471.0	214829280.0	837	1	420471.0
420471.0	214819552.0	418	1	420471.0
420471.0	214746384.0	784	1	420471.0

(106956, 4)

如前所述，可将历史购买数据引入到 FM 模型。在此采用 group_by 方法来生成一个用户所有购买记录的历史配置文件。首先，对单击和购买的所有列进行 one-hot 编码：

```
transformed_buys = pd.get_dummies(initial_buys_df)
   print(transformed_buys.shape)
>>>
(106956, 356)
transformed_clicks = pd.get_dummies(initial_clicks_df)
print(transformed_clicks.shape)
>>>
(209024, 56)
```

现在，就可以合并项目和类别的历史数据了：

```
filtered_buys = transformed_buys.filter(regex="Item.*|Category.*")
    print(filtered_buys.shape)
>>>
(106956, 354)
filtered_clicks = transformed_clicks.filter(regex="Item.*|Category.*")
    print(filtered_clicks.shape)
>>>
(209024, 56)
historical_buy_data = filtered_buys.groupby(filtered_buys.index).sum()
    print(historical_buy_data.shape)
>>>
(10000, 354)
historical_buy_data = historical_buy_data.rename(columns=lambda column_name: 'buy history:' + column_name)
    print(historical_buy_data.shape)
        >>>
        (10000, 354)
historical_click_data = filtered_clicks.groupby(filtered_clicks.index).sum()
    print(historical_click_data.shape)
        >>>
(10000, 56)
historical_click_data = historical_click_data.rename(columns=lambda column_name: 'click history:' + column_name)
```

然后，合并每个 user_id 的历史数据：

```
merged1 = pd.merge(transformed_buys, historical_buy_data, left_index=True, right_index=True)
print(merged1.shape)
merged2 = pd.merge(merged1, historical_click_data, left_index=True, right_index=True)
print(merged2.shape)
>>>
(106956, 710)
(106956, 766)
```

将数量作为目标并将其转换为二进制：

```
y = np.array(merged2['Quantity'].as_matrix())
```

将 y 转换为二元值 [如果实际购买，为 1；否则，为 0]：

```
for i in range(y.shape[0]):
    if y[i]!=0:
        y[i]=1
    else:
        y[i]=0
```

```
print(y.shape)
print(y[0:100])
print(y, y.shape[0])
print(y[0])
print(y[0:100])
print(y, y.shape)
>>>
```

```
[2 2 1 2 1 1 2 2 2 1 1 1 1 1 1 1 1 1 2 1 1 1 1
 1 1 1 1 1 1 1 1 1 1 1 2 2 1 2 2 2 1 2 1 1 1 1 1
 1 1 2 5 4 2 4 2 2 5 1 2 2 1 2 1 2 1 1 1 1 1 1 1
 2 1 1 2 1 1 1 1 2 1 10 6 1 10 1 6 1 10 1 6 1 0 0 0]
[2 2 1 ..., 2 1 1] 106956
2
[1 1 1 1 1 1 1 1 1 1 1 1 1 1 1 1 1 1 1 1 1 1 1 1 1 1 1 1 1 1 1 1 1
 1 1 1 1 1 1 1 1 1 1 1 1 1 1 1 1 1 1 1 1 1 1 1 1 1 1 1 1 1 1 1 1 1
 1 1 1 1 1 1 1 1 1 1 1 1 1 1 1 1 1 1 1 1 1 1 0 0 0]
[1 1 1 ..., 1 1 1] (106956,)
```

9.3.4.1 FM 模型训练

准备好数据集后，下一项任务是创建 MF 模型。首先，将数据分为训练集和测试集：

```
X_tr, X_te, y_tr, y_te = train_test_split(merged2, y, test_size=0.25)
```

然后，再将测试数据分为两部分，一部分用于正常启动测试，一部分用于冷启动测试：

```
X_te, X_te_cs, y_te, y_te_cs = train_test_split(X_te, y_te, test_size=0.5)
```

现在，将会话 ID 和项目 ID 都包含到数据帧中：

```
test_x = pd.DataFrame(X_te, columns = ['Item ID'])
print(test_x.head())
>>>
```

会话 ID	项目 ID
2614096	214829888.0
6388687	214845456.0
517818	214837488.0
6498748	214691520.0
2541201	214845104.0

(10696, 1)

```
test_x_cs = pd.DataFrame(X_te_cs, columns = ['Item ID'])
print(test_x_cs.head())
>>>
```

	会话 ID	项目 ID
	17929	214827008.0
	161673	214826928.0
	10914216	214854848.0
	9075227	214678368.0
	8356289	214716672.0

然后将不必要的特征从数据集中删除：

```
X_tr.drop(['Item ID', '_Session ID', 'click history:Item ID', 'buy history:Item ID', 'Quantity'], 1, inplace=True)
X_te.drop(['Item ID', '_Session ID', 'click history:Item ID', 'buy history:Item ID', 'Quantity'], 1, inplace=True)
X_te_cs.drop(['Item ID', '_Session ID', 'click history:Item ID', 'buy history:Item ID', 'Quantity'], 1, inplace=True)
```

接着将数据帧转换为数组：

```
ax_tr = np.array(X_tr)
ax_te = np.array(X_te)
ax_te_cs = np.array(X_te_cs)
```

在将 pandas 数据帧转换为 NumPy 数组后，需要进行一些空处理。在此直接用零替换 NaN：

```
ax_tr = np.nan_to_num(ax_tr)
ax_te = np.nan_to_num(ax_te)
ax_te_cs = np.nan_to_num(ax_te_cs)
```

然后，利用用于分类的优化超参数来实例化 TF 模型：

```
model = TFFMClassifier(
        order=2,
        rank=7,
        optimizer=tf.train.AdamOptimizer(learning_rate=0.001),
        n_epochs=100,
        batch_size=1024,
        init_std=0.001,
        reg=0.01,
        input_type='dense',
        log_dir = ' logs/',
        verbose=1,
        seed=12345
    )
```

在开始训练模型之前，需要准备冷启动的数据：

```
cold_start = pd.DataFrame(ax_te_cs, columns=X_tr.columns)
```

如前所述，只对如果仅访问类别数据而无历史单击/购买数据会发生什么感兴趣。在此，从 cold_start 测试集中删除历史单击和购买数据：

```
for column in cold_start.columns:
    if ('buy' in column or 'click' in column) and ('Category' not in column):
        cold_start[column] = 0
```

这时，训练模型：

```
model.fit(ax_tr, y_tr, show_progress=True)
```

最重要的一项任务是预测会话中的购买事件：

```
predictions = model.predict(ax_te)
print('accuracy: {}'.format(accuracy_score(y_te, predictions)))
print("predictions:",predictions[:10])
print("actual value:",y_te[:10])
>>>
accuracy: 1.0
predictions: [0 0 1 0 0 1 0 1 1 0]
actual value: [0 0 1 0 0 1 0 1 1 0]

cold_start_predictions = model.predict(ax_te_cs)
print('Cold-start accuracy: {}'.format(accuracy_score(y_te_cs, cold_start_predictions)))
print("cold start predictions:",cold_start_predictions[:10])
print("actual value:",y_te_cs[:10])
>>>
Cold-start accuracy: 1.0
cold start predictions: [1 1 1 1 1 0 1 0 0 1]
actual value: [1 1 1 1 1 0 1 0 0 1]
```

然后，将预测值添加到测试数据中：

```
test_x["Predicted"] = predictions
test_x_cs["Predicted"] = cold_start_predictions
```

现在，找出测试数据中每一个 session_id 的所有购买事件，并检索相应的项目 ID：

```
sess = list(set(test_x.index))
fout = open("solution.dat", "w")
print("writing the results into .dat file....")
for i in sess:
    if test_x.loc[i]["Predicted"].any()!= 0:
```

```
            fout.write(str(i)+";"+','.join(s for s in str(test_x.loc[i]
["Item ID"].tolist()).strip('[]').split(','))+'\n')
fout.close()
>>>
writing the results into .dat file....
```

接着，对于冷启动测试数据，执行同样操作：

```
sess_cs = list(set(test_x_cs.index))
fout = open("solution_cs.dat", "w")
print("writing the cold start results into .dat file....")
for i in sess_cs:
    if test_x_cs.loc[i]["Predicted"].any()!= 0:
        fout.write(str(i)+";"+','.join(s for s in str(test_x_cs.loc[i]
["Item ID"].tolist()).strip('[]').split(','))+'\n')
fout.close()
>>>
writing the cold start results into .dat file....
print("completed..!!")
>>>
completed!!
```

最后，删除模型以释放内存：

```
model.destroy()
```

此外，还可以查看文件中的样本内容：

```
11009963;214853767
10846132;214854343, 214851590
8486841;214848315
10256314;214854125
8912828;214853085
11304897;214567215
9928686;214854300, 214819577
10125303;214567215, 214853852
10223609;214854358
```

考虑到只是利用了相对较小的数据集去拟合模型，实验结果还是很好的。正如预期的一样，如果访问包括项目购买和单击的所有信息集合，那么就更容易生成预测结果了，但即使只利用了聚合的类别数据，对于冷启动推荐仍得出了较好的预测结果。

鉴于用户在每次会话中都会购买项目，那么针对所有测试集的均方误差，计算量很大。TFFMRegressor 方法可有助于完成相关计算。为此，采用 quantity.py 脚本。

首先，问题是如果只访问类别数据而不访问单击/购买历史数据会发生什么情况。接下来，从冷启动测试集中删除单击和购买的历史数据：

```
for column in cold_start.columns:
    if ('buy' in column or 'click' in column) and ('Category' not in
column):
        cold_start[column] = 0
```

现在，创建 MF 模型。在此，可使用超参数：

```
reg_model = TFFMRegressor(
    order=2,
    rank=7,
    optimizer=tf.train.AdamOptimizer(learning_rate=0.1),
    n_epochs=100,
    batch_size=-1,
    init_std=0.001,
    input_type='dense',
    log_dir = ' logs/',
    verbose=1
    )
```

在上述程序块中，可任意添加具体的日志路径。现在就可以利用正常启动和冷启动训练集来训练回归模型：

```
reg_model.fit(X_tr, y_tr, show_progress=True)
```

接着，计算所有训练集的均方误差：

```
predictions = reg_model.predict(X_te)
print('MSE: {}'.format(mean_squared_error(y_te, predictions)))
print("predictions:",predictions[:10])
print("actual value:",y_te[:10])
cold_start_predictions = reg_model.predict(X_te_cs)
print('Cold-start MSE: {}'.format(mean_squared_error(y_te_cs, cold_start_predictions)))
print("cold start predictions:",cold_start_predictions[:10])
print("actual value:",y_te_cs[:10])
print("Regression completed..!!")
>>>
MSE: 0.4897467853668941
predictions: [ 1.35086     0.03489107  1.0565269  -0.17359206
-0.01603088  0.03424695
  2.29936886  1.65422797  0.01069662  0.02166392]
actual value: [1 0 1 0 0 0 1 1 0 0]
Cold-start MSE: 0.5663486183636738
cold start predictions: [-0.0112379   1.21811676  1.29267406
 0.02357371 -0.39662406  1.06616664
 -0.10646269  0.00861482  1.22619736  0.09728943]
actual value: [0 1 1 0 1 1 0 0 1 0]
Regression completed..!!
```

最后，删除模型以释放内存：

```
reg_model.destroy()
```

因此，从训练数据集中删除类别列会使得 MSE 更小，但这样就意味着无法解决冷启动推荐问题。在仅利用一个相对较小的数据集的给定情况下，实验结果已很好。

正如预期,如果访问包括项目购买和单击的所有信息集合,那么就更容易生成预测结果,但即使只利用了聚合的类别数据,对于冷启动推荐仍得出了较好的预测结果。

9.4 改进的因子分解机

许多 web 应用的预测任务需要对类别变量(如用户 ID)和人群统计信息(如性别和职业)进行建模。要应用标准的机器学习技术,需要通过 one-hot 编码(或其他任何技术)将这些分类预测器转换为一组二进制特征。这就使得生成的特征向量非常稀疏。为了能够从这些稀疏数据中进行有效学习,考虑特征之间的交互作用非常重要。

在上节中,介绍了 FM 可有效应用于对二阶特征交互的建模。然而,FM 只是对特征交互进行线性建模。如果要体现实际应用中数据的非线性和固有的复杂结构,这是远远不够的。

Xiangnan He 和 Jun Xiao 等人已提出多种研究思路,如神经因子分解机 (NFM) 和注意力因子分解机(AFM),以试图解决这些局限性。

更多信息,请参阅以下论文:

• Xiangnan He 和 Tat-Seng Chua. *Neural Factorization Machines for Sparse Predictive Analytcis*。SIGIR'17 会议,新宿,东京,日本,2017 年 8 月 7 日—11 日。

• Jun Xiao,Hao Ye,Xiangnan He,HanWang Zhang,Fei Wu 和 Tat-Seng Chua(2017)*Attention Factorization Machines*:*Learning the Weight of Feature Interactions via Attention Networks*. IJCAI,墨尔本,澳大利亚,2017 年 8 月 19 日—25 日。

通过将 FM 在二阶特征交互建模中的线性与神经网络在高阶特征交互建模中的非线性无缝结合,NFM 可实现稀疏环境下的预测。

另一方面,AFM 可实现在所有特征交互具有相同权重的情况下对数据建模,因为并非所有特征交互都同样有用且可预测。

在下一节中,将分析一个用于电影推荐的 NFM 应用示例。

9.4.1 神经因子分解机

利用原始的 FM 算法,性能会由于以相同权重对所有特征交互进行建模而受到影响,因为并非所有的特征交互都是有用的且可预测的。例如,与无效特征的交互甚至可能会引入噪声而导致性能下降。

最近,Xiangnan He 等人提出了一种改进的 FM 算法,称为神经因子分解机(NFM)。该算法可以无缝结合 FM 在二阶特征交互建模中的线性特性和神经网络在高阶特征交互建模中的非线性特性。从概念上,NFM 比 FM 更具有表示性能,因为 FM 可看作是无隐层的特殊 NFM。

9.4.1.1 数据集描述

在个性化标签推荐中采用 MovieLens 数据。该数据集包含了用户对电影的 668953 个标记数据。每一个标记数据(用户 ID、电影 ID 和标签)都通过 one-hot 编码转换为一个特征向量。从而生成 90445 个二进制特征，称为 ml-tag 数据集。

在此，采用 Perl 脚本将其从 .dat 格式转换为 .libfm 格式。转换后的数据集包括用于训练、验证和测试的 3 个文件，如下所示：

- ml-tag.train.libfm
- ml-tag.validation.libfm
- ml-tag.test.libfm

关于该文件格式的更多信息，请参见 http://www.libfm.org/。

9.4.1.2 基于 NFM 的电影推荐

在此，重用和扩展了 GitHub 中 TensorFlow 下的 NFM。这是一个深度 FM，与常规 FM 相比，更具有表现能力。代码资源库中有 3 个文件，分别是 NeuralFM.py、FM.py 和 LoadData.py：

- FM.py 用于训练数据集。这是 FM 的原始实现。
- NeuralFM.py 用于训练数据集。这是 NFM 的原始实现，只是有一些改进和扩展。
- LoadData.py 用于进行预处理并以 libfm 格式加载数据集。

模型训练

首先，执行以下命令来训练 FM 模型。该命令还包含执行训练所需的参数：

```
$ python3 FM.py --dataset ml-tag --epoch 20 --pretrain -1 --batch_size 4096 --lr 0.01 --keep 0.7
>>>
FM: dataset=ml-tag, factors=16, #epoch=20, batch=4096, lr=0.0100, lambda=0.0e+00, keep=0.70, optimizer=AdagradOptimizer, batch_norm=1
#params: 1537566
Init:       train=1.0000, validation=1.0000 [5.7 s]
Epoch 1 [13.9 s]    train=0.5413, validation=0.6005 [7.8 s]
Epoch 2 [14.2 s]    train=0.4927, validation=0.5779 [8.3 s]
…
Epoch 19 [15.4 s]   train=0.3272, validation=0.5429 [8.1 s]
Epoch 20 [16.6 s]   train=0.3242, validation=0.5425 [7.8 s]
```

训练完成后，训练模型将保存在主目录下的 pretrain 文件夹中：

```
>>>
```

将模型保存为预训练文件。

另外，还通过以下代码使得训练和验证误差对于验证和训练损失可见：

```
# 绘制随时间变化的损失
    plt.plot(epoch_list, train_err_list, 'r--', label='FM training loss per epoch', linewidth=4)
    plt.title('FM training loss per epoch')
    plt.xlabel('Epoch')
    plt.ylabel('Training loss')
```

```
    plt.legend(loc='upper right')
    plt.show()

    # 绘制随时间变化的准确率
    plt.plot(epoch_list, valid_err_list, 'r--', label='FM validation
loss per epoch', linewidth=4)
    plt.title('FM validation loss per epoch')
    plt.xlabel('Epoch')
    plt.ylabel('Validation loss')
    plt.legend(loc='upper left')
    plt.show()
```

上述代码可生成显示在 FM 模型每次迭代中训练损失和验证损失的图（见图 9-10）。

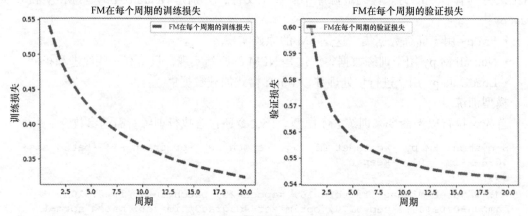

图 9-10　在 FM 模型迭代中的训练损失和验证损失

由上述输出日志可知，在第 20 次和最后一次迭代中产生最优的训练（对于所有训练和验证而言）。不过，还可以执行更多次迭代以改善训练模型，这意味着在评估过程中 RMSE 值更小：

```
Best Iter(validation)= 20    train = 0.3242, valid = 0.5425 [490.9 s]
```

现在，执行以下代码来训练 NFM 模型（同样需要参数）：

```
$ python3 NeuralFM.py --dataset ml-tag --hidden_factor 64 --layers
[64] --keep_prob [0.8,0.5] --loss_type square_loss --activation relu
--pretrain 0 --optimizer AdagradOptimizer --lr 0.01 --batch_norm 1
--verbose 1 --early_stop 1 --epoch 20
>>>
Neural FM: dataset=ml-tag, hidden_factor=64, dropout_keep=[0.8,0.5],
layers=[64], loss_type=square_loss, pretrain=0, #epoch=20, batch=128,
lr=0.0100, lambda=0.0000, optimizer=AdagradOptimizer, batch_norm=1,
activation=relu, early_stop=1
#params: 5883150
Init:    train=0.9911, validation=0.9916, test=0.9920 [25.8 s]
Epoch 1 [60.0 s]    train=0.6297, validation=0.6739, test=0.6721 [28.7
s]
```

```
Epoch 2 [60.4 s]      train=0.5646, validation=0.6390, test=0.6373 [28.5
s]
...
Epoch 19 [53.4 s]     train=0.3504, validation=0.5607, test=0.5587
[25.7 s]
Epoch 20 [55.1 s]     train=0.3432, validation=0.5577, test=0.5556
[27.5 s]
```

另外,还通过以下代码使得训练和验证误差对于验证和训练损失可见:

```
# 绘制随时间变化的测试准确率
plt.plot(epoch_list, test_err_list, 'r--', label='NFM test loss
per epoch', linewidth=4)
plt.title('NFM test loss per epoch')
plt.xlabel('Epoch')
plt.ylabel('Test loss')
plt.legend(loc='upper left')
plt.show()
```

上述代码可生成显示在 NFM 模型每次迭代中训练损失和验证损失的图(见图 9-11)。

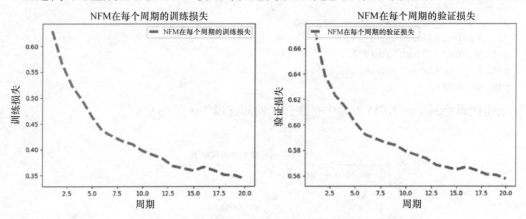

图 9-11　在 NFM 模型迭代中的训练损失和验证损失

对于 NFM 模型,在第 20 次和最后一次迭代中产生最优的训练(对于所有训练和验证而言)。不过,还可以执行更多次迭代以改善训练模型,这意味着在评估过程中 RMSE 值更小:

```
Best Iter (validation) = 20    train = 0.3432, valid = 0.5577, test =
0.5556 [1702.5 s]
```

模型评估

现在,对原始 FM 模型进行评估,执行以下代码:

```
$ python3 FM.py --dataset ml-tag --epoch 20 --batch_size 4096 --lr
0.01 --keep 0.7 --process evaluate
Test RMSE: 0.5427
```

关于注意力因子分解机在 TensorFlow 上的实现,感兴趣的读者可以参考 https://github.com/hexiangnan/attentional_factorization_machine 的 GitHub 代码资源库。

不过,需要注意一些代码可能无法正常工作。为此,将其更新为与 TensorFlow v1.6 兼容的版本。因此,强烈建议使用本书提供的代码。

要评估 NFM 模型,只需在 Neural FM.py 脚本的 main() 方法中添加下列几行代码:

```
# 模型评估
print("RMSE: ")
print(model.evaluate(data.Test_data))  # 在测试集上进行评估
>>>
RMSE: 0.5578330373003925
```

因此,RMSE 与 FM 模型基本相同。现在,观察在每次迭代中是如何产生测试误差的:

```
# 绘制随时间变化的测试准确率
plt.plot(epoch_list, test_err_list, 'r--', label='NFM test loss per epoch', linewidth=4)
plt.title('NFM test loss per epoch')
plt.xlabel('Epoch')
plt.ylabel('Test loss')
plt.legend(loc='upper left')
plt.show()
```

上述代码绘制了在 NFM 模型中每次迭代的测试损失(见图 9-12)。

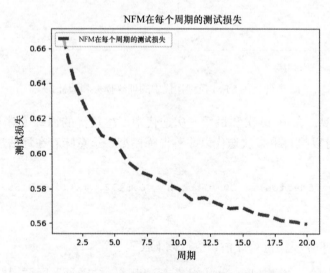

图 9-12 在 NFM 模型中每次迭代的测试损失

9.5 小结

本章讨论了如何建立在 TensorFlow 下开发可扩展的推荐系统。了解了有关推荐系统，以及在开发推荐系统时所采用协同过滤方法的一些理论背景。在本章后面，还学习了如何使用 SVD 和 K-means 来开发一个电影推荐系统。

最后，分析了如何利用 FM 及其改进的 NFM 来开发更准确的推荐系统，并可处理大规模稀疏矩阵。同时，还了解到处理冷启动问题的最佳方法是采用与 FM 结合的协同过滤方法。

下一章是关于设计一个由奖励和惩罚驱动的机器学习系统，将学习如何应用 RL（强化学习）算法针对实际数据集建立一个预测模型。

第 10 章
强化学习

强化学习（RL）是机器学习中研究决策过程科学，尤其是了解在给定背景下什么是最佳决策的一个领域。强化学习算法的学习范式不同于最常用的方法（如监督学习或无监督学习）。

在强化学习中，一个智能体（agent）可看作是一个必须通过试错机制进行学习的人，以便找到在长期回报下取得最佳结果的最优策略。

强化学习在游戏（数字和平板）和自主机器人控制方面取得了令人难以置信的成果，因此，得到了广泛研究。在过去十年里，已决定在强化学习中增加一个关键组件：神经网络。

强化学习和深度神经网络（DNN）的结合称为深度强化学习，这使得 Google DeepMind 研究人员在之前未开发的领域取得了惊人成果。特别是在 2013 年，深度 Q-Learning 算法通过以代表游戏界面的像素作为输入，将智能体置于与人类玩游戏的相同环境下，实现了在 Atari 游戏领域相当于经验丰富的人类玩家的性能。

另一个非凡成就是在 2015 年 10 月，同一个研究实验室，使用同样的一系列的算法，击败了欧洲 Go 冠军（Go 是一个非常复杂的中国游戏），并最终在 2016 年 3 月击败了世界冠军。

本章在主要内容包括：
- 强化学习问题；
- OpenAI Gym；
- Q-Learning 算法；
- 深度 Q-Learning。

10.1 强化学习问题

强化学习与监督学习完全不同。在监督学习中，每个样本都是由一个输入对象（通常是向量）和一个期望输出值（也称为监督信号）组成的对。监督学习算法分析训练数据并生成一个推理函数，用于映射新的示例。

强化学习不提供输入数据与期望输出值之间的关联，因此学习结构完全不同。强化学习的主要概念是存在着两个互相作用的组件：智能体和环境。

强化学习智能体通过执行一系列操作并获得与之相关联的数值奖励来学习在不熟悉的环境内做出决策。通过在试错过程中积累经验，智能体可以根据所处状态学习哪些由环境和之前执行的一组操作学习所定义的操作是最适合执行的。智能体有能力通过简单评估其获得的奖励并调整策略来确定什么是最成功的操作，以获得随时间而累积的最大奖励。

强化学习模型由以下几部分组成：
- 一组状态（$S_0, S_1, S_2, ..., S_n$）$\in S$，由环境和智能体之间的交互行为定义。
- 一组可能行为（$a_0, a_1, a_2, ..., a_m$）$\in A$，根据输入状态由智能体适当选择。
- 奖励 r，与环境和智能体之间的每一个交互行为相关。
- 策略，将每个状态映射为输出操作。
- 一组函数，称为状态-值函数和动作-值函数，用于确定在给定时刻智能体状态的值与执行特定操作的值。

强化学习智能体在特定时刻 t 与环境交互。在每个时刻 t，智能体以状态 $S_t \in S$ 和奖励 r_t 为输入。由此，智能体确定执行行为 $a_t \in A(S_t)$，其中，$A(S_t)$ 表示给定状态下的可能行为集。

后者作为环境的输入，相对应于时刻 $t+1$ 下一个智能体的输入，处理新的 S_{t+1} 状态和新的奖励信号 r_{t+1}。这种递归过程（见图 10-1）是强化学习智能体的学习算法。智能体的目标是尽可能多地获得最终累积奖励。通过采用不同方法可实现这一目的。

在训练期间，智能体能够学习适当的策略，使其能够获得更直接的奖励或以牺牲即时奖励为代价获得更多的长期奖励。

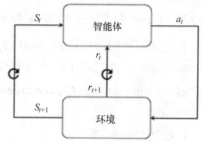

图 10-1　强化学习模型

10.2　OpenAI Gym

OpenAI Gym 是由一个非营利性人工智能研究公司 OpenAI 开发的开源 Python 框架，作为开发和评估强化学习算法的工具包。OpenAI Gym 提供了一组可通过编写强化学习算法来解决的测试问题，称为环境。从而能够将更多的精力用于实现和改进学习算法，而不是花费大量时间来模拟环境。此外，还可作为一种比较和评估其他算法的平台。

10.2.1　OpenAI 环境

OpenAI Gym 具有一系列环境。在编写本书时，可用环境包括：
- 经典控制和文本类型：强化学习文献中的小规模任务。
- 算法：执行添加多位数和反转序列等计算。大多数这些任务都需要记忆，且难度可通过改变序列长度来调节。
- Atari：经典的 Atari 游戏，以屏幕图像或 RAM 为输入，采用 Arcade 学习环境。
- 棋盘游戏：目前，已包含了 9×9 和 19×19 的 Go 棋盘游戏，且以 Pachi 引擎为对手。
- 2D 和 3D 机器人：允许在仿真环境下控制机器人。这些任务是采用 MuJoCo 物理引擎，该引擎是为快速、准确的机器人仿真而设计的。其中一些任务来自于 RLLab。

10.2.2 env 类

OpenAI Gym 允许使用封装了环境及其所有内部动态的 env 类。该类具有不同的方法和属性，使之能够创建新环境。最重要的方法是 reset、step 和 render：

- reset 方法能够通过将环境初始化为初始状态来重置环境。在重置方法中，必须包含构成环境的元素定义（在此，包括机械臂、被抓取对象以及支撑件的定义）。
- step 方法用于临时改善环境。以执行的行为为输入，并将新的观察结果返回给智能体。在该方法中，必须定义运动动力学管理、状态和奖励计算以及事件完成控制。
- 最后一个方法是 render，用于可视化当前状态。

以框架提供的 env 类作为新环境的基础，采用了工具包提供的公共接口。

通过这种方式，所构建的环境可以集成到工具包的库中，并且可以由 OpenAI Gym 用户所实现的算法学习其动态特性。

10.2.3 OpenAI Gym 的安装和运行

有关如何使用和运行 OpenAI Gym 的详细说明，请参阅官方文档页面（https://gym.openai.com/docs/）。通过以下命令可实现 OpenAI Gym 的最简安装：

```
git clone https://github.com/openai/gym
cd gym
pip install -e
```

OpenAI Gym 安装完成后，就可以在 Python 代码中实例化和运行环境：

```
import gym
env = gym.make('CartPole-v0')


obs = env.reset()

for step_idx in range(500):
  env.render()
  obs, reward, done, _ = env.step(env.action_space.sample())
```

上述代码段首先导入 gym 库。然后创建了一个 Cart-Pole 环境的实例（https://gym.openai.com/envs/CartPole-v0/），这是强化学习中的一个经典问题。Cart-Pole 环境是模拟安装在小车上的一个倒立摆。初始状态下，倒立摆是垂直的，目标就是保持其垂直平衡。控制倒立摆的唯一方法是选择小车运动的水平方向（向左或向右）。

在环境中运行上述代码 500 时间步，并在每个时间步选择执行一个随机行为。由此，倒立摆摆杆在很长时间内不稳定。通过在摆杆超出垂直方向 15° 之前所经过的时间步来计算奖励。在该范围内停留的时间越长，则获得的总奖励就越高。

10.3 Q-Learning 算法

解决强化学习问题需要在学习过程中对评价函数进行估计。该函数必须能够通过获得的奖励总和来评估一种策略是否成功。

Q-Learning 的基本思想是算法在整个状态和行为空间（$S \times A$）内学习最优的评价函数。所谓的 Q- 函数是以：$S \times A \rightarrow R$ 的形式提供了一种匹配，其中 R 是在状态 $s \in S$ 中执行一个行为 $a \in A$ 所获得的期望奖励。一旦智能体学习到最优函数 Q，就能够识别在某一特定状态下哪种行为可获得最高的未来奖励。

实现 Q-Learning 算法最常用的一种方式是使用一个表。表中的每个单元格都是一个值 $Q(s;a) = R$，且初始化为 0。智能体执行的行为 $a \in A$ 是通过一种针对 Q 的 ε- 贪婪算法策略来选择。

Q-Learning 算法的核心思想是更新表元素 $Q(s;a)$ 的训练规则。

算法的基本步骤如下：

1）任意初始化 $Q(s;a)$。
2）重复执行以下操作（针对每个事件）。
　① 初始化 s。
　② 重复执行（对于事件中的每一时间步）。
　③ 通过 Q 函数生成的策略从 $s \in S$ 中选择一个行为 $a \in A$。
　④ 执行行为 a，并观察 r, s'
$$Q(s;a) \leftarrow Q(s;a) + \alpha(r + \gamma \cdot \max Q(s';a) - Q(s;a))$$
$$s' : s < -s'$$
　⑤ 继续，直到 s 到达终点。

算法描述如图 10-2 所示。

Q 值更新过程中所用的参数包括：

• α 是学习速率，取值在 0~1 之间。设置为 0 意味着 Q 值永远不会更新，因此不会学习任何内容。而设置一个较大的值，如 0.9，意味着可以快速学习。

• γ 是折扣因子，取值在 0~1 之间。这是反映一种实际情况：未来奖励的价值低于即时奖励。从数学上，折扣因子需要设置为小于 1，算法才能收敛。

图 10-2　Q-Learning 算法

• $\max Q(s';a)$ 是指在当前状态下可获得的最大奖励，即随后采取最优行为所获得的奖励。

10.3.1　冰冻湖环境

智能体在 4×4 网格世界中控制一个字符的移动。网格中的一些空格是可通行的，而另一些空格会导致智能体落水。此外，智能体的运动方向不确定，且只有部分取决于所选择的方向。若智能体找到一条通往目标空格的可行路径，则可获得奖励：

图 10-3 所示的界面是由如下所示的网格描述：

```
SFFF    (S: starting point, safe)
FHFH    (F: frozensurface, safe)
FFFH    (H: hole, fall to yourdoom)
HFFG    (G: goal, where the frisbee islocated)
```

当到达目标点或掉入冰洞，事件结束。若到达目标点，则得到奖励 1，否则得到奖励 0。

针对冰冻湖问题的 Q-Learning 算法

神经网络在为高度结构化的数据提供良好特性方面具有非常强大的功能。

图 10-3　冰冻湖 v_0 网格世界的一种表示

为解决冰冻湖问题，将构建一个单层网络，其中，以编码为向量 [1×16] 的状态为输入，学习最佳动作（行为），将可行动作映射到长度为 4 的一个向量中。

以下是在 TensorFlow 下的实现过程：

首先，导入所有库：

```python
import gym
import numpy as np
import random
import tensorflow as tf
import matplotlib.pyplot as plt
```

然后加载并设置测试环境：

```python
env = gym.make('FrozenLake-v0')
```

输入网络是一个编码为形式为 [1，16] 张量的状态。为此，需定义占位符 inputs1：

```python
inputs1 = tf.placeholder(shape=[1,16],dtype=tf.float32)
```

网络权重由 tf.random_uniform 函数随机选择：

```python
W = tf.Variable(tf.random_uniform([16,4],0,0.01))
```

网络输出由占位符 inputs1 与权重之积给出：

```python
Qout = tf.matmul(inputs1,W)
```

argmax 对 Qout 的评估将得到预测值：

```python
predict = tf.argmax(Qout,1)
```

最佳动作（nextQ）编码为形式 [1，4] 的张量：

```python
nextQ = tf.placeholder(shape=[1,4],dtype=tf.float32)
```

接下来，定义了一个损失函数来实现反向传播过程。

损失函数为 $loss = \sum(Q_{target} - Q)^2$，计算当前预测的 Q 值与目标值之差，并通过网络传播梯度：

```
loss = tf.reduce_sum(tf.square(nextQ - Qout))
```

优化函数是采用常用的 GradientDescentOptimizer：

```
trainer = tf.train.GradientDescentOptimizer(learning_rate=0.1)
updateModel = trainer.minimize(loss)
```

重置并初始化计算图：

```
tf.reset_default_graph()
init = tf.global_variables_initializer()
```

然后，设置 Q-Learning 训练过程的参数：

```
y = .99
e = 0.1
num_episodes = 6000

jList = []
rList = []
```

定义会话 sess，在该会话中，网络必须学习最佳的动作序列：

```
with tf.Session() as sess:
    sess.run(init)
    for i in range(num_episodes):
        s = env.reset()
        rAll = 0
        d = False
        j = 0

        while j < 99:
            j+=1
```

将在此所用的输入状态馈入网络：

```
            a,allQ = sess.run([predict,Qout],\
                        feed_dict=\
                        {inputs1:np.identity(16)[s:s+1]})
```

从输出向量 a 中选择一个随机状态：

```
            if np.random.rand(1) < e:
                a[0] = env.action_space.sample()
```

利用 env.step() 函数评估行为 a[0]，并获得奖励 r 和状态 s1：

```
            s1,r,d,_ = env.step(a[0])
```

新状态 s1 用于更新 Q- 张量：

```
            Q1 = sess.run(Qout,feed_dict=\
                        {inputs1:np.identity(16)[s1:s1+1]})
            maxQ1 = np.max(Q1)
            targetQ = allQ
            targetQ[0,a[0]] = r + y*maxQ1
```

当然，还需对反向传播过程更新权重：

```
_,W1 = sess.run([updateModel,W],\
                feed_dict=\
                {inputs1:np.identity(16)
[s:s+1],nextQ:targetQ})
```

rAll 定义了在会话期间所获得的总奖励。注意，强化学习智能体的目标就是尽可能使得长时运行所获得的总奖励最大化：

```
rAll += r
```

更新下一时间步的环境状态：

```
    s = s1
    if d == True:
        e = 1./((i/50) + 10)
        break
jList.append(j)
rList.append(rAll)
```

计算过程结束后，将显示成功事件的百分比：

```
print ("Percent of successfulepisodes: " +\
str(sum(rList)/num_episodes) + "%")
```

运行该模型，可得如下结果，这还可以通过调节网络参数来改进：

```
>>>[2017-01-15 16:56:01,048] Making new env: FrozenLake-v0
Percentage of successful episodes: 0.558%
```

10.4 深度 Q-Learning

得益于 Google DeepMind 在 2013 年和 2016 年取得的最新成就，在 Atari 游戏中成功达到了超人水平，并击败了世界冠军 Go，由此，强化学习在机器学习领域得到高度重视。这种新的研究热点也源于作为逼近函数的深度神经网络 (DNN) 的发展，使得该算法的潜力达到了更高水平。近年来最受关注的算法无疑是深度 Q-Learning 算法。下一节将介绍深度 Q-Learning 算法，并讨论一些优化方法，以最大限度地提高其性能。

10.4.1 深度 Q 神经网络

从矩阵的角度来看，基本的 Q-Learning 算法在状态个数和可能行为增加且不可管理时会产生严重问题。只需考虑输入配置，即可知道为达到 Atari 游戏的性能水平 Google 所用的结构。状态空间离散，且状态个数极大。这就是深度学习的关键所在。神经网络非常擅长于为高度结构化的数据提供良好特性。实际上，可利用神经网络来识别 Q 函数，其中，以状态和行为作为输入，并输出相应的 Q 值：

$Q (state; action) = value$

最常见的深度神经网络实现如图 10-4 所示。

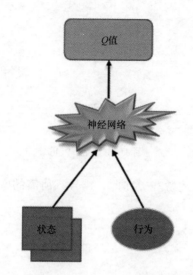

图 10-4　深度 Q 神经网络的常见实现方式

或者，也可以状态为输入，并生成每个可能行为相应的值：

Q (state) = 每个可能行为相应的值

上述优化实现过程如图 10-5 所示。

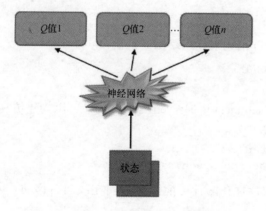

图 10-5　深度 Q 神经网络的优化实现

后一种方法在计算上更为简单，因为更新 Q 值（或选择最大 Q 值），只需在网络中再执行一个时间步，即可得到所有可行行为的所有 Q 值。

10.4.2　Cart-Pole 问题

在此，将建立一个深度神经网络，使之可通过强化学习来学习玩游戏。具体来说，是利用深度 Q-Learning 来训练智能体玩 Cart-Pole 游戏。

在该游戏中，一根自由摆动的摆杆与小车相连。小车可以左右移动，目的是尽可能长时间地保持摆杆直立，如图 10-6 所示。

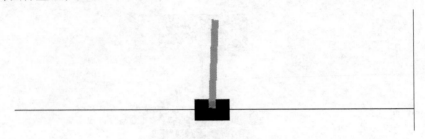

图 10-6　Cart-Pole

可用 OpenAI Gym 模拟上述游戏。在此，需导入所需的库：

```
import gym
import tensorflow as tf
import numpy as np
import time
```

创建一个 Cart-Pole 游戏环境

```
env = gym.make('CartPole-v0')
```

初始化环境、奖励列表和开始时间：

```
env.reset()
rewards = []
tic = time.time()
```

在此通过 env.render() 语句来显示模拟运行窗口：

```
for _ in range(1000):
    env.render()
```

将 env.action_space.sample() 传递给 env.step() 语句，以构建仿真中的下一时间步：

```
    state, reward, done, info = \
        env.step\
        (env.action_space.sample())
```

在 Cart-Pole 游戏中，存在两种可能行为：向左或向右移动。因此，可执行两种操作，分别编码为 0 和 1。

在此，随机执行一种行为：

```
    rewards.append(reward)
    if done:
        rewards = []
        env.reset()
toc = time.time()
```

10s 后，仿真结束：

```
if toc-tic > 10:
    env.close()
```

通过 env.lose() 关闭仿真显示窗口。

在仿真运行时，可生成一个奖励列表，如下所示：

[1.0, 1.0, 1.0, 1.0, 1.0, 1.0, 1.0, 1.0, 1.0, 1.0, 1.0, 1.0, 1.0, 1.0, 1.0, 1.0, 1.0, 1.0, 1.0]

摆杆超过一定角度后，就重置游戏。对于正常运行的每一帧，仿真过程可返回奖励 1.0。游戏运行时间越长，则得到的奖励越多。所以，网络的目标就是通过保持摆杆直立来最大化奖励。这需要通过向左和向右移动小车来实现。

10.4.2.1 用于 Cart-Pole 问题的深度 Q 神经网络

在此，再次利用 Bellman 方程来训练 Q-Learning 智能体：

$$Q(s, a) = r + \gamma \max_{a'} Q(s', a')$$

式中，s 是状态；a 是行为，s' 是执行状态 s 和行为 a 后的下一个状态。

之前，以利用该方程学习 Q 表的值。然而，对于该游戏，状态个数极大。每个状态均具有 4 个值：小车的位置和速度，摆杆的位置和速度。这些值都是实数，因此如果忽略浮点数精度，实际上具有无限个状态。为此，不能再利用表格，而是采用一个可逼近 Q 表查找函数的神经网络来替代。

Q 值可通过将状态传递到网络来计算，而输出是经全连接隐层后的每个可行行为的 Q 值，如图 10-7 所示。

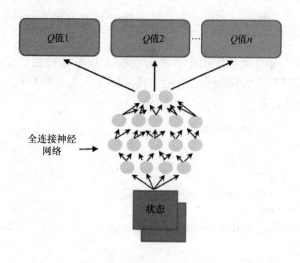

图 10-7 深度 Q-Learning

在 Cart-Pole 游戏中，有 4 个输入，分别对应于状态中的每个值；两个输出，分别对应于每种行为。通过选择一种行为并以所选行为进行游戏仿真来更新网络权重，从而进入下一状态，并得到奖励。

用于解决 Cart-Pole 问题的神经网络代码段如下：

```python
import tensorflow as tf
class DQNetwork:
    def __init__(self,\
                 learning_rate=0.01, \
                 state_size=4,\
                 action_size=2, \
                 hidden_size=10,\
                 name='DQNetwork'):
```

隐层由两个具有 ReLU 激活函数的全连接层组成:

```python
            self.fc1 =tf.contrib.layers.fully_connected\
                       (self.inputs_,\
                        hidden_size)
            self.fc2 = tf.contrib.layers.fully_connected\
                       (self.fc1,\
                        hidden_size)
```

输出层为线性输出层:

```python
            self.output = tf.contrib.layers.fully_connected\
                          (self.fc2,\
                           action_size,activation_fn=None)
```

10.4.2.2　经验回放法

非独立同分布和非平稳数据(状态间的相关性)对逼近函数有很大的影响。采用经验回放法可解决此类问题。

在智能体和环境之间的交互作用中,所有经验(状态、行为、奖励和下一状态)都保存在回放记忆中,这是固定大小的记忆单元,且采用先入先出(FIFO)操作。

回放记忆类的实现如下:

```python
from collections import deque
import numpy as np

class replayMemory():
    def __init__(self, max_size = 1000):
        self.buffer = \
                  deque(maxlen=max_size)

    def build(self, experience):
        self.buffer.append(experience)

    def sample(self, batch_size):
        idx = np.random.choice\
              (np.arange(len(self.buffer)),
                         size=batch_size,
                         replace=False)
        return [self.buffer[ii] for ii in idx]
```

这将允许在网络训练期间，使用在回放记忆中随机获取的小批量经验，而不是依次使用最近经验。

采用经验回放法有助于缓解序列训练数据可能会导致算法陷入局部最小值而无法达到最优解的问题。

10.4.2.3 开发和探索

每当智能体需要选择采取何种行为时，基本上都有两种模式来执行其策略。第一种模式称为开发，是根据迄今为止所获得的信息，即过去和保存的经验，做出尽可能最优的决策。这些信息通常可作为一个函数值使用，表示哪种行为可为每个状态-行为对提供最大的累积奖励。

第二种模式称为探索，这是一种与当前最优不同的决策策略。

探索阶段非常重要，因为这是用于收集未开发状态的相关信息。事实上，一个只执行最优行为的智能体可能限于始终执行相同的行为序列，而没有机会去探索和发现从长远来看，可能会产生更好结果的一些策略，即使这意味着即时奖励较低。

最常用于在开发和探索之间达成适当平衡的策略是贪婪策略。这是一种基于均匀概率分布选择随机行为的行为选择方法。

10.4.2.4 深度 Q-Learning 训练算法

在此，分析如何构建一个深度 Q-Learning 算法来求解 Cart-Pole 问题。

这个项目相当复杂。为此，分为几个文件模块：

- DQNetwork.py：实现深度神经网络；
- memory.py：实现经验回放法；
- start_simulation.py：创建待求解的 Cart-Pole 环境；
- solve_cart_pole.py：利用训练后的神经网络求解 Cart-Pole 环境；
- plot_result_DQN.py：绘制最终奖励与事件；
- deepQlearning.py：主程序。

以下命令简要描述了 deepQlearning.py 文件的实现过程：

```
import tensorflow as tf
import gym
import numpy as np
import time
import os
from create_cart_pole_env import *
from DQNetwork import *
from memory import *
from solve_cart_pole import *
from plot_result_DQN import *
```

接下来，定义实现所需的超参数，因此，需要定义所学习的最大事件个数、一个事件中的最大时间步数以及未来奖励折扣因子：

```
train_episodes = 1000
max_steps = 200
gamma = 0.99
```

探索参数包括初始探索概率、最小探索概率和探索概率的指数衰减率:

```
explore_start = 1.0
explore_stop = 0.01
decay_rate = 0.0001
```

网络参数包括 Q 神经网络每个隐层中的单元个数和 Q 神经网络学习速率:

```
hidden_size = 64
learning_rate = 0.0001
```

内存参数定义以下:

```
memory_size = 10000
batch_size = 20
```

然后,定义用于预训练记忆的经验个数:

```
pretrain_length = batch_size
```

现在,可以创建环境并启动 Cart-Pole 仿真过程:

```
env = gym.make('CartPole-v0')
start_simulation(env)
```

接下来,利用 hidden_size 和 learning_rate 超参数实例化 DNN:

```
tf.reset_default_graph()
deepQN = DQNetwork(name='main', hidden_size=64, \
                   learning_rate=0.0001)
```

最后,重新初始化仿真过程:

```
env.reset()
```

随机选择一个时间步,从中获得状态和奖励:

```
state, rew, done, _ = env.step(env.action_space.sample())
```

实例化 replayMemory 对象以实现经验回放法:

```
memory = replayMemory(max_size=10000)
```

使用 memory.build 方法,选择执行一系列随机行为以保存相关经验、状态和行为:

```
pretrain_length= 20

for j in range(pretrain_length):
    action = env.action_space.sample()
    next_state, rew, done, _ = \
                env.step(env.action_space.sample())
```

```
    if done:
        env.reset()
        memory.build((state,\
                    action,\
                    rew,\
                    np.zeros(state.shape)))
        state, rew, done, _ = \
            env.step(env.action_space.sample())
    else:
        memory.build((state, action, rew, next_state))
        state = next_state
```

利用所获得的新的经验, 可以进行神经网络的训练:

```
rew_list = []
train_episodes = 100
max_steps=200




with tf.Session() as sess:
    sess.run(tf.global_variables_initializer())
    step = 0
    for ep in range(1, train_episodes):
        tot_rew = 0
        t = 0
        while t < max_steps:
            step += 1
            explore_p = stop_exp + (start_exp - stop_exp)*\
                        np.exp(-decay_rate*step)

            if explore_p > np.random.rand():
                action = env.action_space.sample()

            else:
```

然后, 计算 Q 状态:

```
                Qs = sess.run(deepQN.output, \
                            feed_dict={deepQN.inputs_: \
                                    state.reshape\
                                    ((1, *state.shape))})
```

此时, 获得待执行的行为:

```
                action = np.argmax(Qs)

            next_state, rew, done, _ = env.step(action)
            tot_rew += rew

            if done:
```

```python
            next_state = np.zeros(state.shape)
            t = max_steps

            print('Episode: {}'.format(ep),
                  'Total rew: {}'.format(tot_rew),
                  'Training loss: {:.4f}'.format(loss),
                  'Explore P: {:.4f}'.format(explore_p))

            rew_list.append((ep, tot_rew))
            memory.build((state, action, rew, next_state))
            env.reset()
            state, rew, done, _ = env.step\
                                (env.action_space.sample())

        else:
            memory.build((state, action, rew, next_state))
            state = next_state
            t += 1



        batch_size = pretrain_length
        states = np.array([item[0] for item \
                        in memory.sample(batch_size)])
        actions = np.array([item[1] for item \
                        in memory.sample(batch_size)])
        rews = np.array([item[2] for item in \
                        memory.sample(batch_size)])
        next_states = np.array([item[3] for item\
                        in memory.sample(batch_size)])
```

最后，开始训练智能体。训练过程较为漫长，因为渲染帧要慢于网络训练：

```python
        target_Qs = sess.run(deepQN.output, \
                            feed_dict=\
                            {deepQN.inputs_: next_states})

        target_Qs[(next_states == \
                np.zeros(states[0].shape))\
                .all(axis=1)] = (0, 0)

        targets = rews + 0.99 * np.max(target_Qs, axis=1)

        loss, _ = sess.run([deepQN.loss, deepQN.opt],
                        feed_dict={deepQN.inputs_: states,
                                    deepQN.targetQs_: targets,
                                    deepQN.actions_: actions})


env = gym.make('CartPole-v0')
```

为了测试模型，调用以下函数：

```
solve_cart_pole(env,deepQN,state,sess)

plot_result(rew_list)
```

以下是 solve_cart_pole function.py 的实现代码，用于测试针对 cart pole 问题的神经网络：

```python
import numpy as np

def solve_cart_pole(env,dQN,state,sess):
    test_episodes = 10
    test_max_steps = 400
    env.reset()
    for ep in range(1, test_episodes):
        t = 0
        while t < test_max_steps:
            env.render()
            Qs = sess.run(dQN.output, \
                          feed_dict={dQN.inputs_: state.reshape\
                              ((1, *state.shape))})
            action = np.argmax(Qs)
            next_state, reward, done, _ = env.step(action)

            if done:
                t = test_max_steps
                env.reset()
                state, reward, done, _ = 
                           
                             env.step(env.action_space.sample())

            else:
                state = next_state
                t += 1
```

最后，运行 deepQlearning.py 脚本，可得如下结果：

```
[2017-12-03 10:20:43,915] Making new env: CartPole-v0
[]
Episode: 1 Total reward: 7.0 Training loss: 1.1949 Explore P: 0.9993
Episode: 2 Total reward: 21.0 Training loss: 1.1786 Explore P: 0.9972
Episode: 3 Total reward: 38.0 Training loss: 1.1868 Explore P: 0.9935
Episode: 4 Total reward: 8.0 Training loss: 1.3752 Explore P: 0.9927
Episode: 5 Total reward: 9.0 Training loss: 1.6286 Explore P: 0.9918
Episode: 6 Total reward: 32.0 Training loss: 1.4313 Explore P: 0.9887
Episode: 7 Total reward: 19.0 Training loss: 1.2806 Explore P: 0.9868
……
Episode: 581 Total reward: 47.0 Training loss: 0.9959 Explore P: 0.1844
```

```
Episode: 582 Total reward: 133.0 Training loss: 21.3187 Explore P: 0.1821
Episode: 583 Total reward: 54.0 Training loss: 42.5041 Explore P: 0.1812
Episode: 584 Total reward: 95.0 Training loss: 1.5211 Explore P: 0.1795
Episode: 585 Total reward: 52.0 Training loss: 1.3615 Explore P: 0.1787
Episode: 586 Total reward: 78.0 Training loss: 1.1606 Explore P: 0.1774
…….
Episode: 984 Total reward: 199.0 Training loss: 0.2630 Explore P: 0.0103
Episode: 985 Total reward: 199.0 Training loss: 0.3037 Explore P: 0.0103
Episode: 986 Total reward: 199.0 Training loss: 256.8498 Explore P: 0.0103
Episode: 987 Total reward: 199.0 Training loss: 0.2177 Explore P: 0.0103
Episode: 988 Total reward: 199.0 Training loss: 0.3051 Explore P: 0.0103
Episode: 989 Total reward: 199.0 Training loss: 218.1568 Explore P: 0.0103
Episode: 990 Total reward: 199.0 Training loss: 0.1679 Explore P: 0.0103
Episode: 991 Total reward: 199.0 Training loss: 0.2048 Explore P: 0.0103
Episode: 992 Total reward: 199.0 Training loss: 0.4215 Explore P: 0.0102
Episode: 993 Total reward: 199.0 Training loss: 0.2133 Explore P: 0.0102
Episode: 994 Total reward: 199.0 Training loss: 0.1836 Explore P: 0.0102
Episode: 995 Total reward: 199.0 Training loss: 0.1656 Explore P: 0.0102
Episode: 996 Total reward: 199.0 Training loss: 0.2620 Explore P: 0.0102
Episode: 997 Total reward: 199.0 Training loss: 0.2358 Explore P: 0.0102
Episode: 998 Total reward: 199.0 Training loss: 0.4601 Explore P: 0.0102
Episode: 999 Total reward: 199.0 Training loss: 0.2845 Explore P: 0.0102
[2017-12-03 10:23:43,770] Making new env: CartPole-v0
>>>
```

随着训练损失减少，所得的总奖励增大。

在测试期间，小车与摆杆达到完美平衡，如图10-8所示。

图 10-8　求解 Cart-Pole 问题

为了可视化训练过程，在此采用了 plot_result() 函数（定义在 plot_result_DQN.py 函数中）。plot_result() 函数可绘制每个事件的总奖励：

```
def plot_result(rew_list):
    eps, rews = np.array(rew_list).T
    smoothed_rews = running_mean(rews, 10)
    smoothed_rews = running_mean(rews, 10)
    plt.plot(eps[-len(smoothed_rews):], smoothed_rews)
    plt.plot(eps, rews, color='grey', alpha=0.3)
    plt.xlabel('Episode')
    plt.ylabel('Total Reward')
    plt.show()
```

图 10-9 表明随着智能体改进对函数值的估计，每个事件的总奖励不断增加。

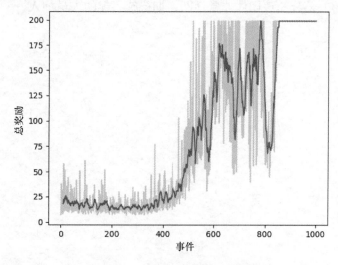

图 10-9　事件数与总奖励的关系

10.5　小结

许多研究人员认为，强化学习是创建人工智能的最佳途径。这是一个令人兴奋的领域，有着许多尚未解决的挑战和巨大潜力。虽然一开始看起来很有挑战性，但强化学习其实并不那么难。在本章中，介绍了强化学习的一些基本原理。

讨论的主要内容是 Q-Learning 算法。其显著特点是能够在即时奖励和延迟奖励之间做出选择。最简单的 Q-Learning 应用是使用表来保存数据。但随着所监视/控制系统的状态/行为空间增大，会很快失去可行性。

可通过将神经网络作为一个函数逼近器来克服上述问题，其中，以状态和行为作为输入，并输出相应的 Q 值。

根据这一思想，利用 TensorFlow 框架和 OpenAI Gym 工具包实现了一个 Q-Learning 神经网络，并在冰冻湖游戏中取得成功。

在本章的最后一部分，介绍了深度强化学习。在传统强化学习中，问题空间非常有限，在环境中只有几个可能状态。这是传统方法的主要局限性之一。多年来，提出一些相对成功的方法能够通过近似状态来处理更大的状态空间。

深度学习算法的发展已经在强化学习领域得到了广泛的成功应用，这是由于其可以有效处理高维输入数据(如图像)。在这种情况下，经过训练的 DNN 可看作是一种端到端的强化学习方法，其中，智能体可以直接从其输入数据中学习状态抽象和近似策略。根据这一方法，实现了一个 DNN 来求解 Cart-Pole 问题。

基于 TensorFlow 的深度学习之旅就到此结束了。深度学习是一个非常富有成效的研究领域；现有许多图书、课程和在线资源可以帮助读者更深入地了解相关理论和编程。此外，TensorFlow 还提供了一套丰富的工具来处理深度学习模型。希望本书的读者能够成为 TensorFlow 研究团体的一部分，该团体非常活跃，期待感兴趣的人员加入。